数据分析与
大数据实践

主　编◎白　玥

副主编◎王　肃

华东师范大学出版社

·上海·

图书在版编目(CIP)数据

数据分析与大数据实践/白玥主编. —上海：华东师范
大学出版社,2020
ISBN 978－7－5760－0089－4

Ⅰ.①数… Ⅱ.①白… Ⅲ.①数据处理－教材
Ⅳ.①TP274

中国版本图书馆 CIP 数据核字(2020)第 036359 号

数据分析与大数据实践

主　　编　白　玥
责任编辑　蒋梦婷
特约审读　曾振柄
责任校对　林文君
版式设计　庄玉侠
封面设计　俞　越

出版发行　华东师范大学出版社
社　　址　上海市中山北路 3663 号　邮编 200062
网　　址　www. ecnupress. com. cn
电　　话　021－60821666　行政传真 021－62572105
客服电话　021－62865537　门市(邮购)电话 021－62869887
地　　址　上海市中山北路 3663 号华东师范大学校内先锋路口
网　　店　http://hdsdcbs.tmall.com

印 刷 者　上海昌鑫龙印务有限公司
开　　本　787 毫米×1092 毫米　1/16
印　　张　20.75
字　　数　506 千字
版　　次　2020 年 5 月第 1 版
印　　次　2023 年 7 月第 5 次
书　　号　ISBN 978－7－5760－0089－4
定　　价　56.00 元

出 版 人　王　焰

(如发现本版图书有印订质量问题,请寄回本社客服中心调换或电话 021－62865537 联系)

前　言

大数据、人工智能、云计算、物联网等新一代信息技术的发展,已经给世界经济、政治和社会形势带来深刻影响。党的二十大报告提出,必须坚持"创新是第一动力","坚持创新在我国现代化建设全局中的核心地位"。把握发展的时与势,有效应对前进道路上的重大挑战,提高发展的安全性,都需要把发展基点放在创新上。只有坚持创新是第一动力,才能推动我国实现高质量发展,塑造我国国际合作和竞争新优势。把创新摆在国家发展全局的核心位置,为人工智能如何赋能新时代指明了方向,也推动了实施国家大数据战略。高等学校是为国家储备战略人才的重要基地,与大数据、人工智能领域最密切相关的大学计算机基础教育不仅仅是学生个人能力提升的问题,更是影响国家发展战略和安全的大事。

新文科,是相对于传统文科进行学科重组、文理交叉,即把新技术融入哲学、文学、语言等诸如此类的课程中,为学生提供综合性的跨学科学习。教育部高等教育司提出,高等教育创新发展势在必行,要全面推进新文科,推出"六卓越一拔尖"计划2.0版,为2035年建成教育强国、实现中国教育现代化提供有力支撑。

人工智能时代的核心生产力是数据,各行各业都需要从数据的采集、分析、推理、预测和洞察中获益。国际数据公司IDC曾预测,2020年世界生成的数据量将是2011年的50倍,生成的信息源数量将是2011年的75倍,而2025年人类的大数据量将达到163 ZB,这些数据蕴含着推动人类进步的巨大发展机遇。要把机遇变成现实,需要我们的计算机基础教育为之培养大量的、具备数据思维能力和数据素养的人才。

图灵奖得主,关系型数据库鼻祖詹姆士·格雷(James Gray)提出,大数据不仅仅是一种工具和技术,更是科学研究的第四范式。大数据是科学研究的新方法论。学习大数据是一种先进思维方式的锻炼和熏陶,是大数据时代的"博雅"教育。

本书的编写目的是为解决以下四个问题:

第一,在高等学校计算机基础教学中引入大数据势在必行,但大数据技术的"三驾马车"是人工智能、统计学和数据可视化,这三个大数据基础技术都有很高的技术门槛,没有哪一项可以轻易地被零基础的大学一年级本科生掌握,即便是人工智能和大数据专业的学生,也要到大学高年级甚至研究生阶段才能基本掌握以上三种技术。

如何在尊重教育自身的科学规律基础上,恰如其分地设计教学内容? 完成教材建设? 安排实践环节? 既不能脱离学生真实的基础拔苗助长,也不能流于"讲故事"和"看热闹"。

第二,大数据时代并不完全摒弃"小数据"分析和处理技术。目前,在实际应用中,除非是大数据行业的软、硬件工程师,一般工作人员最常用的数据分析和管理软件,仍然是Office套装软件中的Excel和Access。虽然现在很多高等学校甚至中学的计算机基础课上都设有办公自动化软件的扫盲性质课程,但很多人发现,学生学习最基本的使用方法之后,真正遇到工作、生活中稍微复杂点的数据处理问题,仍然不知如何快捷、高效地解决,也不知道利用Excel和Access可以"老瓶装新酒",完成常规的数据清洗、分析和管理工作。

第三,一般高等学校不具备普及大数据教育的实体硬件条件。大数据是指大而复杂的资料集,包括海量性、时变性、异构性、分布性等,这些特点使大数据的获取、存储和使用都成为难题。

第四,数据可视化技术是大数据分析、挖掘和展示必不可少的一环,同时也是最打动人心的一环。而动态地、交互地、多姿多彩地展示大数据,并不是件容易的事情,如果通过编程实现,技术门槛之高容易令低年级学生望而生畏,辛苦半天仍差强人意。

针对上述难题,本书和配套的《数据分析与大数据实践实验指导》一起,独树一帜地设计了主要内容,用轻量、便捷的方式,让读者学习和探索大数据的存储、加工、分析、挖掘、预测和展示的完整过程。

本书第一章介绍了大数据的基本概念,同时在尽量回避复杂公式的基础上,介绍了与大数据密切相关的信息论和统计学中的最重要的概念,包括信息的度量和信息熵、信息的编码、信息的有效性和等价性、信息的冗余和压缩,以及信息的相关性、贝叶斯公式等。

第二章介绍用网络爬虫获取网络数据的方法。

第三章介绍大数据加工的基本流程:数据清洗、数据转换、数据脱敏、数据集成、数据集合和数据归约。

第四章介绍用 Excel 和 Tableau 进行数据处理、时间序列分析、回归分析和聚类分析等技术。

第五章介绍利用 Excel、Power BI 和 Tableau 等数据分析和可视化领域中处于领头羊位置的三大软件进行数据分析和可视化的方法。

第六章介绍了数据安全的概念和发布数据可视化结果的方案。

第七章,我们特邀了富有教学和工程经验的 Tableau 公司的高级顾问撰写了精彩的数据分析和可视化综合实战案例。

本书适合高等学校文、史、哲、法、教等文科专业,以及金融、统计、管理类商科专业学生,作为计算机应用课程的教材使用;也可以供各类社会计算机应用人员由浅入深、逐层递进地掌握数据分析和大数据应用的高级技巧;也可供准备参加数据分析与管理类计算机等级考试人员作为参考书使用。

本书的作者由常年奋战在华东师范大学计算机基础教学第一线的优秀教师和拥有丰富研发经验的工程师组成,他们大多是上海市精品课程主讲教师,拥有多部教材的写作经验,主编、参编的教材多次获得上海市和全国优秀教材奖,指导学生参加上海市和全国计算机应用、设计大赛屡获大奖。Tableau 公司大中华区总裁叶松林也对本项目的实施给予了富有成效的协助。

本书由白玥主编,王肃副主编。第一章由白玥编写;第二章由余青松编写;第三章 3.1～3.3 节由胡文心编写,第 3.4～3.6 节由蔡建华编写;第四章 4.1～4.2 节由陈志云、江红、余青松编写,4.3～4.5 节由王肃编写;第五章 5.1～5.2 节由曾秋梅编写,第 5.3 节由吴雯编写;第 6 章由俞琩编写;第 7 章由 Tableau 公司高级顾问潘奕璇编写。华东师范大学数据科学与工程学院教学部朱敏老师审核了书中章节,并对全书的组织、编撰工作提出了宝贵的建议,教学部的郑骏、蒲鹏等老师对本书的起草、编写做了很多指导和技术支持工作。华东师范大学出版社的编辑为本书的策划、出版做了大量工作,在此表示衷心的感谢。

本书的习题答案、教学课件、例题演示视频等相关资料可在 have.ecnup.com.cn 下载。

由于编者水平所限,书中错误在所难免,还望广大读者批评指正、不吝赐教。

编者

2020 年 4 月

目　　录

数据分析与大数据实践

第4章　数据分析基础

第5章　数据可视化

第 1 章

大数据与信息论简介

本 章 概 要

2009 年,谷歌公司在甲型 H1N1 流感爆发的前几周,便在《自然》杂志发表文章,预测了流感传播的信息,早于世卫组织和其他官方医疗机构,提供了疾控的重要指标和方向,这一事件正式拉开了大数据时代的序幕。阿里巴巴公司创办人马云曾在演讲中提到,未来的时代将不是 IT 时代,而是 DT 的时代,DT 就是 Data Technology,他这里指的数据技术,更多地是指大数据技术。

被誉为"大数据时代的预言家"的牛津大学网络学院共联网研究所治理与监管专业教授维克托·迈尔-舍恩伯格(Viktor Mayer-Schönberger),在其著名的大数据方面的著作《大数据时代——生活、工作与思维的大变革》(*Big data：A revolution that will transform how we live，work，and think*)里指出,"大数据是人们获得新的认知、创造新的价值的源泉;大数据还是改变市场、组织机构,以及政府与公民关系的方法"。

仅仅学习过电子表格和关系数据库等传统数据处理和管理技术,已无法应对大数据的分析需求,必须采用完全不同的理念、理论、技术和方法,近几年诞生的新学科"数据科学"正是应此需求而产生。大数据处理技术涉及的数学、统计学、信息学、计算机和机器学习技术高超而艰深,绝非在短短的一章、几节的篇幅内所能概括,本章的写作目的,是为已经具备基本的数据处理和管理技术知识,希望进一步研究和探索大数据的读者,介绍大数据的基本概念,指出深入学习的方向;并将介绍与信息的分析、处理密切相关的"信息论"基础知识和思维方法,为本书后续章节打下基础。

学 习 目 标

通过本章学习,要求达到以下目标:

1. 了解大数据的定义和特征。
2. 了解大数据的研究目标。
3. 了解大数据的基础技术。
4. 了解信息论基本概念。

1.1 大数据基本概念

人工智能时代的核心生产力是数据,各行各业都需要从数据的采集、分析、推理、预测和洞察中获益。国际数据公司 IDC 曾预测,2020 年世界生成的数据量将是 2011 年的 50 倍,生成的信息源数量将是 2011 年的 75 倍,而 2025 年人类的大数据量将达到 163 ZB,这些数据蕴含着推动人类进步的巨大发展机遇。要把机遇变成现实,需要我们的计算机基础教育为之培养大量的、具备数据思维能力和数据素养的人才。

图灵奖得主、关系型数据库鼻祖詹姆士·格雷(James Gray)提出,大数据不仅仅是一种工具和技术,更是一种思维方式,是继实验归纳、模型推演、仿真模拟之后,发展和分离出来的一个独特的科学研究范式。也就是说,过去由科学家从事的工作,未来可能由计算机来做。大数据是科学研究的新方法论,学习大数据是一种先进思维方式的锻炼和熏陶,是每个新时代大学生都应掌握的科学思维方法。

1.1.1 大数据的定义

研究机构 Gartner 给大数据做出了这样的定义——大数据是需要新处理模式才能具有更强的决策力、洞察发现力和流程优化能力来适应海量、高增长率和多样化的信息资产。而麦肯锡全球研究所给出的定义是——一种规模大到在获取、存储、管理、分析方面大大超出了传统数据库软件工具能力范围的数据集合,具有海量的数据规模、快速的数据流转、多样的数据类型和价值密度低四大特征。

通常认为,1944 年,Wesleyan 大学的图书馆员弗里蒙特·莱德(Fremont Rider)在其专著 *The Scholar and the Future of Research Library* 中首次提出了类似于术语"大数据"的思想;而 ACM Digital Library 的数据显示,1997 年迈克尔·考克斯(Michael Cox)和大卫·埃尔斯沃思(David Ellsworth)第一个在学术论文中使用术语"大数据(Big Data)",论文题目为"Application-controlled demand paging for out-of-core visualization"。

大数据的英文是 big data,而不是 large data,或者 vast data、huge data,因为 large、vast 和 huge 都是指体量大,big 和它们的差别在于 big 强调相对抽象意义上的大,而非具体尺寸上的大。big data 说法本身也传递了一种信息——大数据是一种思维方式的改变。

大数据不是小数据的简单组合,数据在由小到大的过程中,会发生数据"涌现(emergence)"。所谓数据涌现,指数据变成大数据后,会"涌现"出原本在独立的小数据中没有的信息和规律,这种涌现的表现形式包括:

价值涌现:在原本成员小数据中没有价值的信息变得有价值;

质量涌现:成员小数据中质量有问题的数据,也既不完整、存在冗余、噪音的数据,合成大数据后不影响大数据的整体质量;

隐私涌现:在原本成员小数据中安全的信息,被综合出涉及个人隐私的敏感数据;

安全涌现:在原本成员小数据中不涉及机构甚至国家安全的信息,经大数据整合后,产生了可能影响安全的信息。

1.1.2 大数据的特点

IBM 提出了大数据"5V"特点：

1. Volume

数据量大，包括采集、存储和计算的量都非常大。大数据的起始计量单位至少是 P(2^{10} 个 T)，通常涉及 E(2^{20} 个 T)或 Z(2^{30} 个 T)。

1 Byte＝8 bit
1 KB＝1,024 Bytes＝8192 bit
1 MB＝1,024 KB＝1,048,576 Bytes
1 GB＝1,024 MB＝1,048,576 KB
1 TB＝1,024 GB＝1,048,576 MB
1 PB＝1,024 TB＝1,048,576 GB
1 EB＝1,024 PB＝1,048,576 TB
1 ZB＝1,024 EB＝1,048,576 PB
1 YB＝1,024 ZB＝1,048,576 EB
1 BB＝1,024 YB＝1,048,576 ZB
1 NB＝1,024 BB＝1,048,576 YB
1 DB＝1,024 NB＝1,048,576 BB

2. Variety

种类和来源多样化。包括结构化、半结构化和非结构化数据，其中非结构化数据所占比例将越来越高，达到 90%以上。具体表现为网络日志、音频、视频、图片、地理位置信息等等，多类型的数据对数据处理能力提出了更高的要求。

3. Value

数据价值密度相对较低，或者说是浪里淘沙却又弥足珍贵。随着互联网以及物联网的广泛应用，信息感知无处不在，信息海量，但价值密度较低，如何结合业务逻辑并通过强大的机器算法来挖掘数据价值，是大数据时代最需要解决的问题。

4. Velocity

数据增长速度快，处理速度也快，时效性要求高。比如搜索引擎要求几分钟前的新闻能够被用户查询到，个性化推荐算法可能要求实时完成推荐。这是大数据区别于传统数据挖掘的显著特征。

5. Veracity

数据的准确性和可信赖度，即数据的质量高于以随机抽样为代表的传统数据统计方式。

这里我们要注意的是，以上特征往往需要同时具备，才能满足大数据应用的需要。也就是说不是满足了一两个特征，就算大数据了，面向实际应用场景进行大数据分析时，掌握的数据还应该满足如下特点：

数据分析与大数据实践

6. 完备性

美图秀秀上市之后,曾在美国被人告到法庭。原因是有些人觉得,不论自己是白人还是黑人,都被 P 成了黄种人。这是因为美图秀秀 P 图时不是根据规则操作,而是将使用者的脸往所谓"标准脸"上靠,而"标准脸"的各个尺寸其实是人脸的平均值,是大数据统计的结果,而美图秀秀是用大量中国人的数据进行训练的,所以才会发生"都被 P 成了黄种人"这种情况。华为手机的图像处理也有类似情况。这说明大数据在大的同时还应该具有完备性。

7. 置信度高

2016 年,特斯拉汽车出现了第一起因为使用辅助驾驶功能而导致的撞车死亡事件。媒体因此质疑特斯拉的自动驾驶技术,舆论也大多认为特斯拉公司该负责。为摆脱公关危机,特斯拉公司 CEO 马斯克说,特斯拉这起致命车祸发生在自动驾驶功能使用了 1.3 亿英里之后,而美国平均行车 0.93 亿英里就出一次死亡事故,因此特斯拉的事故概率低于平均水平。这个声明刚一发布,就遭到了科学家的嘲笑,说马斯克数学没学好,因为他完全没有统计学中的置信度概念。出重大车祸是随机性事件,按照马斯克的说法,如果很快特斯拉又出一次车祸,事故率岂不是又翻了一番。

关于什么是置信度(confidence level),统计学上有严格的定义。这里仅举一个直观的例子:扔硬币,扔了 14 次的钢镚,如果有 8 次正面朝上,6 次背面朝上,这时有多大的把握说钢镚不均匀,正面朝上的概率更大? 这个把握就是置信度。能否根据这 14 次测量,就判断这个硬币制造不均匀,正面比较轻,还是这 8∶6 纯属偶然? 衡量置信度的方法有 t 检验、z 检验等等,限于篇幅这里不再详述。

要提高置信度,就要增加所统计的样本的数量。在统计学上,一般认为,置信度达到 95%的结论才比较可信。根据 t 检验原理,扔 140 次左右的硬币,如果一直保持 8∶6 的比例,就能说置信度达到 95%了,这时就可以做出判断:这枚硬币制作不均匀。如果扔几千次,置信度就能达到 99%。摩根士丹利后来做了一个估算,在美国目前死亡事故发生的频率条件下,特斯拉要想证明辅助驾驶更安全,需要行驶 100 亿英里才能得出有足够高置信度的结论。

8. 多维度

进行大数据分析需要在多维度信息的基础上进行。

一个人的基因全图谱数据大约在 1TB 的量级,这个数据量不可谓不大,但一个人的基因全图谱并没有统计意义,因为无法从一个人的数据判断他是否有潜在的疾病。当有 100 个人的基因数据时,由于不同人的基因总是或多或少有些不同,也无法进行判断。

但是,如果有另一个维度的信息,比如这 100 人过去的病例,就有可能发现某段基因和某些疾病之间的联系。这就是大数据多维度的作用。当然,100 人的数量仍然太少,得到的统计结果置信度不高。2016 年,Google 同斯坦福大学和杜克大学开展了一项长期的合作,监测并取得了 5000 人全部的医疗数据。由于有了各个维度的数据,就有可能发现一些生活习惯或者基因与疾病之间的联系。

1.1.3 大数据的研究目标

大数据研究具有重要的科学价值和广泛的社会价值。对大数据的利用,除了可以带来经济利益,更能对教育、科学、人文、医疗、政府管理、经济调控及社会其他的方方面面带来深远的影响。

1. 实现从数据到智慧的升华

DIKW 模型是一个用于资讯科学及知识管理的模型。如图 1-1-1 所示,这个模型可以追溯到托马斯·斯特尔那斯·艾略特所写的诗——《岩石》(The Rock)。在首段,他写道:"智慧迷失在知识之中,知识迷失在信息之中"。据此,哈蓝·克利夫兰 1982 年 12 月在《未来主义者》杂志中的文章《资讯有如资源》,提出了这个体系。后来这个体系得到米兰·瑟兰尼(Milan Zeleny)及罗素·艾可夫(Russell. L. Ackoff)不断的扩展。

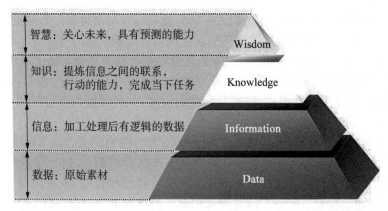

图 1-1-1　DIKW 模型

大数据研究可以帮助我们实现从数据到信息、从信息到知识、再从知识发展到智慧的转化。

智慧的价值在于能够根据历史,研判未来。而大数据非常强调数据"洞见"(Data Insights),既从数据中总结规律,从而预测和发现未来。

2. 提供决策支持

从数据视角发现问题、分析问题,提供决策依据。

数据从原始的零次数据,经过数据清洗(Data Munging、Data Wrangling),变成"干净"的一次数据,再经过脱敏、归约、标注、分析和挖掘后,变成二次数据,对二次数据利用统计分析、数据挖掘、机器学习以及可视化操作后,得到直接用于决策支持的洞见数据。

3. 商业应用

大数据思维已经在很多商业领域取得了成功,以下举例说明四类常见应用:

(1) 解决人工智能问题。

利用大数据消除信息的不确定性,这是香农信息论的本质,也是大数据思维的科学基础之一。

语音识别这个人工智能问题就是靠大数据解决的。20 世纪 60 年代末,人们认为语音识别是一个智力活动,耳朵听到一串语音信号后,大脑会把它们先变成音节再组成字和词,然后联系上下文排除同音字的歧义性。按照这个思路,人们企图让计算机学会构词法,结果只能做到识别数字和几十个单词,而且错误率高达 30%。

20 世纪 70 年代,美国康奈尔大学著名的信息论专家弗里德里克·贾里尼克(Frederick Jelinek)到 IBM 负责该公司的语音识别项目,他选择以用他熟悉的**信息论**的思维方式来看待语音识别问题,把语音识别当通信问题处理。他认为人们说话其实是用语言和文字将想法编码,而听话人做的是解码的工作。他按这个理解,用通信的编解码模型,以及有噪音的信道传输模型,构建了语音识别模型。但这些模型里面有大量参数需要计算,这就需要利用大数据了。随后,贾里尼克就把语音识别问题变成数据处理问题:他裁掉了 IBM 全部的语言学家,放弃人耳蜗的仿生学研究,只注重收集数据,训练各种统计模型。很快,他就将语音识别的规模扩大到 22000 个英语单词,而错误率降低到 10% 左右。这是一个质的飞跃,从此语音识别一直在沿着大数据驱动方向发展。

(2) 实现精准服务。

很多信息技术服务公司,比如搜索引擎公司,需要通过大量信息和数据收集、处理来理解用户意图,提供个性化服务。例如,当用户输入关键词"华盛顿",搜索引擎应该给用户提供美国第一任总统华盛顿的信息呢,还是关于美国首都的旅游信息呢,还是关于美国西部的华盛顿州的信息呢?这就需要搜索引擎公司做大量的数据收集工作,根据用户的行为习惯和偏好进行聚类等处理。聚类问题请参见本书第四章 4.5 小节。

(3) 动态调整策略。

个性化的服务需要供应商根据用户愿望的变化不断调整服务策略。例如,网约车公司可根据不断变化的打车人群分布和车辆分布,利用大数据做动态调整,合理为乘客和出租车司机进行最佳匹配。

(4) 发现未知规律。

人们现在对大数据寄予最大的希望,是发现一些通过传统技术手段已经无法得到的新规律。在生物制药领域,研制一款新药通常需要 20 年时间,20 亿美元的投入。利用好大数据,可以让处方药和各种疾病重新匹配。比如,斯坦福大学医学院发现,一种治疗心脏病的药治疗胃病效果很好,于是他们直接进入小白鼠试验,然后进入临床试验。由于这种药的毒性已经试验过了,临床试验的周期就短了很多。这样,找到一种新的治疗方法平均只需要 3 年时间,投资 1 亿美元。

4. 提供数据生态系统

大数据发展日新月异,我们应该审时度势,精心谋划,超前布局,力争主动,深入了解大数据发展现状和趋势及其对经济社会发展的影响,分析我国大数据发展取得的成绩和存在的问题,推动实施国家大数据战略,加快完善数字基础设施,推进数据资源整合和开放共享,保障数据安全,加快建设数字中国,更好地服务我国经济社会发展和人民生活改善。要推动大数据技术产业创新发展。要集中优势资源突破大数据核心技术,加快构建自主可控的大数据产业链、价值链和生态系统。同时,要加快构建高速、移动、安全、泛在的新一代信息基础设施,统筹规划政务数据资源和社会数据资源,完善基础信息资源和重要领域信息资源建设,形成万物互联、人机交互、天地一体的网络空间。

此外,要构建以数据为关键要素的数字经济。建设现代化经济体系离不开大数据发展和应用。我们要坚持以供给侧结构性改革为主线,要深入实施工业互联网创新发展战略,系统推进工业互联网基础设施和数据资源管理体系建设,发挥数据的基础资源作用和创新引擎作用,加快形成以创新为主要引领和支撑的数字经济。

1.2 大数据支撑技术简介

大数据技术不是从某一两个传统学科中发展起来的,大数据技术强调跨学科视角,其最重要的理论基础包括统计学、机器学习和数据可视化三个主要方面,并融合具体应用领域的知识和经验。另外,信息论也日益在大数据分析中发挥着越来越重要的作用,相关内容将在 1.3 节介绍。

1.2.1 统计学简介

统计学是应用数学的一个分支,主要利用概率论建立数学模型,收集所观察系统的数据,进行量化分析、总结,做出推断和预测,为相关决策提供依据和参考。概率论广泛应用于自然科学、社会科学和人文科学,以及工商业及政府的情报决策。统计学是大数据最重要的理论基础之一,大数据领域常用的软件 R 语言就是统计学家的发明,数据分析离不开统计学。

大数据领域常用的统计学知识包括描述统计和推断统计,其中描述统计主要包括集中趋势分析、离中趋势分析和相关分析;推断统计主要包括采样分布、参数估计和假设检验。

大数据领域中应用的统计学与传统统计学的研究对象和研究方法,有较大不同。主要体现在:

第一,分析对象从随机样本变成全体数据。大数据时代强调"样本=总体",需要分析的数据从传统的随机采样,变成了全部数据。

第二,追求目标从精确性变成混杂性。大数据时代接受数据的复杂性,允许数据不精确,数据分析的目标不再是精确性,而是提升数据分析的效率。

第三,思维方式从关注因果关系转化为关注相关关系。只关注"已经发生了什么",不再关注"为什么发生",更在意"将要发生什么",以及"如何使其发生"。

1.2.2 机器学习简介

机器学习(machine learning)是一门多领域交叉学科,和统计学有很大的交集。研究计算机怎样模拟或实现人类的学习行为,以获取新的知识或技能,重新组织已有的知识结构使之不断改善自身的性能。机器学习是人工智能的核心,是使计算机具有智能的根本途径,其应用遍及人工智能的各个领域,它主要使用归纳、综合而不是演绎。

机器学习的理论基础涉及人工智能、贝叶斯方法、计算复杂性理论、控制论、信息论、哲学、心理学与神经生物学以及统计学等。

机器学习的基本步骤是,用现有的部分数据(训练集)作为学习的素材(输入),通过机器学习算法,让机器学习到(输出)能够处理更多数据或未来数据的能力(目标函数)。目标函数往往很难找到精确定义,一般用逼近算法对目标函数进行估计。

深度学习(deep learning)是机器学习研究中的一个新领域,因为 AlphaGo 先后战胜李世石和柯洁而备受瞩目。其工作方式是建立、模拟人脑进行分析学习的神经网络,模仿人脑的机制来解释数据,已经广泛应用于语音识别、图像识别、自动驾驶等领域。

8

1.2.3 数据可视化简介

在本书的姊妹篇,华东师范大学出版社出版的《数据分析与可视化实践》一书中,已经对数据可视化的基本概念做过基本介绍。这里不再过多赘述。相对于统计分析,数据可视化有两个不可比拟的主要优势。

第一,是可以轻而易举地发现从统计学角度很难看出的数据结构和规律。

F.J. Anscombe 1973 年在他的一篇论文《Graphs in Statistical Analysis》中分析散点图(scatter plot)和线性回归(linear regression)的关系,他给出了如图 1-2-1 所示的四组数据:

I		II		III		IV	
x	y	x	y	x	y	x	y
10	8.04	10	9.14	10	7.46	8	6.58
8	6.95	8	8.14	8	6.77	8	5.76
13	7.58	13	8.74	13	12.74	8	7.71
9	8.81	9	8.77	9	7.11	8	8.84
11	8.33	11	9.26	11	7.81	8	8.47
14	9.96	14	8.10	14	8.84	8	7.04
6	7.24	6	6.13	6	6.08	8	5.25
4	4.26	4	3.10	4	5.39	19	12.5
12	10.84	12	9.13	12	8.15	8	5.56
7	4.82	7	7.26	7	6.42	8	7.91
5	5.68	5	4.74	5	5.73	8	6.89

图 1-2-1　Anscombe 的原始分析数据

这些数据用统计学方法看,具有一样的平均值、方差、线性回归方程,看不出差异和规律在哪里,但是如果用可视化方式表达则如图 1-2-2 所示:

Mean x: 9 y: 7.50
Variance x: 11 y: 4.122
Correlation x – y: 0.816
Linear regression: y = 3.00 + 0.500x

图 1-2-2　Anscombe 数据的可视化处理后

结果一目了然,不言自明。

第二,数据可视化后更容易理解和感受,对阅读者的专业水平的要求降低。比如图 1-2-3 所示的计算宇宙年龄的结果图,就无需过多说明。

数据源:Hyperleda;可视化工具:R;

源代码下载地址:https://github.com/zonination/galaxies。

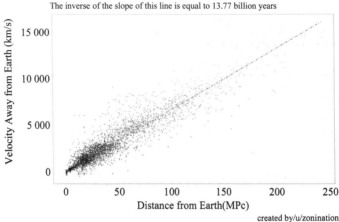

The Expanding Universe
The inverse of the slope of this line is equal to 13.77 billion years

created by/u/zonination

图 1-2-3　数据可视化案例：计算宇宙的年龄

目前流行的大数据处理常用工具有：

- 数据科学语言工具：R、Python、Scala、Clojure、Haskell。
- NoSQL 数据库工具：MongoDB、Couchbase、Cassandra、HBase、Redis。
- 传统数据库和数据仓库工具：SQL、RDWS、DW、OLAP。
- 大数据计算支持工具：HadoopHDFS＋MapReduce、Spark、Storm。
- 大数据管理、存储和查询工具：HBase、Pig、Hive、Impala。
- 数据采集、聚合或传递工具：Webscraper、Flume、Avro、Hume。
- 数据挖掘工具：Weka、Knime、RapidMiner、Pandas。
- 数据可视化工具：Tableau、ggplot2、D3.js、Shiny、Flare、Gephi。
- 统计分析工具：SAS、SPSS、Matlab。

"数据驱动型纽约市"社区的发起人之一 Matt Turck 等人组织绘制了"2018 大数据产业全景图"，将现阶段大数据技术体系按基础设施、分析工具、企业应用、行业应用、跨平台基础设施，以及分析工具、开源工具、数据源与 APPS、数据资源等进行了汇总。

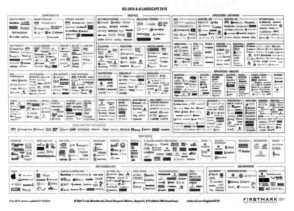

图 1-2-4　大数据产业全景图

图片来自 http://mattturck.com/bigdata2018/，读者可自行链接查看清晰大图。从这张全景图也可以看出，本书后续章节涉及的软件平台，都属于行业领先。

1.2.5　数据资源简介

进行大数据技术研究需要有海量数据集进行实践，以下为一些常用数据集。

1. 政府开放数据

美国政府开放数据集：https://www.data.gov/。
美国交通事故数据集：https://www-fars.nhtsa.dot.gov/Main/index.aspx。
美国空气质量数据集 http://aqsdr1.epa.gov/aqsweb/aqstmp/airdata/download_files.html。
印度政府公开的数据集：https://data.gov.in/。
英国政府公开的数据集：https://data.gov.uk/。

2. 企业或公益组织

Amazon Web Services（AWS）datasets：（https://aws.amazon.com/datasets/。
Google datasets：https://cloud.google.com/bigquery/public-data/。
Youtube labeled Video Dataset：https://research.google.com/youtube8m/。
NASA：https://data.nasa.gov/。
世界银行：http://www.shihang.org/。
纽约出租车：http://chriswhong.github.io/nyctaxi/。

3. 大数据竞赛机构

Kaggle：https://www.kaggle.com/datasets。
Past KDD Cups：http://www.kdd.org/kdd-cup。
Driven Data：https://www.drivendata.org/。

4. 机器学习领域经典数据集

UCI：https://archive.ics.uci.edu/ml/datasets.html。
Delve Datasets：http://www.cs.toronto.edu/~delve/data/datasets.html。

5. 统计学领域经典数据集

统计学领域论文、学术期刊、著名图书中的数据集。
各类统计年鉴，如《中国统计年鉴》等统计数据库。

6. 其他

R 包中的数据集，如 nycflights13、women、mtcars 等。
开放的数据搜索引擎，如 Namara.io 等。
产业开放数据，如 http://en.openei.org 等。
除此之外，还可以自己利用本书第二章介绍的网络爬虫工具，获取研究所需数据。

在人类认识、理解和探索世界的过程中，新技术层出不穷，所谓"千门万户曈曈日，总把新桃换旧符"，所有的学生、教师以及其他从事各行各业的人们，都要做好终身学习的准备，不断刷新和提高自己对现代信息技术的认知，掌握大数据的思维方式、实践技能，唯有这样，才能有充分的信心和勇气，面对未来世界不断发出的新挑战。

1.3 信息论简介

信息论原本是电子、通信、计算机、自动化等 IT 专业高年级本科生和研究生的专业课,是应用概率论、随机过程和现代数理统计方法,研究信息的提取、传输和处理的一般规律,以提高信息系统有效性和可靠性的理论。系统学习信息论需要足够的数学和概率论与数理统计基础,所以系统学习信息论并不是本章的目标。

我们在本书的第一部分花一个小节的篇幅介绍信息论的知识,是因为信息论是大数据最重要的科学基础之一,信息论中有很多有价值的知识可以在大数据分析和处理中运用。不仅如此,在其他与信息有关的领域,如心理学、语言学、语义学、社会学、金融学和生命科学等众多领域,信息论也都愈来愈发挥着重要作用。

他山之石,可以攻玉。我们将努力回避复杂的数学公式,用尽可能简单的方式和实用案例,讲解信息论的基础知识,为读者启迪思维,开拓眼界,使读者未来能够借助"信息思维"在自己的专业领域获得交叉学科的收获。

1.3.1 信息的度量和信息熵

信息是信息论的出发点。对于什么是信息,不同学科有不同的定义。哲学家认为信息是事物间的差异和普遍联系的形式,信息科学家认为信息是负熵,物理学家认为信息是物质和能量在时间和空间中分布的不均匀性,情报学家认为信息就是情报,数学家认为信息是选择的自由度,本书的前导教材《大学信息技术》和《数据分析与可视化实践》也对信息进行过 IT 领域的定义……

控制论的奠基人,美国数学家维纳(Winner)在 1950 年出版的《控制论与社会》一书中指出,"信息是人与外部世界相互作用的过程中所交换的内容的名称"。

1. 信息的特征和性质

信息来源于物质,又独立于物质;信息与能量息息相关,又不是能量本身;信息来源于精神世界,又不局限于精神范畴;信息具有知识的特点,但含义比知识更加宽泛;信息可以被认识主体加以获取和利用。

信息具有如下性质:

(1) 相对性。得到同一信息,不同接受者获取的信息量可能不同,产生的价值和影响也不一样,体现着信息的客观性和主观性二重性。

(2) 有序性。信息可以用来消除系统的不确定性,增加系统的有序性。

(3) 能动性。没有物质和能量就没有信息,信息又可以控制、驱动物质和能量的流动。

(4) 时效性。信息是随着事实和时间的变化而变化的,过时、陈旧的信息就失去了价值。

(5) 可识别、可转换、可存储、可压缩、可扩充、可传输、可携带。

(6) 可度量、可加工、可替代。

(7) 可共享性。这是信息区别于物质和能量最重要的特性。老师把信息教给学生后,老师自己掌握的信息不会减少。正是靠着这种信息的可共享性,人类社会才得以不断发展、进步。

2. 信息的度量

人们在看过不同的文章后,会根据自己不同的收获做出不同的评价,常见的是"信息量好大"和"废话连篇"两种相反结论,这种评价往往是比较主观的。那么,客观地评价信息量的方法应该是怎样的? 我们知道,天平可以客观地度量物体的质量,信息量应该用什么度量呢?

二战期间,具有传奇色彩的苏联双面间谍理查德·佐尔格(Richard Sorge)曾经给当时的苏军统帅斯大林发送过两条足以影响和改变世界的情报,第一条是告诉斯大林:希特勒将在1941 年 6 月 22 日进攻苏联,可惜被斯大林忽略了;第二条是关于日本军部是北进还是南下的战略决策信息。当时的局势是,希特勒兵临城下到莫斯科,斯大林无军可派,在西伯利亚的中苏边界驻扎着 60 万红军,是为了防备日军北上进攻苏联的,这时,佐尔格给斯大林发送了一条十分短小却影响世界的信息:"日军将南下",斯大林根据这条信息判断日军将南下和美国开战,于是把驻扎在西伯利亚的军队调往欧洲战场。这条信息翻译成中文只有区区五个字,但信息的重要性不言而喻。

在 1948 年,克劳德·艾尔伍德·香农(Claude Elwood Shannon)发表他的著名论文"通信的数学理论"(A Mathematical Theory of Communication)之前,人们一直在用"重要性"进行信息的度量,试图从信息中的内容出发,对比重要性,度量信息,但这条路一直没有走成功。

香农是美国数学家,爱迪生的远亲,信息论的创始人。如图 1-3-1 所示,香农是个兴趣广泛的天才。在香农塑像落成典礼上,著名信息论和编码学家布劳胡特(R. Blahut)这样评价香农:"……两三百年后,当人们回过头来看我们的时候,他们可能不会记得谁曾是美国的总统,可能也不会记得谁曾是影星或摇滚歌星,但人们仍然会知晓香农的名字,大学里仍然会教授信息论。"

图 1-3-1　活泼好动的信息论创始人香农

香农最大的贡献之一是用科学方法给出了信息的度量单位——比特(bit),也就是将信息的量化度量和不确定性联系起来。关于比特定义的通俗解释如下:

如果一个黑盒子中有 A 和 B 两种可能性,它们出现的概率相同,要搞清盒子中到底是 A 还是 B,所需要的信息量就是 1 比特。如果事先对这个黑盒子内部的情况有一点了解,知道是 A 的概率比 B 的概率大,解密黑盒子所需的信息就不到 1 比特。

【例 1-3-1】一道有 4 个选项的单项选择题的答案的信息量是多少?

答案是 2 比特。这个问题等价于,假设学生向知道答案的老师询问,老师只能回答是或者否,至少需要问几个问题? 最有效率的提问方式应该是,首先问: 答案在 A B 中么? 接下来只要再根据老师的答案问 1 个问题即可知道结果。

请思考：如果向人打听世界杯冠军是哪支球队，决赛共 32 个球队，至少需要问几个问题？也就是这个问题的信息量是多少比特？

3. 信息熵

香农的另一个重要贡献，就是引入了信息熵（Entropy）的概念。在比特定义中的黑盒子就是一个含有不确定性的信息源，而信息源中不确定性的程度就是信息熵。信息的基本作用就是消除人们对事物的不确定性。

熵的概念是香农从热力学与统计物理中借用过来的。爱因斯坦曾把熵理论在科学中的地位概述为"熵理论对于整个科学来说是第一法则"。查尔斯·珀西·斯诺（C. P. Snow）在其《两种文化与科学革命》一书中写道："一位对热力学一无所知的人文学者和一位对莎士比亚一无所知的科学家同样糟糕。"

熵由德国物理学家克劳修斯于 1865 年所提出，在希腊语源中意为"内在"，即"一个系统内在性质的改变"。1923 年，德国科学家普朗克（Planck）来中国讲学用到 entropy 这个词，胡刚复教授翻译时灵机一动，把"商"字加火旁来意译"entropy"这个字，创造了"熵"字（shāng），因为熵变 dS 是 dQ 除以 T 的商数：

$$dS = \left(\frac{dQ}{T}\right)_{reversible}$$

T 为物质的热力学温度；dQ 为热传导过程中的输入热量，下标"reversible"表示是"可逆过程"。

在热力学中，假定有两种不同温度的气体 a、b，当两种气体完全混合时，可以达到热物理学中的稳定状态，此时熵最高，如图 1-3-2 所示。如果要实现反向过程，重新恢复为原来两种温度的 a、b，在封闭的系统中是没有可能的。只有外部干预（信息），也即系统外部加入某种有序化的东西（能量），才能使 a、b 重新分离。这时，系统进入另一种稳定状态，此时，信息熵最低。热力学证明了：在一个封闭的系统中，熵总是增大，直至最大。若要使系统的熵减少（使系统更加有序化），则必须有外部能量的干预。

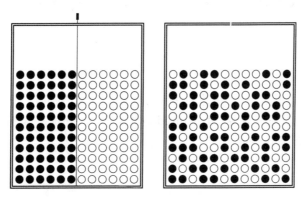

图 1-3-2　熵增示意图

香农证明了熵与信息内容的不确定程度具有等价关系，明确地把信息量定义为不确定性的减少。比如在某地区车牌摇号，如果二选一必中一个则不确定性就小，如果是两千选一则不确定性就大多了。所以，一个系统中的状态数量，也就是可能性越多，不确定性就越大；在状态数量保持不变时,如果各个状态的可能性相同,不确定性就很大;相反,如果个别状态容易发生,大部分状态都不可能发生,不确定性就小。

为了精确计算不确定性的大小,香农给出了信息熵的计算公式:

$$H(x) = -\sum_{i=1}^{n} p(x_i)\log_2 p(x_i)$$

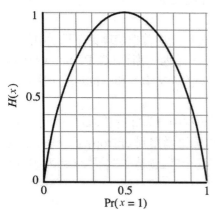

其中 $p(x_i)$ 是随机变量 x 的概率密度函数。(关于概率密度的详细定义见挂网材料)

如果一个系统中只有 A、B 两种可能的状态,那么信息熵的变化如图 1-3-3 所示,其中横坐标为 A 发生的概率,从 0 到 1 分布,纵坐标是信息熵,也就是确定 A 发生需要的信息量。如图 1-3-3 所示,当 A 发生的概率是 1/2 时,需要的信息熵最高,是 1 比特。

类似于抛硬币,如果硬币是均质的,正反两面落地后朝上的概率一样大,都是 1/2;如果硬币的一面重一面轻,那轻的那面朝上的概率就比较大,确定硬币落地后哪面朝上的信息量就小。

图 1-3-3　两种状态下的信息熵

【例 1-3-2】假定有 8 匹马参加的一场赛马比赛。设 8 匹马的获胜概率分布为(1/2, 1/4, 1/8, 1/16, 1/64, 1/64, 1/64, 1/64),则这场赛马比赛的熵为

$$H(x) = -1/2\log(1/2) - 1/4\log(1/4) - 1/8\log(1/8) -$$
$$1/16\log(1/16) - 4\times 1/64\log(1/64)$$
$$= 2(比特)$$

注:公式中的 log 表示以 2 为底的对数,本章中后续内容如果不特殊说明,log 都表示以 2 为底的对数。

请读者自己用类似方法计算上文提出的,世界杯 32 个球队参赛,如果夺冠概率一样,信息熵是多少。

拓展

1. 利用信息熵的概念,分析赌球的庄家为什么是稳赚不赔的。

2. 搜索"结构化的投资证券(Structured Notes)概念,分析高盛等投资银行是怎么样利用设计这些金融产品挣钱的。

---

4. 信息和能量的关系

1961 年,罗夫·兰道尔(Rolf Landauer)在《IBM 研究通讯》上发表了一篇令他青史留名的论文,这篇论文的题目是《不可逆性与计算过程中的热量产生问题》。在这篇论文中,兰道尔指出了一件以前从来没人发现的事情:经典计算机要擦除一个经典比特的信息,其所消耗的最小能量是 $kT\ln 2$(k 是玻尔兹曼常数,T 是经典计算机所处的外界物理环境的温度)。

比较 1.3.1 中香农信息熵的定义（其中 p_i 为每种可能性的概率）：

$$S_{信息} = \sum_i p_i \log_2\left(\frac{1}{p_i}\right)$$

和物理学中热力学熵公式：

$$S_{热力学} = k\ln W$$

会发现这两个公式有两个区别：①两者差了一个玻尔兹曼常数 k；②求对数时候，信息熵是以 2 为底的，而热力学熵是以常数 e 为底。当年香农正是通过玻尔兹曼的热力学熵来类比信息论中的熵的，只不过在信息论中不需要玻尔兹曼常数，所以他在定义信息熵的时候，把玻尔兹曼常数省略了。

兰道尔解决的问题本质上是信息与能量的关系问题：如果我们想要擦除 1 比特的信息，最少需要消耗多少能量？从信息论的角度来说，如果一个 U 盘里存了一张照片，要删除这张照片(不破坏 U 盘)，需要将 U 盘连接到计算机，而计算机要用电，也就是必须消耗能量才能把这个照片删除。人脑也类似一个存储器，要忘记某件事某个人，也要消耗能量。

1.3.2 信息的编码

在这一小节中，我们将通过数字和文字产生的过程来了解信息的编码问题。

信息编码并非是人类才有的技能，很多动物，甚至某些植物也有自己的信息编码。如图 1-3-4 所示的，曾经走红过的土拨鼠表情包，就是土拨鼠通过叫声向同伴发送信息编码，当然表情包中的文字是人们为了搞笑而添加的。

图 1-3-4　动物的信息传递

20 世纪的人类学家在研究一些原始部落时，发现原始人在遇到危险时，也像动物一样发出怪叫，并用一些含糊的声音进行通信。比如狩猎时用某种特定的声音可能表示"那里有只麋鹿"，再用另一串特定的声音，表示"你用石头砸它"。在《长安十二时辰》中的望楼，也是信息编码的典型应用。

信息编码的复杂度和要传播的信息种类数量有关。早期人类了解和需要传播的信息很少,不需要语言和数字,只需要发出不同的叫声,或者做些不同的手势和肢体接触即可。随着人类的进步和文明的进展,需要表达的信息也越来越多,语言和数字才就此慢慢产生。

1. 数字的编码

早期人类需要表达的信息用一只手 5 个手指就能覆盖,渐渐地 10 个指头也不够用,所以玛雅文明采用了 20 进制,就是把脚趾也用于计数。随着人类能够存留的物质数量越来越多,手脚并用也不够了,就要发明更复杂的数制。

要表达 100 个数字,一个办法是设计 100 个不同的编号;另一种是只设计几种编号,然后相互组合,来表达 100 个数。

第一种方法是 100 选 1 问题,信息熵是 $\log 100 = 6.644$。

第二种编码方法采用十进制编码,也就是用 10 种符号,每个符号所代表的信息量只有 $\log 10 = 3.322$ 比特,要表示 100 个数字需要两两组合,也就 2×3.322,仍然是 6.644 比特,正好可以消除 100 个数的不确定性。

如果采用二进制编码,0 和 1 两种符号,它们所包含的信息只有 $\log 2 = 1$ 比特,如果想用它们来表达 100 个数,则需要 6.64 个码。进位取整以后,也就是 7 位的码长,才能表示 100 个数字。

所以,符号越少,码位越长,由此可见,对数字的各种编码方法其实是等价的,无非是平衡编码复杂性和编码长度之间的关系。20 进制,编码长度比 10 进制短,但它的编码系统太复杂,要记住的符号多一倍,玛雅文明被淘汰,可能就和它的计数和书写系统太复杂有关。

香农证明:

$$编码长度 \geqslant 信息熵(信息量) / 每一个码的信息量$$

他同时还证明,只要编码设计得足够巧妙,上面的等号就能成立,这就是著名的香农第一定律。

2. 文字的编码

文字的产生和数字的产生相似,苏美尔人、古埃及人、古代中国人和古印度人,都采用了象形文字。因为不能无限发明文字,便出现了用几个文字的组合表达一个复杂的含义。发明象形文字和动词之后,人类就有了书写系统,各种信息就通过文字这种编码形式记录下来。

在古代,只有统治阶级和富裕阶层才掌握文字,古代文字难以普及的一个重要的原因,是基于各种象形文字的编码系统太复杂,要记忆的东西太多,学习成本太高。所以全世界的语言都在沿着简化的道路发展,中国的汉字在解放后由繁体字转化为简体字。

1.3.3 信息的有效性和哈夫曼编码

各种编码系统在信息论上是等价的,但不同的编码系统有优劣之分。

1. 编码的辨识性

好的编码系统应该具有易辨识性。比如,阿拉伯数字 0~9 之所以成为最普及的数字编码系统,因为它们的数量不多不少,形状差异大,便于记忆;如果采用一个竖线"|"代表一,两个

"∣∣"代表二,三个"∣∣∣"代表三,十个"∣∣∣∣∣∣∣∣∣∣"代表十,因为太容易看花眼,就是一个不好的编码系统。

信息编码原则在日常的表达和沟通中也很重要。德国著名的营销专家和演说家多米尼克·穆特勒提出清晰表达的五个原则是:明确、诚实、勇气、责任和同理心,前四条就和信息编码要便于识别有关。

2. 编码的有效性

编码的有效性指编码的效率越高越好。在谍战片中经常看到,谍报员通过发电报传递信息,电报的电文要非常简洁,因为如果发报时间越长,被敌方发现的概率就越大。

【例1-3-3】用十个手指编码,能表达多少个数字?

表达十个数字,像小朋友们在幼儿园就学会的数数那样。

中国人可以用一只手打出十个数字的数字手势,两只手组合起来,一个表示个位,一个表示十位,就能表示从 0 到 99 共 100 个数字。

采用二进制编码,把十个指头伸开:从左边的小拇指到大拇指编号为 0~4,再从右边的大拇指到小拇指,编号为 5~9。每个手指都有伸出、收起两种状态,每一种状态对应于一位二进制,十个指头能表示 10 位 2 进制,因为 10 个指头,每个指头有两种情况,就是 2 的 10 次方,也就是能表达 1024 个数字。

那么,能不能让每个手指具有伸开、半伸开和收缩三个状态,那就能表示 3 的 10 次方,也就是 59049 种可能性呢? 这种的问题在于过分强调有效性,而忽视了易辨识这个原则。

3. 编码的优化、哈夫曼编码

(1) 摩尔斯电码。

摩尔斯电码(又译为摩斯密码,Morse code)是一种用持续时间长短不同的两种信号传递信息的信号代码,通过不同的排列顺序来表达不同的英文字母、数字和标点符号。它根据经验,对经常出现的字母采用较短的编码,对不常见的字母用较长的编码,这样就可以降低编码的整体长度。如图 1-3-5 所示,其中圆点(嘀)代表电报机的继电器短暂的接触,长线(嗒)代表长时间的接触(要求至少是短接触时长的三倍以上)。

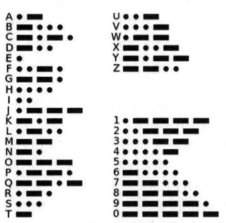

图 1-3-5　摩尔斯电码示意图

如果对英语26个字母采用等长度的编码，需要 log 26≈4.7 比特信息，而采用摩尔斯电码，平均只需要3比特，效率高了很多，发报时间能节省大约1/3。许多国家在设计长途电话区位码时，也考虑了每一个城市和地区的电话机数量，比如在中国，北京、上海等重要城市就是两位，小城市则使用3位，这样做的目的就是为了减少平均编码长度。

(2) 哈夫曼编码。

哈夫曼编码(Huffman Coding)，又称霍夫曼编码，是可变字长编码(VLC)方式的一种，由MIT教授哈夫曼(Huffman)于1952年提出。该方法完全依据字符出现的概率来构造相同信源字母编码表。由香农第一定律可知，编码的长度是有理论最小值的，哈夫曼将越常出现的信息采用越短的编码，越不常出现的信息采用较长的编码。从数学上可以证明，哈夫曼的编码方法是最优化的。

哈夫曼编码从本质上讲，是将最宝贵的资源(最短的编码)给出现概率最大的信息。至于资源如何分配，哈夫曼给出了一个原则：一条信息编码的长度和出现概率的对数成正比。摩尔斯电码部分采用了哈夫曼编码的原理，但是没有严格统计各个字母的频率，所以没有做到最优化。

如果所有的信息出现的概率相同，采用哈夫曼编码时，每一条信息的码长都一样，哈夫曼编码就变成了等长编码，就没有优势了。

(3) 哈夫曼编码在投资中的应用。

吴军《浪潮之巅》一书中介绍凯鹏华盈投资基金时写道，虽然换了三代掌门人，它却能在40多年、20多期基金中，平均每一期基金的回报总是有40倍左右，这说明它不是靠一两个人天才的眼光，而是有一整套系统的方法，保证投资的成功率。凯鹏华盈采用的投资方法就是哈夫曼编码的原理，即通过每一次双倍砸钱(double down)，把最多的钱投入到最容易成功的项目上。

【例1-3-4】假定一期基金有1亿美元可以用来进行风险投资，现在有100个初创公司，如果投资的公司最后能上市，将获得50倍的回报；如果上不了市，只是在下一轮融资被收购，将获得3~5倍的回报。应该怎样投资才能达到最佳效果？

方案一：平均地投入到100个初创公司。基本上是拿到一个市场的平均回报，也就是一轮基金下来大约是31%到71%的回报，如果扣除管理费和基金本身拿走的分红，出资人大约能得到20%~50%左右的回报。通常一期风险投资基金投资的时间是2~5年(持续的时间可以长达7~10年)，这样年化回报大约是5%~20%之间。

方案二：根据经验选择投入到一家公司中。这其实是一种赌博，如果运气好这家公司上市，有50倍的回报，如果被收购的有2~5倍的回报，但是绝大多数情况是血本无归。如果所有的基金都这样，虽然平均回报率和第一种情况相似，但是投资风险高达500%。用投资领域普遍采用的夏普比率来衡量，这是极为糟糕的投资方式。

方案三：利用哈夫曼编码原理投资。先把钱分成几部分，逐步投放，每一次投资的公司呈指数减少，而金额倍增。具体操作方法如下：

第一轮，选择100家公司，每家投入25万美元，这样用掉2500万美元。

第二轮，假定有1/3的公司即33家表现较好，每家再投入75万美元左右，也用掉2500万美元。至于剩下了的2/3表现不好的公司，不再投入。

第三轮，假定1/10的公司，即10家表现较好，每家投入250万美元，再用掉2500万美元。

第四轮，假定3%的公司，即3家表现较好，每家投入800万美元左右，用掉最后的2500万美元。

这样通常不会错失上市的那一家，而且还能投中很多被收购的企业。由于大部分资金集中到了最后能够被收购和上市的企业中,占股份的比例较高,这种投资的回报要远远高于前两种,大约有3~10倍的回报。当然,这还达不到凯鹏华盈40倍的回报。

1.3.4　信息的冗余和压缩

信息中存在着冗余,去除冗余并寻找到合适的等价信息,可以对信息进行压缩。

1. 信息的冗余

我们经常听到一种说法:中文比西方字母文字更精炼,典型的证据是联合国的同一份报告,中文版通常是最薄的。这种说法可以用信息论的方法来验证。

前腾讯副总裁,Google中日韩文搜索算法的主要设计者吴军博士,曾经做过一个实验:量化度量《史记》和《圣经》的信息量。他选择这两本书做对比,是因为这两本书都是经典,语言本身比较凝练。

他把《圣经》的中、英文版本,分别挤掉GB2312和ASCII编码中的水分,在公平的基础上作对比,发现两者编码长度是1.6 MB vs 2.5 MB,大约是2∶3。然后,他用上文学习过的哈夫曼编码进行压缩,发现中文和英文版《圣经》大致都能压缩到750 KB。这说明:一本经典的信息量不会因为使用不同语言书写而不同,这其实也证实了编码的等价性(不同语言可以被看成是不同的编码),即同样的信息采用不同的编码,信息量是不变的。通过压缩《圣经》的中英文版本,可以看出英语的压缩比高达3∶1(2.5 MB到750 KB),而中文只能压缩到大约2∶1(1.6 MB到750 KB),说明中文更精炼。

接下来,吴军又对中文经典《史记》做了一次信息压缩的实验。《史记》大约有53万字,如果直接按照国标码存储大约要1.1 MB,在挤掉国标编码的水分后,《史记》的编码长度是900 KB左右。如果采用哈夫曼编码程序继续压缩,压缩完不到500 KB,压缩比大约为1.8∶1,和中文《圣经》的压缩比差不多。上述实验的结果如图1-3-6所示:

	字数	原始大小	压缩后大小	用哈夫曼编码压缩后
《圣经》英文版	80万个英文单词	4 MB	2.5 MB	750 KB
《圣经》中文版	93万多字	2 MB	1.6 MB	750 KB
《史记》中文版	53万字	1.1 MB	900 KB	500 KB以内

图 1-3-6　文字压缩实验

在上述例子中,中文的冗余度大约是1/2,英文的冗余度为2/3,如果对其他书籍的双语文本作同样的对比,也能得到类似的结果。所以,说中文简洁是完全有科学根据的。

中文的信息比较"密集",而英文(和其他欧洲语言)则相对"稀疏"。在信息论中,采用**冗余度**的概念对信息的这种"密集"和"稀疏"程度进行描述:

冗余度＝(信息的编码长度－一条信息的信息量)/信息的编码长度

公式中的信息量其实就是信息熵。

(1) 信息冗余的缺点。

信息冗余会造成存储和传递信息时的浪费。文字的冗余度比较低,视频图像冗余度则很高。传输标准的 4 K 电视信号，如果对于任何信息冗余一点也不压缩，那网速需要每秒钟 12 Gbps，即大约是采用光纤入户后峰值传输率的 10 倍，大约是今天家庭使用的 **Wi-Fi** 的大约 200 倍左右。今天能收看 4 K 电视，是因为视频图像的信息冗余度极高，即使压缩几十倍也不会损失任何信息，如果允许略微损失一点信息，则可以压缩上千倍。

（2）信息冗余的优点。

便于理解。为什么人们觉得阅读小说轻松而阅读科技文献头疼，一个重要的原因就是小说的信息冗余大。进行演讲和教学时，为了让受众更好吸收，也应该从多角度诠释同一个问题，适当增加一些"换句话说"，"打个比方"等等辅助表达。

消除歧义。汉语简洁的一个重要原因是汉语没有西文常见的动词的各种时态、性别、单复数，和语气等信息，名词去掉了数量和阴阳信息，绝大部分名词去掉了正式和非正式的信息，所有这些信息都需要在阅读时通过上、下文恢复，这对读者的能力有时会形成考验，如果恢复得不好，会造成误解。相比之下，拉丁语和法语就没有这个问题。在英语中，名词和动词数量的一致性，语句中语气和写法的一致性，也保证了相应的信息不容易漏掉。这就是西语"麻烦"的好处。

容错性高。压缩后的信息丢失一点就无法恢复，而未经压缩的原始信息稍有损失还能结合上下文"猜"出来。

2. 信息的等价性

（1）信息等价性的定义。

当无从获取关于某件事的直接信息时，可以考虑从比较容易得到的等价信息入手，分析问题，解决问题。

侦探小说鼻祖爱伦·坡在《金甲虫》中讲述了这样一个故事：主人公捡到了一个被海水冲上岸的羊皮纸卷，上面写着看似很难理解的由数字和符号组成的密码，如图 1-3-7 所示。勒格朗花了几个月的时间破解了这份宝藏密码，最后获得了一大堆宝藏。

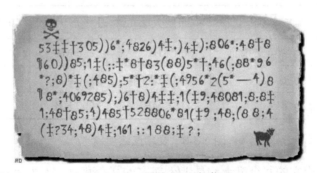

图 1-3-7　勒格朗的宝藏图

作者爱伦·坡不懂信息论，他以为这个密码足够难，但在了解信息论的人眼里这只是个小儿科。香农很小的时候读到这部小说，他很快就利用统计数字和符号的频率，破解了那段密码：仔细观察宝藏图可以发现，密码中出现频率最高的是"8"，可以对应到英语中同样出现频率最高的"e"，而英语中含有"e"的高频词其实是"the"，那么图中重复且固定出现的"＊＊8"就应该是"the"，仔细观察，发现有三次出现";48"这个符号组合，说明";"代表"t"，"4"代表"h"。这就是破解宝藏图的突破口，有兴趣的读者可以进一步研究，破解整张密码图。

从信息论的角度来看,羊皮纸上的怪符号密码,其实提供了和英语完全等价的信息,因此得到它和得到一段明文是等价的。

在信息论中对信息的等价性有明确的数学表达,用比较通俗的话描述就是:对于一个未知的黑盒子,如果了解它里面的情况需要信息 X, X 无法获得,如果我们获得了信息 Y,也能同样了解盒子里面的情况,就可以说在了解这个黑盒子时,信息 Y 等价于信息 X。

(2) 信息等价性的应用。

信息等价性应用的场景非常广泛,以下只举几个典型例子,读者可以自行思考更多应用场景:

身份识别。人的外部特征信息常常可以伪造,比如可以通过伪造指纹套混过指纹识别,用照片混过人脸识别等等,而体内特征不仅具有唯一性,而且很难伪造。人类手掌内部的静脉血管的图片(也被称为掌静脉图片)互不相同,而且在人的一生里几乎不会变化,因此可以被认为是身份信息的等价信息。掌静脉用红外摄影很容易获取,所以,基于掌静脉识别的技术目前在高准确率的身份验证中已经得到了利用。

语言风格识别。职业作家的语言风格是很难改变的,通过语言风格,可以看出一部作品是原创的,还是代笔的。在文学史上,胡适就曾经根据写作视角的区别,考证出《红楼梦》并非出自曹雪芹之手。有研究者统计过世界上著名语料库中不同作者的语言风格,发现他们使用并不受大家关注的虚词(比如英语里的 the, a 或者各种介词)的数量和方法,这些特征在一个作家不同题材的作品中鲜有变化,而在不同作家的作品中,差别迥异,所以很容易找到和作者信息完全等价的信息。

医学检验。人体内有很多水分,水中氢原子的电子在旋转中形成一个个微小的磁针,如果在人体外面施加磁场,就可以把水分子里的小磁针方向排顺,再加入一个和氢原子共振的脉冲,就可以获得人体氢原子振动的信息。由于人体各个部分水的分布不一样,通过各个部分氢原子振动的信息,就可以把人的结构勾画出来,这就是磁共振的原理。磁共振就是利用了等价信息。

拓展

了解用于发现引力波的 LIGO 装置和黑洞照片合成的过程,梳理一下物理学家是如何利用等价信息设计上述实验的

---

3. 信息压缩

利用信息的等价性可以实现信息压缩。

(1) 傅里叶变换。

19 世纪法国伟大的数学家傅立叶发现,任何周期性的函数(信号)都等于标准正弦函数的线性叠加,其数学公式描述如下:

$$F(\omega) = F[f(t)] = \int_{-\infty}^{\infty} f(t)e^{-i\omega t}dt$$

公式中 $F(\omega)$ 为 $f(t)$ 的像函数,$f(t)$ 为 $F(\omega)$ 的像原函数。用傅里叶变换可以把一个随

时间变化的周期函数从时域转为频域,如图 1-3-8 所示。

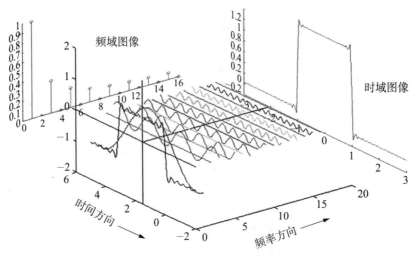

频域图像

时域图像

时间方向

频率方向

图 1-3-8 傅里叶变换示意图

生活中的很多信号,是随时间周期变化的,比如一年中每一天的温度,就以一年为周期变化。如果我们要记录 100 年间每天的平均气温,就需要 3 万多个数据。但是由于它具有周期性,就可以利用傅里叶变换进行信息压缩。

利用傅立叶变换,可以将 100 年里温度变化的信息用大致 20 个频率和振幅不同的正弦曲线叠加而成。也就是说,100 年里 3 万多个温度样点里的信息,基本上就等价于 20 个频率数据和 20 个振幅数据,这样一来信息就被压缩了近百倍。

(2) 多媒体信号压缩。

音频、图像也利用了傅里叶变换的原理进行压缩。

常见音频信号,包括语音、音乐等等,在较短的时间内,都呈现相对稳定的周期性,利用傅立叶变换,对音频信号进行压缩编码后传输,能将信息压缩 10 倍左右,尽管这样可能会有少许失真,但非常有利于信息的传输。现在用微信语音通话十分常见,如果不进行信息压缩,就要多用 10 倍的数据流量。

图像压缩采用的是离散余弦变换 DCT,原理和音频压缩类似,有兴趣的读者可以自行学习。

视频压缩则一般是利用了信息的相关性,采用对主帧进行"增量编码"的方式压缩,感兴趣的读者可以自行搜索相关知识学习。

1.3.5 信息的相关性

大数据思维与传统思维方式最大的差异之一,就是从关注因果关系转化为关注相关关系。只关注"已经发生了什么",不再关注"为什么发生",更在意"将要发生什么",以及"如何使其发生"。相关关系可以强,也可以弱,但弱相关关系没有实际意义,进行大数据分析,需要寻找和利用的是强相关性。

资本市场流行一种裙摆指数(Hemline Index),在美国有一个更俗的名字叫做"牛市与裸露的大腿"。19 世纪,宾州大学的经济学教授乔治·泰勒认为,"当经济增长时,女人会穿短裙,因为她们要炫耀里面的长丝袜;反之,当经济不景气时,女人买不起丝袜,只好把裙边放长,来掩饰没有穿长丝袜的窘迫"。虽然总有人能举出证实这种指数的例子,但也有人能举出大量的反例。那么裙摆的高度和股票的涨跌到底有没有关系?

利用信息论中的互信息,可以科学计算出这个问题的答案。

1. 互信息

互信息的定义是:设两个随机变量(x, y)的联合分布为$p(x, y)$,边缘分布分别为$p(x)$,$p(y)$,互信息$I(X; Y)$是联合分布$p(x, y)$与边缘分布$p(x)p(y)$的相对熵,即:

$$I(X; Y) = \sum_{x \in X} \sum_{y \in Y} p(x, y) \log \frac{p(x, y)}{p(x)p(y)}$$

假设裙子长度这个随机变量是X,如果裙子的长度在膝盖处,$X=0$;如果高于膝盖一寸,$X=1$;高于两寸,$X=2$;如果比膝盖长出一寸,$X=-1$;长出两寸,$X=-2$,等等。股市的涨跌幅度Y也是一个随机变量,假定涨1%,$Y=1$;涨2%,$Y=2$;如果下跌,Y就是负的;如果不涨不跌,Y就是0。如果把过去的100年以每一个月作为一个单位,大约能得到1200个样点,这样就能估算出X和Y的概率分布$P(X)$和$P(Y)$。如果女生穿短裙,而股票也上涨,这两件事情同时发生了,它的概率就是$p(X, Y)$,$p(X, Y)$就是这两个随机变量的联合概率分布。

假如裙摆比膝盖高一寸的概率是10%,股票某天上涨1%的概率也是10%,如果这两件事同时发生概率是1%,说明这两件事毫不相干,用上面的公式计算,互信息就得到0。反之如果这两件事情一同发生的概率有5%,代入公式中算下来,它们的互信息就比较大,就说明它们高度相关。经过实际测算,穿短裙这件事和股票上涨之间的互信息近乎为零。

所以,互信息可以作为两件事相关性大小的指标。

在概率论中,如果两个事件A、B相互独立,也就是没有相关性,则满足:

$$P(AB) = P(A)P(B)$$

其中$P(AB)$指两个事件共同发生的概率。

2. 相关关系

两个随机事件A、B,如果从A一定能推导出B,那么知道了A就等同于知道了B,A、B之间就是因果关系。如果A发生后,B发生的可能性就增加,A、B之间就是相关性。如果相关性比较强,在得到信息A之后,就可以消除关于B的不确定性。但是,如果A和B之间的相关性较弱,联系就没有意义。

在经济学中有一个正在蓬勃发展的分支,叫计量经济学,也研究经济行为之间的关系的。但是这种相关性和信息学中相关性有所不同。计量经济学认为,如果一种事件伴随另一种事件而生,就说两者存在相关性,相关性事件之间可能也存在着一定的因果性。比如研究发现很多男艺术家留长发,留长发就和艺术气质之间存在相关性,但这种相关性之间没有直接的因果性,因为留长发不会增加一个人的艺术细胞变成艺术家。不过,在相对保守的社会里,只有特立独行的男人才会留长发,而艺术家一般都比较特立独行,所以,其实是特立独行导致了男艺术家留长发。

研究互信息的过程中要防止混淆相关关系和因果关系,甚至把因果关系和相关关系搞反。比如,一个太平洋岛屿上的部落认为,跳蚤对个人健康是有益的,因为他们观察到健康的人身上有跳蚤而生病的人身上则没有,这种相关关系十分确凿。但跳蚤当然不会导致健康,它们仅仅是显示了一个人处在健康的状态。因为发烧的人身上的跳蚤抛弃原宿主去寻找更健康的宿主了。所以,并不是一个人身上的跳蚤导致了他的健康。

又比如,有人拿比尔·盖茨和扎克伯格创业成功来证明上大学没用:因为盖茨和扎克伯格都退学了,然后俩人创业成功。事实上,盖茨和扎克伯格都是因为初期创业获得成功,才选择退学的。

请读者认真思考,举出生活中更多的容易混淆的因果关系和相关关系的例子。

1.3.6 贝叶斯公式与因果关系

每个人的一生都会遇到一些重要的岔路口,比如该考研还是该工作,该辞职创业还是该守株待兔等等,可这时对未来信息的掌握既不充分也不确定,不知该何去何从,却又必须做出选择。这个时候,只能在掌握有限信息的前提下,先作出决定,再根据后续出现的新情况,不断对目标或结论进行修正。这个行为其实是有数学基础的。数学基础提供了一种决策和思维方式,使人们能更笃定、更科学地抉择。

1. 贝叶斯公式

统计学中有一个重要的公式叫贝叶斯公式,发明者贝叶斯(Thomas Bayes)是一个英国长老会的牧师,业余数学家。有人说,他是为了证明上帝的存在,而发明了概率论与数理统计史上的著名公式:

$$P(A \mid B) = \frac{P(B \mid A)P(A)}{P(B)}$$

公式中,发生事件 A 的概率为 $P(A)$,发生事件 B 的概率为 $P(B)$,在发生事件 B 的条件下发生事件 A 的概率为 $P(A \mid B)$,发生事件 A 的条件下发生事件 B 的概率为 $P(B \mid A)$。

其实,贝叶斯发明贝叶斯公式是为了解决一个"逆概率"问题。在贝叶斯之前,人们已经能够计算"正向概率":比如,假设袋子里面有 N 个白球,M 个黑球,伸手进去摸一个球出来,摸出黑球的概率是多大? 这个古典概率问题的答案当然是 $M/(M + N)$。但是当问题反过来:事先并不知道袋子里面黑白球的比例,而是闭着眼睛摸出一个(或好几个)球,观察这些取出来的球的颜色之后,能就此对袋子里面的黑白球比例作出怎样的推测? 这个问题,就是所谓的逆概率问题,贝叶斯给出了答案。

【例 1-3-5】对以往数据分析的结果表明,当某机器调整良好时,产品合格率是 98%,在故障状态下,产品的合格率是 55%,每天早上机器开动时调整良好的概率是 95%。若某日早上第一件产品是合格品,机器调整良好的概率是多少?

解:设 A 为事件"产品合格",B 为事件"机器调整良好"

根据题目已知条件 $P(A \mid B) = 0.98$,$P(A \mid B') = 0.55$,$P(B) = 0.95$,$P(B') = 0.05$,由贝叶斯公式:

$$P(B \mid A) = \frac{P(A \mid B)P(B)}{P(A \mid B)P(B) + P(A \mid B')P(B')}$$

$$= \frac{0.98 \times 0.95}{0.98 \times 0.95 + 0.55 \times 0.05} = 0.97$$

也就是说，当生产第一件产品合格时，机器调整好的概率是 0.97。

本题中，机器调整好的概率 $P(B)=0.95$ 是由以往的经验数据，叫做先验概率，而在得到生产出第一件产品是合格品后，在重新修正得到的 $P(B|A)$ 是 0.97，叫做后验概率，后验概率使我们对机器当天是否调整好有了更进一步的了解。

贝叶斯公式的意义是，当不能准确判定一个事物的本质时，可以依靠与事物本质相关的事件出现的概率去判断其本质的概率。比如，如果看到一个人总是做好事，那个人多半是一个好人，如果发现他做了一件坏事，就把"他是一个好人"这个判断的概率减少一些。用数学语言表达就是：支持某项属性的事件发生得愈多，则该属性成立的可能性就愈大。这就是贝叶斯归纳的核心逻辑：不必获取所有证据之后再进行判断，而是结合已知条件先进行判断，再通过数据不断去验证、调整、修改这个判断，让它逐步趋于合理化。

【例 1-3-6】假设某种疾病在所有人群中的感染率是 0.1%，医院现有的技术对于该疾病检测准确率能够达到 99%。也就是说，在已知某人已经患病情况下，有 99% 的可能性检查出阳性；而正常人去检查有 1% 的误判率，即在患者没有得病的情况下，有 1% 的可能呈现阳性。如果从人群中随机抽一个人去检测，医院给出的检测结果为阳性，这个人实际得病的概率是多少？

直觉可能会告诉你概率是 99%，但是概率论里有很多反直觉的情况，这正是概率论的奇妙之处。

解：

将检测者得病记为事件 A，没有得病就是事件 A 的反面，记为 A'；

检验结果为阳性记为事件 B；

需要求解的是 $P(A|B)$，即检测者的检验结果为阳性，且他确实得病的概率。

根据已知条件：

疾病的发病率是 0.001，即 $P(A)=0.001$，$P(A')=1-P(A)=0.999$，$P(B|A)=0.99$，$P(B|A')=1\%=0.01$。

$\therefore P(B)=P(B|A)P(A)+P(B|A')P(A')=0.99\times0.001+0.01\times0.999=0.01098$。

（例 1-3-5 和例 1-3-6 都用到了全概率公式，全概率公式的定义见挂网材料）

$$P(A|B)=P(A)\frac{P(B|A)}{P(B)}=0.001\times\frac{0.99}{0.01098}\approx0.0901=9.01\%$$

也就是说，当检验结果是阳性时，真正得病的概率居然只有 9%。

读者可以自行计算，当误报率是 5% 时，也就是 $P(B|A')=0.05$ 时，检测结果是阳性而真正得病的概率是几。

这时答案更惊人，只有 1.94%。

说明误报率在这个案例中是非常重要的参数，每增加一点都影响巨大。

所以，即使筛查方法的准确率已经达到 99% 了，结果正确的概率仍然很低，读者这时是不是很想说，"那这样的筛查方法根本没用啊"？

这样的筛查方法当然有用。因为可以对第一次检查出的可疑样本做第二次检测，两次检测都误报的概率只有 1%×1%，也就是万分之一。这就是为什么很多检测要把样本送独立检测机构多次检测的原因。

贝叶斯公式一直在生命科学、教育学、心理学、金融投资学等领域有广泛应用，近些年由贝叶斯公式为基础而拓展产生的**贝叶斯网络**，更是在机器学习、大数据挖掘中大放异彩。有兴趣的读者可以自行研究学习。

2. 因果关系

大数据时代非常强调相关关系，并不是因为因果关系不重要，相反，是因为因果关系更为复杂，即使在大数据时代也没有充分解决，人们才转向研究更容易出成果的相关关系。

如 1.3.5 节所述，相关关系在统计学和信息学上早有明确的数学定义，但因果关系还没有，所以，因果关系千百年来一直是哲学家和科学家仍在辩论的一个难以明确的概念。人们凭直觉认为，因果关系就意味着事件 *A* 导致了事件 *B* 的发生。因果关系的一种定义，就是将一个先发生的事件（原因）与另一件后发生的事件（结果）关联起来的关系。这看起来是合理的，但其实它仅在原因单一、且关联关系清晰时才有用，而现实世界事情的发生往往有多重因素。

比如，人们可能会将森林大火归咎于不小心抛出的烟头，但是气温、光照强度、植被的干燥程度、当时的风向和风力等等，都可能是火灾形成的原因。所以，因果推理的基本问题是：当对于一个问题的解释非常多时，应该如何在因果询证的过程中，找到最接近真理的那一个？

计算机科学家朱迪亚·珀尔（Judea Pearl）在 1988 年提出基于概率推理的图形化网络——贝叶斯网络，是目前不确定知识表达和推理领域最有效的理论模型之一。2011 年珀尔获得了计算机科学的最高荣誉——图灵奖，很大程度上归功于他在贝叶斯网络方面的工作。但是这位人工智能领域的先驱现在却成了该领域最尖锐的批评者之一——"AI 社区的叛徒"。他认为人工智能领域已经陷入了概率关联（probabilistic association）的泥潭。近来，新闻界和投资界不断吹捧机器学习和神经网络的最新突破，但珀尔对此感到厌倦。在他看来，当今人工智能领域的最新技术仅仅是上一代机器所做事情的强化版：在大量数据中找到隐藏的规律。他称，"所有令人印象深刻的深度学习成果都只是曲线拟合"。

珀尔和科学作家达纳·麦肯齐（Dana Mackenzie）合著了一本新书《为什么：因果关系的新科学》（The Book of Why：The New Science of Cause and Effect），如图 1-3-9 所示，在书中，他认为人工智能的发展正在因为对于"什么是真正的智能"的不完全理解而受到阻碍。

图 1-3-9　图灵奖得主 Judea Pearl 和他的著作《为什么》

《为什么》一书对因果分析的现状提供了精彩的概述。它论证了提出有充分支持的因果假设既是必要的,也是困难的。困难的是,不管数据集有多大,因果结论都不会仅仅从观察到的统计规律中得出。相反,我们必须利用所有的线索和想象力来创建合理的因果假设,然后分析这些假设,看看其是否合理以及如何通过数据来检验它们。仅仅靠堆砌更多的数字并不是获得因果洞察的捷径。

《为什么》一书还阐述了要解决目前人工智能发展遇到的瓶颈问题,真正的智能机器应该如何思考。他认为,关键在于用因果推理(causal reasoning)取代关联推理(reasoning by association)。一旦具备这种因果推理的机制,计算机就有可能提出虚拟的问题——追问在有干扰的情况下,因果关系将如何变化——珀尔认为这才是科学思维的基石。珀尔还提出了一种让这种思考成为可能的形式语言(formal languange)——一个 21 世纪版本的贝叶斯框架,使计算机能够基于概率思考。

之所以不满足于仅了解相关关系,是因为不满足于只做世界的被动观察者。格物致知,只有了解事物之间的因果关系,才能更好地发挥主观能动性。只有了解成功的原因,才能获得新的成功。

纽约大学荣誉教授 Gary Marcus 说,"当孩子们问'为什么'时,他们问的是因果关系。当机器开始问为什么时,它们会聪明得多"。

习题与实践

1. 简答题

(1) 大数据有哪些基本特征?

(2) 信息与物质和能源有什么共性和本质不同?

(3) 如何区别相关关系和因果关系? 在你的学科里,如何表述这两种关系?

2. 实践题

1. 红蓝球问题。有三个完全相同的盒子,盒子里分别是:一个红球一个蓝球、两个红球、两个蓝球,问随机摸出一个红球后(不放回),这个盒子里另外一个也是红球的概率是多大? 答案是 2/3,请用贝叶斯公式或者不用贝叶斯公式解释。

2. 三门问题,如图 1-3-10 所示。亦称蒙提霍尔悖论,出自美国的著名电视游戏节目 Let's Make a Deal。问题名字来自该节目的主持人蒙提·霍尔(Monty Hall)。游戏的内容是三扇门选一,赢得汽车大奖。

游戏一开始,主持人给参赛者看三道门。主持人告诉参赛者:三道门中,有一道门后面有一辆汽车,另外两道门后面各有一只山羊。

主持人让参赛者挑选一道门,但先不能打开。参赛者挑定了一道门之后,主持人打开另外两道门之一,显示门后有一只山羊。这时主持人问参赛者要维持本来选定的门,还是要换选那一道没开的门。如果参赛者选到藏有汽车的那道门,便可赢得汽车,否则便赢到山羊。

这个游戏的答案是:一定要选择换。请思考为什么。可以用贝叶斯公式,也可以不用贝叶斯公式解决。

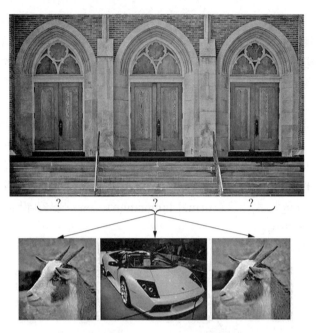

图 1-3-10　三门问题示意图

数据分析与大数据实践

1.4 综合练习

1. 对于大数据而言,除了五个基本特征 Volume、Variety、Velocity、Value 和 Veracity外,以下哪个特征不属于大数据的特征? _____
   A. 排他性　　　　　　　B. 完备性　　　　　　C. 高置信度　　　　D. 多维度

2. 关于大数据的研究目标,以下说法不正确的是_____。
   A. 实现从数据到智慧的升华
   B. 提供决策支持
   C. 目前仅限于理论研究,还没有实际商业应用场景
   D. 提供数据生态系统

3. 以下不是数据科学领域中的常见语言的是_____。
   A. R 语言　　　　　　　B. Python　　　　　　C. Scala　　　　　D. DreamWeaver

4. 以下哪种不是 NoSQL 数据库工具_____。
   A. MongoDB　　　　　　B. Cassandra　　　　C. HBase　　　　D. Access

5. 以下哪个特征不是数据可视化所具有的_____。
   A. 可以帮助发现从统计学角度很难看出的数据结构和规律
   B. 大数据时代不可或缺的数据表现形式
   C. 数据可视化不适合表达始终处于动态变化的数据
   D. 可视化后更容易理解和感受,对阅读者的专业水平的要求

6. 以下哪个特征是信息具有的? _____
   A. 信息与能量息息相关,信息是能量本身
   B. 信息具有知识的特点,所以信息其实就等于知识
   C. 信息可加工、可处理,但是信息不可替代
   D. 信息区别于物质和能量最重要的特性是信息的可共享性

7. 如果要从 16 个盒子里找出藏着宝物的那一个,盒子的外观完全一样,这个选择的信息量是_____个比特。
   A. 2　　　　　　　　　B. 4　　　　　　　　C. 6　　　　　D. 8

8. 经典计算机要擦除一个经典比特的信息,需要的能量是_____。
   A. kT ln4　　　　　　　B. kT ln2　　　　　C. kln2　　　　D. 2 kT

9. 以下关于信息的等价性和有效性的说法,正确的是_____。
   A. 如果所有的信息出现的概率相同,采用哈夫曼编码和等长编码效率相同
   B. 各种编码系统在信息论上是不等价的
   C. 摩尔斯电码和哈夫曼编码的效率是等价的
   D. 熵与信息内容的确定程度具有等价关系

1.4.2 填空题

1. 人类手掌内部的静脉血管的图片(也被称为掌静脉图片)互不相同,而且在人的一生里几乎不会变化,因此可以被认为是身份信息的_____信息。

2. 利用_____变换,可以对周期性变化的信号进行高效信息压缩,很多多媒体信息就是利用这一变换进行压缩的。

3. 大数据思维与传统思维方式最大的差异之一,就是从关注因果关系转化为关注_____。

1.4.3 综合实践

1. 硅谷面试题:有64瓶药,其中63瓶是无毒的,一瓶是有毒的。如果做实验的小白鼠喝了有毒的药,2小时后会死掉,而喝了其他的药,即使同时喝几种都没事。现在只剩下2小时时间,请问最少需要多少只小白鼠才能试出哪瓶药有毒?

根据信息论原理,这是一个64选1的题目,需要的信息量是log 64,也就是6比特,也就是只需要6只小白鼠就够了。请你设计一个具体的实现方案。

2. 通过一个你所知道的混淆因果关系和相关关系造成错误的故事,结合自己的学科专业,谈谈学习本章后的体会。

第 2 章

数 据 获 取

本 章 概 要

数据获取是数据分析与处理的前提和基础。本章主要阐述数据的来源及获取方法,重点阐述使用网络爬虫抓取网页信息的基本方法。

学 习 目 标

通过本章学习,要求达到以下目标:

1. 了解数据的主要来源。
2. 了解获取数据的基本方法。
3. 介绍常用的公开数据集以及下载方法。
4. 掌握使用网络爬虫抓取网页信息的基本方法。

2.1 数据获取概述

在信息时代,人们日常生产和活动都会产生各种各样的数据。从不同的数据源获取数据是数据处理的重要环节之一。

2.1.1 数据获取的来源

根据数据产生的方式,原始数据主要包括以下几种类别:

1. 企业交易数据

支撑企业单位业务运行的信息管理系统每天都会产生大量的数据,包括公司的生产数据、库存数据、订单数据;电子商务数据、互联网访问数据;银行账户交易数据、POS 机数据、信用卡刷卡数据等等。这些数据通常是保存在服务器上数据库系统中,一般为结构化数据,适合于进行商业智能数据分析和处理。

2. 用户行为数据

在互联网时代,人们日常活动也会产生大量的数据,包括电子邮件、文档、图片、音频、视频,以及通过微信、博客、推特、维基、脸书、Linkedin 等社交媒体产生的数据。这些数据大多数为非结构性数据,需要用文本分析功能进行分析。

3. 传感器数据

各种智能设备的传感器、量表也会产生大量的数据,例如智能电表、智能家电可连接互联网产生数据。物联网(IoT, Internet of Things)中的智能设备大多安装有传感器,会产生海量数据。分析处理来自传感器的数据,可以用于构建分析模型,实现连续监测预测性行为,提供有效的干预指令等。

4. 观察统计数据

通过观察记录、调查统计也会产生大量数据,例如天气记录数据、世界银行有关各国指标的统计数据等等。这些数据一般以数据集或网页的形式存在,可直接在官网下载数据集进行分析处理,也可以通过网络爬虫爬取网页信息,然后进行分析处理。

2.1.2 数据获取的方法

根据数据的不同来源,有不同的数据获取方法。

1. 直接使用企业内部数据或通过 ETL 抽取整合数据

对企业内部产生的数据,通常可以数据库接口(API)直接使用,或通过 ETL 抽取转换装载后使用。ETL 是数据的抽取(Extract)、转换(Transform)和装载(Load)的英文简称。其目的是使企业内部的不同数据进行整合,从而进行更深入的处理和分析。

2. 下载或购买数据集

除了企业内部拥有的数据,互联网上有海量的数据集。其中一些是公开免费的,允许直接下载使用。还有一些专业的信息公司会提供价值极高的数据集,可以购买使用。

3. 通过网络爬虫抓取网页数据

在万维网(WWW)上,成千上万的网站上存在数以亿计的网页,其中包含了应有尽有的数据。在法律许可情况下,可以通过网络爬虫,爬取需要的数据,并分析处理。

4. 通过 API 接口获取网页数据

网络 API 接口是网站或应用程序提供的信息交互和获取接口,例如腾讯微信、百度地图、百度音乐等都提供 API 接口。通过这些接口可以获取各种信息,例如城市天气信息、地图信息等等。

2.1.3　数据源和数据集

数据源与数据提取和存储相关。数据源可以是任何东西,从简单的文本文件到大型数据库。

数据集是数据的集合,通常以表格形式呈现。每一列代表一个特定的属性,每一行对应一个给定的数据成员。数据集表示数据源的逻辑实现。

2.2　常用数据集的获取

公开的数据集是可供自由使用的数据,一般由政府部门或非盈利机构采集,并通过其官网发布,供用户下载使用。公开的数据集通常以文本格式提供,主要格式包括 csv 格式、tsv 格式、json 格式等,很多数据集还提供 Excel 格式版本。

2.2.1　常用的数据集

万维网上提供的常用数据集主要包括三类:公开的数据集、学习用数据集、竞赛用数据集。常用的数据集网站包括:

1. 世界银行官网数据集

世界银行网站免费公开提供了世界各国的发展数据集,其官网地址为:https://data.worldbank.org.cn/。如图 2-2-1 所示。

图 2-2-1　世界银行官网

2. Tableau 社区提供的公开数据集列表

Tableau 社区提供若干按类别(例如:教育、娱乐、运动等)的公开数据集列表资源,其官网地址为:https://public.tableau.com/zh-cn/s/resources。该网站还包含指向其他数据源网站的超链接。如图 2-2-2 所示。

图 2-2-2　Tableau 社区资源

3. 古登堡计划(Project Gutenberg)

古登堡计划也称之为古登堡工程始于 1971 年,是最早的数字图书馆。由志愿者参与,基于互联网提供了大量的版权过期而进入公有领域书籍的电子版本,可以免费下载使用。其官网地址为: http://www.gutenberg.org/。如图 2-2-3 所示。

图 2-2-3　古登堡计划网站资源

4. 加利福尼亚大学欧文分校机器学习数据集

加利福尼亚大学欧文分校网站公开提供了 500 多个用于机器学习的常用数据集，其官网地址为：http://archive.ics.uci.edu/ml/index.php。如图 2-2-4 所示。

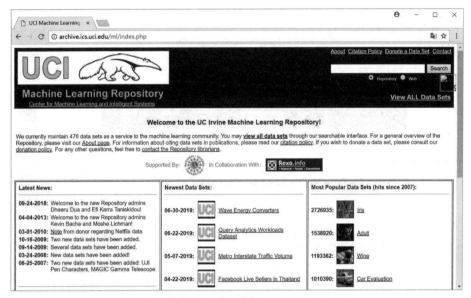

图 2-2-4　机器学习的常用数据集

5. Kaggle 数据科学竞赛平台提供的数据集

Kaggle 是著名的数据科学竞赛平台，该网站提供了流行的用于数据科学竞赛的数据集。其官网地址为：https://www.kaggle.com/datasets。如图 2-2-5 所示。

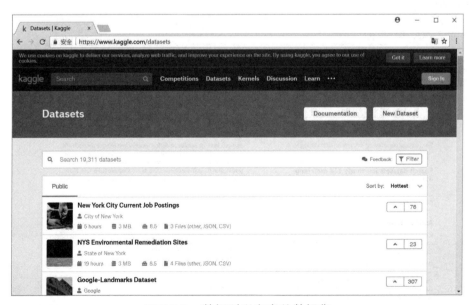

图 2-2-5　数据科学竞赛的数据集

6. KDnuggets 数据科学网站提供的数据集

KDnuggets 是著名的数据科学网站，该网站提供了大量的用于数据挖掘和数据科学的数据集。其官网地址为：https://www.kdnuggets.com/datasets。如图 2-2-6 所示。

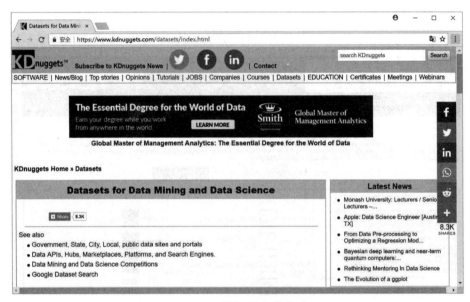

图 2-2-6　数据科学数据集

7. 亚马逊云计算平台提供的公开数据集

亚马逊云计算平台提供了大量的公开数据集，数据集由众多第三方根据各种许可证提供和维护。可根据需要下载或购买使用。其官网地址为：https://registry.opendata.aws/。如图 2-2-7 所示。

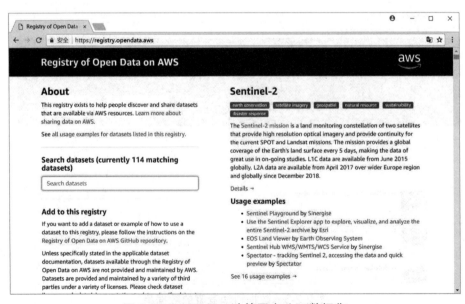

图 2-2-7　亚马逊云计算平台公开数据集

8. GitHub 公开数据集列表

Github 上整理了一个非常全面的数据集的超链接列表,包含各个细分领域:地球科学、经济、教育、交通、金融、能量、农业、气候、社会科学、社交网络、生物、体育、自然语言等等。其官网地址为:https://github.com/awesomedata/awesome-public-datasets。如图 2-2-8 所示。

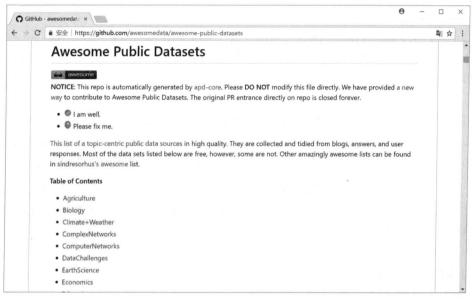

图 2-2-8 Github 的数据集列表

除了上述提供数据集的网站,许多著名的互联网公司网站以及政府网站也提供各种数据集,例如:中国统计网(http://data.stats.gov.cn/)、美国政府数据网(https://www.data.gov)、CEIC(http://www.ceicdata.com/zh-hans)等等。

当然,读者也可以通过搜索引擎,在互联网上查找所需要的数据集。

2.2.2 使用 Python 的 sklearn 提供的数据集

在数据科学和机器学习中,往往需要使用一些经典的范例数据集。Python 的 sklearn. datasets 模块主要提供了三种获取数据集的方法:加载自带的小数据集、下载可下载的数据集、以及计算机生成数据集。

有关 sklearn. datasets 数据集的详细信息,可参见官网帮助文档(https://scikit-learn. org/stable/datasets/index.html)。

1. 加载自带的小数据集(Packaged Dataset)

sklearn. datasets 自带了若干经典的小数据集,可通过 sklearn. datasets 的 load_〈dataset_name〉方法,直接可加载数据集,并进行处理和分析,主要用于学习数据处理的方法。

例如:以下代码片段可加载波士顿房价数据集:

```
>>> from sklearn. datasets import load_boston
```

```
>>> boston=load_boston()
>>> print(boston.data.shape)
(506,13)
>>> print(boston.feature_names)
['CRIM"ZN"INDUS"CHAS"NOX"RM"AGE"DIS"RAD"TAX"PTRATIO'
'B"LSTAT']
>>> print(boston.data)
[[6.3200e-03 1.8000e+01 2.3100e+00 ... 1.5300e+01 3.9690e+02 4.9800e+00]
 [2.7310e-02 0.0000e+00 7.0700e+00 ... 1.7800e+01 3.9690e+02 9.1400e+00]
 [2.7290e-02 0.0000e+00 7.0700e+00 ... 1.7800e+01 3.9283e+02 4.0300e+00]
 ...
 [6.0760e-02 0.0000e+00 1.1930e+01 ... 2.1000e+01 3.9690e+02 5.6400e+00]
 [1.0959e-01 0.0000e+00 1.1930e+01 ... 2.1000e+01 3.9345e+02 6.4800e+00]
 [4.7410e-02 0.0000e+00 1.1930e+01 ... 2.1000e+01 3.9690e+02 7.8800e+00]]
```

波士顿房价数据集广泛用于数据的回归分析教学案例。该数据集来源于一份美国某经济学杂志,提供了 506 行数据,每行数据都是对波士顿周边或城镇房价的描述,包括 13 个特征:

CRIM: 城镇人均犯罪率

ZN: 住宅用地所占比例

INDUS: 城镇中非住宅用地所占比例

CHAS: CHAS 虚拟变量,用于回归分析

NOX: 环保指数

RM: 每栋住宅的房间数

AGE: 1940 年以前建成的自住单位的比例

DIS: 距离 5 个波士顿的就业中心的加权距离。

RAD: 距离高速公路的便利指数

TAX: 每一万美元的不动产税率

PRTATIO: 城镇中的教师学生比例

B: 城镇中的黑人比例

LSTAT: 地区中有多少房东属于低收入人群

2. 下载网上的数据集(Downloaded Dataset)

用于测试解决实际问题比较大的数据集,可以通过 sklearn.datasets 的 fetch_⟨dataset_name⟩方法,从网上远程下载数据集,然后进行处理和分析,主要用于使用数据处理模型和算法解决实际问题。

3. 计算机生成数据集(Generated Dataset)

通过 sklearn.datasets 的 make_⟨dataset_name⟩方法,还可以计算机随机生成数据集,然后进行处理和分析,主要用于验证数据处理模型和算法的有效性。

2.2.3 使用R语言提供的数据集

R语言是一个开源的数据处理和分析环境。R语言自带若干经典数据集,安装的包中也会包含数据集,这些数据集可以用于学习和验证数据处理方法。

R语言内置数据集有两个优点:数据源真实可靠,大多数是研究者贡献的真实研究数据;数据免费共享,不涉及版权问题。

R语言datasets包提供了100个可以使用的数据集,这些都是经典的数据集,广泛用于各种教材中。查看内部数据集的方法如下:

data() ♯查看R内存中datasets包中的数据集,

安装的其他包中也可能包含数据集。查看方法如下:

data(package="MatchIt")♯查看MatchIt包中的数据集
data(package=.packages(all.available=TRUE))♯查看所有数据集

可以将R数据集导出为txt、csv、xls等格式,然后再使用Excel、Python、Tableau等数据分析处理软件进行处理。Python也支持通过模块rpy2,直接支持R语言,从而可使用R语言的数据集。

例如,数据集cars包含了汽车速度和刹车距离的数据,在R环境中,可以使用以下命令观察和导出该数据集到c:\temp\cars.csv中:

```
> data()
> cars
    speed dist
1     4    2
2     4    10
...
50    25   85
> write.csv(cars, "c:\\temp\\cars.csv")
```

2.3 网页信息爬取

2.3.1 网络爬虫概述

网络爬虫是通过跟踪超链接系统访问 Web 页面的程序。每次访问一个网页时，会分析网页内容，提取结构化数据信息。

最简单最直接的方法是使用 urllib(或 requests)库请求网页得到结果，然后使用正则表达式匹配分析并抽取信息。

虽然可以使用正则表达式来匹配网页以获取相应的信息，但对于复杂的网页，使用第三方工具(例如，BeautifulSoup 4)，可以更加高效地分析页面内容和抽取数据信息。

为了简化和标准化实现网络爬虫的方法，可以使用第三方网络爬虫框架(例如，Scrapy)。网络爬虫框架定义了网络爬虫的结构，用户只需要实现框架中自定义的部分，就可以实现一个高效健壮的爬虫。

2.3.2 HTTP 基本原理

从网页爬取信息的第一步是访问并下载网页内容，HTTP 协议(Hyper Text Transfer Protocol，超文本传输协议)是用于从万维网(World Wide Web, WWW)服务器传输超文本到本地浏览器的传送协议。HTTP 协议使用明文传输数据，因而不能保证数据的安全。与之对应，HTTPS(Hyper Text Transfer Protocol over Secure Socket Layer 或 Hypertext Transfer Protocol Secure，超文本传输安全协议)，则是以安全为目标的 HTTP 通道，可以理解为 HTTP 的安全版。

1. 客户/服务器模式

HTTP/HTTPS 基于客户/服务器模式，其典型处理过程如图 2-3-1 所示：
(1) 客户与服务器建立连接；
(2) 客户向服务器提出请求；
(3) 服务器接受请求，并根据请求返回相应的文件作为应答；
(4) 客户与服务器关闭连接。

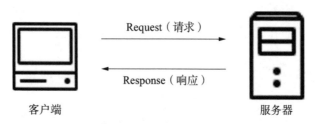

图 2-3-1　客户/服务器模式

客户端一般为 Web 浏览器,使用 Python 爬取网页时则为 Python 程序;服务器通常为 Web 服务器。

使用浏览器浏览网页时,通过点击超链接或在地址栏中输入一个网址,并按回车键,处理过程如下:

(1) 浏览器首先与 URL 中对应的 Web 服务器建立连接;

(2) 然后浏览器向 Web 服务器请求 URL 中对应的资源;

(3) Web 服务器接受请求,并根据请求返回对应的网页内容;

(4) 浏览器显示接收到的网页内容(超文本标记语言文档,HTML 文档);

(5) 浏览器关闭与 Web 服务器的连接。

使用 Python 程序爬取单个网页的过程与浏览器浏览网页类似:

(1) Python 程序首先与指定 Web 服务器建立连接;

(2) 然后 Python 程序向 Web 服务器请求指定 URL 对应的资源;

(3) Web 服务器接受请求,并根据请求返回对应的网页内容;

(4) Python 程序接收网页内容,并分析处理,提取所需要的信息;

(5) Python 程序关闭与 Web 服务器的连接。

2. URL

请求的网址即 URL(Uniform Resource Locator,统一资源定位符),URL 以字符串的形式来描述一个资源在万维网上的地址。一个 URL 唯一标识一个 Web 资源,URL 由三部分组成:资源类型、存放资源的主机域名、资源名。URL 的一般语法格式为:

protocol://[username:password@]hostname[:port]/path/[;parameters][? query][#fragment]

(1) protocol(协议):指定使用的传输协议,最常用的是 HTTP 协议。

(2) hostname(主机名):是指存放资源的服务器的主机域名或 IP 地址。如果连接服务器需要用户名和密码,则可选通过 username:password@进行指定。

(3) port(端口号):服务器的端口号,省略时使用传输协议的默认端口,例如 HTTP 协议的默认端口为80。

(4) path(路径):由零或多个"/"符号隔开的字符串,一般用来表示主机上的资源地址(网页文件路径)。

(5) parameters(参数):用于指定特殊参数的可选项。

(6) query(查询):用于给动态网页(例如使用 PHP/JSP/ASP/ASP.NET 等技术的网页)传递参数,多个参数用"&"符号分隔,每个参数的名和值用"="符号分隔。

(7) fragment(信息片断):用于指定网络资源中的片断,即定位到网页中的锚点位置。

例如:https://cn.bing.com/search? q=python。其中 http 是传输协议,cn.bing.com 是域名,search 是资源地址(动态网页)、q=python 是查询参数。

3. 请求(Request)

由客户端向服务端发出的 Request(请求)可以分为 4 部分:请求行(包括请求方法、请求的网址、HTTP 协议版本)、请求头、空行和请求体。

(1) 请求行。

请求行包括请求方法(Request Method)、请求的网址(Request URL)和 HTTP 协议版本。例如：GET/index.html HTTP/1.1。

常见的请求方法有两种：GET 和 POST。GET 请求中的参数包含在 URL 中,适用于少量非敏感信息;而 POST 请求的数据包含在请求体中,可以包含大量信息和敏感信息。其他的请求方法包括：HEAD、PUT、DELETE、OPTIONS、CONNECT、TRACE 等。

（2）请求头（Request Headers）。

请求头是客户端(浏览器)向服务器(WWW)传递的头部信息,一般包括以下内容：

① Accept：指定客户端接受的内容类型,例如：Accept：text/plain, text/html。

② Accept-Encoding：指定客户端接受的内容压缩编码类型。例如：Accept-Encoding：compress, gzip。

③ Accept-Language：指定客户端接受的语言。例如：Accept-Language：zh-CN, zh。

④ Cache-Control：指定请求和响应遵循的缓存机制。例如：Cache-Control：no-cache。

⑤ Connection：指定处理这次请求后是断开连接还是保持连接。例如：Connection：keep-alive。

⑥ Cookie：客户端向服务器传送的 Cookie 数据。例如：Cookie：PSINO＝1。

⑦ Host：指定请求的服务器的域名和端口号。例如：Host：www.baidu.com。

⑧ User-Agent：指定客户端的软件环境。例如：User-Agent：Mozilla/5.0（Windows NT 10.0；WOW64）。

注：在爬取网页时,很多网站会禁止程序大量访问网站,解决方法之一是通过修改设置 headers(例如 User-Agent),从而模拟成浏览器访问网站。

（3）请求体（Request Body）。

当请求方法为 POST 和 PUT,请求体用于向服务器发送数据。

4. 响应（Response）

由服务端向客户端发出的 Response(响应)可以分为 3 部分：状态行、消息报头和响应体。

（1）状态行（Status Line）。

响应的状态行包括：HTTP 版本号、状态码、原因叙述。例如：HTTP/1.1 200 OK。状态码用于表示服务器对请求的处理结果,它是一个三位的十进制数。响应状态码分为 5 类：1xx：指示信息,表示请求已接收,继续处理;2xx：成功,表示请求已被成功接收、理解、接受;3xx：重定向,要完成请求必须进行更进一步的操作;4xx：客户端错误,请求有语法错误或请求无法实现;5xx：服务器端错误,服务器未能实现合法的请求。

（2）响应头（Response Header）。

与请求头部类似,为响应报文添加了一些附加信息。

（3）响应体（Response Body）。

用于存放需要返回给客户端的数据信息。通常为网页内容,以供爬虫程序分析处理,提取有用的信息。

2.3.3 网页的基本结构

Python 程序通过 HTTP 协议爬取(下载)网页内容后,需要根据网页的基本结构进行分析处理,从而提取所需要的信息。

数据分析与大数据实践

1. HTML 和网页的基本结构

HTML(Hyper Text Markup Language,指的是超文本标记语言)是用来描述网页的一种标记语言。网页(即 HTML 文档)的基本结构如下:

```
〈! doctype html〉        〈!--声明文档类型--〉
〈html〉                  〈!--根标签--〉
    〈head〉              〈!--头标签--〉
        〈title〉        〈!--标题标签--〉
        〈/title〉
    〈/head〉
    〈body〉              〈! --主体标签--〉
        〈! --网页主体内容--〉
    〈/body〉
〈/html〉
```

使用超文本标记语言的网页的结构包括"头"(head)和"主体"(body)两个部分,其中"头"部提供关于网页的信息,"主体"部分提供网页的具体内容。

2. HTML 的基本语法

HTML 文档由嵌套的 HTML 元素构成。HTML 元素指的是从开始标签(start tag)到结束标签(end tag)的所有代码。例如:

```
〈html〉
    〈body〉
        〈p〉Hello〈br/〉This is my first paragraph.〈/p〉
    〈/body〉
〈/html〉
```

HTML 元素以开始标签(例如〈p〉)起始,以结束标签(例如〈/p〉)终止,元素的内容是开始标签与结束标签之间的内容。有些 HTML 元素内容为空,空元素在开始标签中进行关闭(例如〈br/〉)。HTML 标签对大小写不区分:〈P〉等同于〈p〉,但万维网联盟(W3C)推荐使用小写。

HTML 标签可以拥有属性。属性提供了有关 HTML 元素的更多的信息,可以在开始标签中以名称/值对的形式出现,例如:

〈a href="http://www.w3school.com.cn"〉This is a link〈/a〉

其中 href="http://www.w3school.com.cn"指定超链接标签(〈a〉〈/a〉)的 href(链接)属性为"http://www.w3school.com.cn"。

3. 常用的 HTML 的元素

常用的 HTML 的元素包括:

(1) 标题:通过〈h1〉—〈h6〉等标签定义,〈h1〉定义最大的标题,〈h6〉定义最小的标题。例如:〈h1〉This is a heading〈/h1〉。

(2) 段落：通过⟨p⟩标签定义。例如：⟨p⟩This is a paragraph⟨/p⟩。

(3) 超链接：通过⟨a⟩标签定义。可使用 href 属性创建指向另一个文档的链接,或使用 name 属性创建文档内的书签。使用可选的 target 属性,可以指定超链接的文档在何处显示。例如：⟨a href＝"http://www.w3school.com.cn/" target＝"_blank"⟩Visit W3School! ⟨/a⟩。

(4) 图像：通过⟨img⟩标签定义,⟨img⟩是空标签。可使用 src 属性指定图像文件的 URL,使用可选的 alt 属性指定可替换的文本(当图像文件 URL 不存在时,显示的文本)。

(5) 表格：通过⟨table⟩标签来定义。每个表格均有若干行(通过⟨tr⟩标签定义),每行被分割为若干单元格(由⟨td⟩标签定义)。字母 td 指表格数据(table data),即数据单元格的内容。数据单元格可以包含文本、图片、列表、段落、表单、水平线、表格等等。在很多旧的网页设计中,⟨table⟩元素用于文档布局,但其主要作用是显示表格化的数据。

例如：

```
⟨table border＝"1"⟩
    ⟨tr⟩
        ⟨td⟩row 1, cell 1⟨/td⟩
        ⟨td⟩row 1, cell 2⟨/td⟩
    ⟨/tr⟩
    ⟨tr⟩
        ⟨td⟩row 2, cell 1⟨/td⟩
        ⟨td⟩row 2, cell 2⟨/td⟩
    ⟨/tr⟩
⟨/table⟩
```

(6) 区块：通过⟨div⟩标签定义。⟨div⟩标签可以把文档分割为独立的几个部分。在现代网页设计中,常用于文档布局。例如：

```
⟨body⟩
    ⟨h1⟩NEWS WEBSITE⟨/h1⟩
    ⟨p⟩some text. some text. some text...⟨/p⟩
    ⟨div class＝"news"⟩
        ⟨h2⟩News headline 1⟨/h2⟩
        ⟨p⟩some text. some text. some text...⟨/p⟩
    ⟨/div⟩
    ⟨div class＝"news"⟩
        ⟨h2⟩News headline 2⟨/h2⟩
        ⟨p⟩some text. some text. some text...⟨/p⟩
    ⟨/div⟩
⟨/body⟩
```

4. 通用的 HTML 的属性

通用的 HTML 的属性包括：

（1）class：指定元素的类名（引用样式表中的类）。例如：〈h1 class＝"intro"〉Header 1〈/h1〉。

（2）id：指定元素的唯一标识（id）。例如：〈h1 id＝"myHeader"〉Hello World！〈/h1〉。

（3）style：指定规定元素的行内样式（inline style）。例如：〈h2 style＝"background-color：red"〉This is a heading〈/h2〉。

（4）title：指定规定元素的额外信息（可在工具提示中显示）。例如：〈p title＝"Free Web tutorials"〉W3School.com.cn〈/p〉。

5. CSS

CSS（Cascading Style Sheets，层叠样式表）用于定义如何显示 HTML 元素。HTML 标签原本被设计为用于定义文档内容，例如〈h1〉、〈p〉、〈table〉分别表示"标题"、"段落"、"表格"。但不同的浏览器呈现这些内容的方式有差别。因此 W3C 把样式添加到 HTML 4.0 标准中，从而实现了内容与表现的分离。

CSS 允许以多种方式规定样式信息。样式可以包含在单个的 HTML 元素中，在 HTML 的头元素中，或在外部的 CSS 文件中。所有的样式会根据下面的规则层叠于一个新的虚拟样式表中：

（1）浏览器缺省设置（优先级最低）。

（2）外部样式表（链接的外部 css 文件）。

（3）内部样式表（位于〈head〉标签中的内部样式）。

（4）内联样式（在 HTML 元素内部使用 style 属性指定的样式，优先级最高）。

一个样式表由样式规则组成，浏览器使用样式表规则去呈现一个文档。每个规则的组成包括一个选择符和该选择符所接受的样式。样式规则组成如下：

选择符｛属性 1：值 1；属性 2：值 2｝

例如，下列规则定义了 h1（一级标题）用加大、红色字体显示；h2（二级标题）用大、蓝色字体显示：

〈head〉
〈title〉CSS 例子〈/title〉
〈stypetype＝"text/css"〉
　h1 ｛font-size：x-large；color：red｝
　h2 ｛font-size：large；color：blue｝
〈/stype〉
〈/head〉

在样式表中样式规则可定义的选择符包括选择符、类选择符、ID 选择符和关联选择符。

（1）选择符。

任何 HTML 元素都可以是一个选择符。选择符指向特别样式的元素。例如，下列规则中选择符是 p：

p ｛text-indent：3em｝

（2）类选择符。

一个类选择符可以定义不同的类（class），允许同一元素具有不同样式。例如，下列规则定义了 HTML 元素的两个类：normal 和 warning。每个选择符通过其 class 属性指定所呈现的类(例如：〈p class＝"warning"〉)。

p. normal {color：#191970}

p. warning {color：#4b0082}

类的声明也可以与元素无关，从而可以被用于任何元素。例如，下列规则声明了名为note的类，可以被用于任何元素。

. note {font-size：small}

(3) ID 选择符。

ID 选择符用于分别定义每个具体元素的样式。一个 ID 选择符的声明指定指示符"#"在名字前面。使用时通过指定元素的 ID 属性来关联(例如：〈p id＝indent3〉文本缩进 3em〈/P〉)。例如，下列规则定义了缩进类型的 ID 选择符：

#indent3 {text-indent：3em}

(4) 关联选择符。

关联选择符是使用空格分隔的两个以上的单一选择符组成的字符串，用于指定按选择符顺序关联的样式属性。因为层叠顺序的规则，其优先权比单一的选择符大。例如，下列规则表示段落中的强调文本是黄色背景；而标题的强调文本则不受影响：

p em {background：yellow}

6. DOM

DOM(Document Object Model,文档对象模型)，是 W3C 组织推荐的处理可扩展标志语言的标准编程接口。W3C DOM 标准被分为 3 个不同的部分：

(1) 核心 DOM。针对任何结构化文档的标准模型。

(2) XML DOM。针对 XML 文档的标准模型。

(3) HTML DOM。针对 HTML 文档的标准模型。

在网页上，页面(或 HTML 文档)的对象被组织在一个树形结构中，用来表示 HTML 文档中对象的标准模型就是 HTML DOM。

根据 W3C 的 HTML DOM 标准，整个文档是一个文档节点，每个 HTML 元素是元素节点，HTML 元素内的文本是文本节点，每个 HTML 属性是属性节点，注释是注释节点。

例如：

〈html〉
　　〈head〉
　　　　〈title〉文档标题〈/title〉
　　〈/head〉
　　〈body〉
　　〈h1〉我的标题〈/h1〉
　　〈p〉我的文档〈/p〉
　　〈a href＝"http：//www. baidu. com/〉我的链接〈/h1〉
　　〈/body〉
〈/HTML〉

则其 HTML DOM 对象树如图 2-3-2 所示：

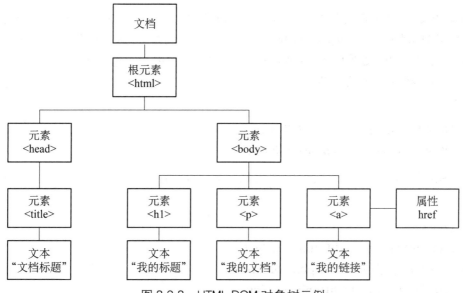

图 2-3-2　HTML DOM 对象树示例

在节点树中，顶端节点被称为根（root），每个节点都有父节点、除了根（它没有父节点）一个节点可拥有任意数量的子节点，"同胞"是拥有相同父节点的节点。

从上面示例可以看出，〈html〉是根节点，它包含两个子节点：〈head〉和〈body〉。文本节点"我的文档"的父节点是〈p〉。节点〈h1〉、〈p〉和〈a〉是同胞节点。

通过编程接口，可以对 HTML DOM 进行访问。查找元素常用的方法包括：

getElementById( )：返回指定 ID 的元素。

getElementsByTagName( )：返回包含带有指定标签名称的所有元素的节点列表（集合/节点数组）。

getElementsByClassName( )：返回包含带有指定类名的所有元素的节点列表。

通过元素的属性可以访问其内容，元素的常用属性包括：

一些常用的 HTML DOM 属性：

innerHTML：节点（元素）的文本值。

parentNode：节点（元素）的父节点。

childNodes：节点（元素）的子节点。

attributes：节点（元素）的属性节点。

2.3.4　Python 相关库

使用 Python 爬取网页信息的相关库可分为三大类：网页获取、内容分析提取、信息存储。本节介绍用于网页获取的 requests 库、用于网页内容分析的 re 库和 BeautifulSoup 库，用于信息存储的 csv 库和 json 库。

1. 使用 requests 库和 Faker 库下载网页

requests 是一个功能强大、简单易用的 HTTP 请求库。由于直接使用程序抓取页面时使用的 HTTP Header 很容易被网站识别为爬虫，从而进行拦截。故需要修改 HTTP Header。Faker 是一个生成伪造数据的 Python 第三方库，可以方便生产伪造数据。

以管理员身份运行命令行提示符，通过下列命令行命令可以从 PyPI 直接安装 requests 库和 Faker 库：

c:\WINDOWS\system32>**pip install requests**
c:\WINDOWS\system32>**pip install Faker**

requests 支持各种请求方式，可以使用测试网址（http://www.httpbin.org/）进行测试。例如：

```
import requests
requests.get('http://www.httpbin.org/get')
requests.post('http://www.httpbin.org/post')
requests.put('http://www.httpbin.org/put')
requests.delete('http://www.httpbin.org/delete')
```

基本的 get 请求的语法形式如下：

```
response=requests.get(url, headers=heads)
```

其中 url 是要请求的网址，可选参数 head 是设置的请求头信息。返回结果是 HTTP 响应（Response）对象，包含各种 HTTP 响应信息。常见的 Response 对象属性包括：

response.url：返回请求网站的 URL

response.status_code：返回响应的状态码

response.encoding：返回响应的编码方式

response.cookies：返回响应的 Cookie 信息

response.headers：返回响应头

response.content：返回 bytes 类型的响应体

response.text：返回 str 类型的响应体，相当于 response.content.decode('utf-8')

response.json()：返回 dict 类型的响应体，相当于 json.loads(response.text)

例如：

```
>>> import requests
>>> response=requests.get('http://www.httpbin.org/get')
>>> type(response)
# <class 'requests.models.Response'>
>>> print(response.url)  # 返回请求网站的 URL
# http://www.httpbin.org/get
>>> print(response.status_code)  # 返回响应的状态码
# 200
>>> print(response.encoding)  # 返回响应的编码方式
```

```
# None
>>> print(response.cookies) # 返回响应的 Cookie 信息
# 〈RequestsCookieJar[ ]〉
>>> print(response.headers) # 返回响应头
# {'Connection': 'keep-alive', 'Server': 'gunicorn/19.9.0', 'Date': 'Sat, 18 Aug 2018 02:
00:23 GMT', 'Content-Type': 'application/json', 'Content-Length': '275', 'Access-
Control-Allow-Origin': '*', 'Access-Control-Allow-Credentials': 'true', 'Via': '1.1 vegur'}
>>> type(response.content) # 返回 bytes 类型的响应体
# 〈class 'bytes'〉
>>> type(response.text) # 返回 str 类型的响应体
# 〈class 'str'〉
>>> type(response.json()) # 返回 dict 类型的响应体
# 〈class 'dict'〉
```

使用 requests 请求网页时,可以直接设置 HTTP Header。例如:

```
>>> import requests
>>> url='http://www.httpbin.org/headers'
>>> headers={
        'USER-AGENT': 'Mozilla/5.0 (Windows NT 10.0; WOW64) AppleWebKit/
537.36 (KHTML, like Gecko) Chrome/67.0.3396.99 Safari/537.36'
}
>>> response=requests.get(url=url, headers=headers)
>>> print(response.text)
# {
#   "headers": {
#   "Accept": "*/*",
#   "Accept-Encoding": "gzip, deflate",
#   "Connection": "close",
#   "Host": "www.httpbin.org",
#   "User-Agent": "Mozilla/5.0 (Windows NT 10.0; WOW64) AppleWebKit/537.36
(KHTML, like Gecko) Chrome/67.0.3396.99 Safari/537.36"        #设定的请求头部
#   }
# }
```

设置 HTTP Header 更方便的方法是使用 Faker 库。例如:

```
>>> import requests
>>> import faker
>>> url='http://www.httpbin.org/headers'
>>> fake=faker.Factory.create()
>>> headers={
... 'Connection': 'keep-alive',
```

```
... 'User-Agent': fake.user_agent()
... }
>>> response=requests.get(url=url, headers=headers)
>>> print(response.text)
{
  "headers": {
    "Accept": " * / * ",
    "Accept-Encoding": "gzip, deflate",
    "Host": "www.httpbin.org",
    "User-Agent": "Mozilla/5.0 (compatible; MSIE 6.0; Windows NT 5.2; Trident/4.1)"
  }
}
```

2. 使用正则表达式提取网页中的信息

正则表达式提供了功能强大、灵活而又高效的方法来处理文本：快速分析大量文本以找到特定的字符模式；提取、编辑、替换或删除文本子字符串；将提取的字符串添加到集合以生成报告。正则表达式广泛用于各种字符串处理应用程序，例如 HTML 处理。

(1) 正则表达式语言。

在文本字符串处理时，常常需要查找符合某些复杂规则(也称为模式)的字符串。正则表达式语言就是用于描述这些规则(模式)的语言。使用正则表达式，可以匹配和查找字符串，并对其进行相应的修改处理。

正则表达式是由普通字符(例如：字符 a 到 z)以及特殊字符(称为元字符)组成的文字模式，元字符包括：.、^、$、*、+、?、{、}、[、]、\、|、(以及)。例如：

"Go"　#匹配字符串"God Good"中的"Go"

"G.d"　#匹配字符串"God Good"中的"God"，. 为元字符，匹配除行终止符外的任何字符

"d$"　#匹配字符串"God Good"中的最后一个"d"，$ 为元字符，匹配结尾

正则表达式的模式可以包含普通字符(包括转义字符)、字符类和预定义字符类、边界匹配符、重复限定符、选择分支、分组和引用等。正则表达式常用的匹配规则如下表 2-1 所示：

表 2-1　正则表达式常用的匹配规则

模式	描　　述
\w	匹配字母数字及下划线
\W	匹配非字母数字及下划线
\s	匹配任意空白字符，等价于[\t\n\r\f]
\S	匹配任意非空字符
\d	匹配任意数字，等价于[0—9]
\D	匹配任意非数字
\A	匹配字符串开始

模式	描 述
\Z	匹配字符串结束,如果是存在换行,只匹配到换行前的结束字符串
\z	匹配字符串结束
\G	匹配最后匹配完成的位置
\n	匹配一个换行符
\t	匹配一个制表符
^	匹配字符串的开头
$	匹配字符串的末尾
.	匹配任意字符,除了换行符
[...]	用来表示一组字符,单独列出:[amk]匹配'a','m'或'k'
[^...]	不在[]中的字符:[^abc]匹配除了 a、b、c 之外的字符
*	匹配 0 个或多个的表达式
+	匹配 1 个或多个的表达式
?	匹配 0 个或 1 个由前面的正则表达式定义的片段,非贪婪方式
{n}	精确匹配 n 个前面表达式
{n, m}	匹配 n 到 m 次由前面的正则表达式定义的片段,贪婪方式
a|b	匹配 a 或 b
()	匹配括号内的表达式,也表示一个组

(2) 正则表达式引擎。

正则表达式引擎是一种可以处理正则表达式的软件。流行的计算机语言都包含支持正则表达式处理的类库。Python 的模块 re 实现了正则表达式处理的功能。

导入 re 模块后,可以使用如下方法匹配提取文本中的信息:

① 创建一个正则表达式(Pattern)对象,其语法形式如下:

regex=re.compile(pattern[, flags])

其中 pattern 是匹配模式字符串,可选的 flags 是匹配选项。常用的匹配选项包括:re.I,使匹配对大小写不敏感;re.M,多行匹配,影响^和$;re.S,使.匹配包括换行在内的所有字符等。

例如:

regex=re.compile('[a-zA-z]+://[^\s]*')   ♯创建匹配网址的正则表达式对象

② 查找文本中的使用,其语法形式如下:

items=re.findall(pattern, string) ♯返回匹配结果列表
items=regex.findall(string)   ♯返回匹配结果列表

例如：

items=re.findall(regex, content)   #返回网页内容(content)的所有网址的匹配结果列表

3. 使用 BeautifulSoup 提取网页中的信息

BeautifulSoup 将 HTML 文档解析为对象进行处理,全部页面转变为字典或者数组,相对于正则表达式的方式,可以大大简化处理过程。BeautifulSoup 默认支持 Python 的标准 HTML 解析库,但是它也支持一些第三方的解析库,包括速度快并且容错强的 lxml HTML 解析库(安装 beautifulsoup4 时,会自动安装)。

以管理员身份运行命令行提示符,通过下列命令行命令可以从 PyPI 直接安装 beautifulsoup4 库:

c:\WINDOWS\system32>**pip install beautifulsoup4**

使用 BeautifulSoup 解析 HTML 文档的主要步骤如下:
(1) 导入 BeautifulSoup 模块。

from bs4 import BeautifulSoup。

(2) 基于字符串(HTML 文档内容)创建一个 BeautifulSoup 对象。

#基于 HTTP 响应内容和 lxml 解析器创建 BeautifulSoup 对象
soup=BeautifulSoup(response.text, "lxml")
#基于本地 html 文件 index.html 和默认解析器创建 BeautifulSoup 对象
soup=BeautifulSoup(open("index.html"))
#基于字符串和默认解析器创建 BeautifulSoup 对象
soup=BeautifulSoup("〈html〉data〈/html〉")

(3) 使用 BeautifulSoup 对象解析 HTML 文档内容。

#通过标签名访问标签和属性
soup=BeautifulSoup('〈body〉〈p class="boldest"〉Extremely bold〈/p〉〈/body〉')
tag=soup.body
tag=soup.body.p
tag['class'] #访问属性
#访问子节点：.contents 和.children(直接子节点)、.descendants(所有子孙节点)
#访问父节点：.parent(直接父节点)、.parents(所有父祖辈节点)
#访问同胞节点：.next_sibling 和.previous_sibling、.next_siblings 和.previous_siblings
#访问前后节点：.next_element 和.previous_element、.next_elements 和.previous_elements
for child in tag.children：
    print(child)
#查找所有类似节点

```
soup.find_all('a')    #查找所有超链接节点
```

下面以一个简单的 HTML 文档为例,演示使用 BeautifulSoup 对象解析 HTML 文档内容的方法。

```
>>> from bs4 import BeautifulSoup
>>> html_doc="""
    〈html〉〈head〉〈title〉The Dormouse's story〈/title〉〈/head〉
    〈p class="title"〉〈b〉The Dormouse's story〈/b〉〈/p〉
    〈p class="story"〉Once upon a time there were three little sisters; and their names were
    〈a href="http://example.com/elsie" class="sister" id="link1"〉Elsie〈/a〉,
    〈a href="http://example.com/lacie" class="sister" id="link2"〉Lacie〈/a〉 and
    〈a href="http://example.com/tillie" class="sister" id="link3"〉Tillie〈/a〉;
    and they lived at the bottom of a well.〈/p〉
    〈p class="story"〉...〈/p〉
    """
>>> soup=BeautifulSoup(html_doc)
>>> soup.find_all("a")
[〈a class="sister" href="http://example.com/elsie" id="link1"〉Elsie〈/a〉, 〈a class="sister" href="http://example.com/lacie" id="link2"〉Lacie〈/a〉, 〈a class="sister" href="http://example.com/tillie" id="link3"〉Tillie〈/a〉]
```

4. 使用 csv 模块处理 csv 文件

csv 是逗号分隔符文本格式,常用于 Excel 和数据库的数据导入和导出。Python 标准库的模块 csv 提供了读取和写入 csv 格式文件的对象。

csv.writer 对象用于把列表对象数据写入到 csv 文件。使用 writer 对象写入 csv 文件的典型代码如下:

例 2-1 写入数据到 csv 文件(write_csv.py)

```
import csv    #导入模块 csv
csvfilepath='c:\temp\studentinfo.csv'
headers=['学号','姓名','性别','班级','语文','数学','英语']
rows=[('101511','宋颐园','男','一班','72','85','82'),
      ('101513','王二丫','女','一班','75','82','51')]
with open(csvfilepath,'w', newline='') as f:    #打开文件
    f_csv=csv.writer(f)        #创建 csv.writer 对象
    f_csv.writerow(headers)  #写入 1 行(标题)
    f_csv.writerows(rows)    #写入多行(数据)
```

程序运行结果在 c:\temp 目录下创建 studentinfo.csv 文件,其中包含如下内容:

```
学号,姓名,性别,班级,语文,数学,英语
101511,宋颐园,男,一班,72,85,82
101513,王二丫,女,一班,75,82,51
```

csv.reader 对象用于从 csv 文件读取数据(格式为列表对象)。使用 reader 对象读取 csv 文件的典型代码如下:

例 2 - 2 从 csv 文件中读取数据(read_csv.py)

```
import csv     ♯导入模块 csv
csvfilepath='c:\\temp\\studentinfo.csv'
with open(csvfilepath, newline='') as f:     ♯打开文件
    f_csv=csv.reader(f)     ♯创建 csv.reader 对象
    headers=next(f_csv)     ♯标题
    print(headers)     ♯打印标题(列表)
    for row in f_csv:     ♯循环打印各行(列表)
        print(row)
```

程序运行结果:

```
['学号','姓名','性别','班级','语文','数学','英语']
['101511','宋颐园','男','一班','72','85','82']
['101513','王二丫','女','一班','75','82','51']
```

5. 使用 json 模块处理 json 文件

JSON(JavaScript Object Notation, JavaScript 对象标记)定义了一种标准格式,用字符串来描述典型的内置对象(如字典、列表、数字和字符串)。虽然 JSON 原来是 JavaScript 编程语言的一个子集,但它现在是一个独立于语言的数据格式,所有主流编程语言都有生产和消费 JSON 数据的库。JSON 是网络数据交换的流行格式之一。

Python 标准库模块 json 包含将 Python 对象编码为 JSON 格式和将 JSON 解码到 Python 对象的函数,从而实现与其他语言编写的程序实现数据交换。

JSON 包括 2 种结构:

(1) 对象结构。包含在大括号中,用英文逗号分隔的 0 个或多个"键: 值"对构成。键是字符串,但是值可以是数值、字符串、逻辑值、对象、数组。例如:

```
{"name": "Liming","sex": "Male", "age": 30}
```

(2) 数组结构。包含在中括号中,用英文逗号分隔的 0 个或多个对象或数组构成。例如:

```
{"namelist": [
    {"name": "Zhangsan","sex": "Male", "age": 30},
    {"name": "Lisi", "sex": "Female", "age": 25}
    ]
}
```

使用 json 模块的 dump(obj, fp)函数,可以把 obj 对象序列化为 JSON 字符串写入到文件 fp。其典型代码如下:

例 2 - 3 写入数据到 json 文件(write_json.py)

```
import json
```

数据分析与大数据实践

```
jsonfilepath＝r'c:\temp\url_data.json'
urls＝{'baidu':'http://www.baidu.com/',
        'sina':'http://www.sina.com.cn/',
        'tencent':'http://www.qq.com/',
        'taobao':'https://www.taobao.com/'}
with open(jsonfilepath,'w') as f:
    json.dump(urls, f)
```

程序运行结果在 c:\temp 目录下创建了一个文本格式的 url_data.json 文件,其中包含如下内容:

```
{"baidu": "http://www.baidu.com/", "sina": "http://www.sina.com.cn/", "tencent":
"http://www.qq.com/", "taobao": "https://www.taobao.com/"}
```

使用 json 模块的 load(fp)函数,可以从文件 fp 中读取 JSON 字符串,并返回反序列化后的对象。其典型代码如下:

例 2 - 4 从 json 文件中读取数据(read_json.py)

```
import json
jsonfilepath＝r'c:\temp\url_data.json'
import json
with open(jsonfilepath,'r') as f:
    urls＝json.load(f)
    print(urls)
```

程序运行结果如下:

```
{'baidu':'http://www.baidu.com/', 'sina':'http://www.sina.com.cn/', 'tencent':'
http://www.qq.com/', 'taobao':'https://www.taobao.com/'}
```

2.3.5 使用 requests 和 re 爬取猫眼电影 TOP 100 榜单

本节使用 requests 和 re 爬取猫眼电影 TOP 100 榜单。首先分析猫眼电影 TOP 100 榜单的网页结构,然后使用 requests 库下载相关网页,最后使用 re 中的正则表达式提取网页中的电影 TOP 100 榜单信息。

1. 猫眼电影 TOP 100 榜单的网页结构分析

猫眼电影网的网址为 http://maoyan.com/,如图 2-3-3 所示。

在主页的右下方,有电影 TOP 100 超链接:查看完整榜单。点击可以进入 TOP 100 页面,如图 2-3-4 所示。

点击榜单下面的"下一页"或"上一页"超链接,发现榜单第一页(前 10)的网址为 http://maoyan.com/board/4? offset=0,榜单第二页(11—20)的网址为 http://maoyan.com/board/4? offset=10,依次类推,榜单最后的页面的网址为 http://maoyan.com/board/4? offset=90。

图 2-3-3　猫眼电影网的网址 http://maoyan.com/

图 2-3-4　查看电影 TOP 100 完整榜单

　　鼠标右键网页空白处,选择快捷菜单"查看网页源代码",打开网页源代码,如图 2-3-5 所示。

　　仔细阅读如图 2-3-4 所示的网页源代码发现,榜单位于〈dd〉〈/dd〉之间。其中,①榜单排名 board-index 位于〈i class="board-index board-index-1"〉1〈/i〉;②电影海报 imageurl 位于〈img data-src="〉之后;③电影名 name 位于〈p class="name"〉〈a〉之后;④主演 star 位于〈p class="star"〉之后;⑤上映时间 releasetime 位于〈p class="releasetime"〉之后;⑥评分的整数部分 score 位于〈p class="score"〉〈i class="integer"〉之后,⑦小数部分位于〈i class="fraction"〉之后。

　　　　　　　　　　数据分析与大数据实践

图 2-3-5　查看猫眼电影 TOP 100 网页源代码

基于上述模式,可以定义正则表达式:

pattern＝re.compile('〈dd〉. ＊? board-index. ＊? ＞(\d+)〈/i〉'

$\qquad$＋'. ＊? ＜img data-src＝"(. ＊?)"'

$\qquad$＋'. ＊? 〈p class＝"name"〉〈a. ＊? "〉(. ＊?)〈/a〉'

$\qquad$＋'. ＊? 〈p class＝"star"〉(. ＊?)〈/p〉'

$\qquad$＋'. ＊? 〈p class＝"releasetime"〉(. ＊?)〈/p〉'

$\qquad$＋'. ＊? 〈p class＝"score"〉〈i class＝"integer"〉(. ＊?)〈/i〉'

$\qquad$＋'. ＊? 〈i class＝"fraction"〉(. ＊?)〈/i〉. ＊? 〈/dd〉', re.

S)

其中七个分组分别对应于上述七个数据项。

2. 爬取猫眼电影 TOP 100 榜单的设计思想

基于上述分析,爬取猫眼电影 TOP 100 榜单程序实现的主要流程如下:

(1) 导入库 requests、faker、re、csv 和 codecs。

(2) 定义全局变量_content,使用 faker. Factory. create()创建一个 fake 数据,进而定义 headers。

(3) 定义函数 download_parse(url),下载和分析超链接为 url 的网页数据。首先使用 response＝requests. get(url, headers＝headers)下载网页数据,然后使用正则表达式 re. findall()方法匹配网页中的所有榜单信息,最后抽取把正则表达式匹配的结果信息,并放置到全局变量_content 中。

(4) 定义 main()函数。使用循环,构造榜单的 10 个页面的网址 url,并调用函数 download_parse(url)下载分析和抓取网页中的榜单电影信息。最后调用 save_json (filename)把榜单信息转储至 json 文件,同时调用 save_csv(filename)函数把榜单信息保存到 csv 格式文件以便使用 Excel 查看或进一步处理。

3. 爬取猫眼电影 TOP 100 榜单的程序实现

基于上述网页分析和设计思想,爬取猫眼电影 TOP 100 榜单的程序实现参见例2-5。

例2-5 爬取猫眼电影 TOP 100 榜单 spider_maoyan_top100.py。

```python
import requests
import faker
import re
import json
import csv
import codecs
import time


# 使用 fake 库,生产伪造数据和 http header
fake=faker.Factory.create()
headers={
    'Connection': 'keep-alive',
    'User-Agent': fake.user_agent()
}


_content={} # 保存排行榜信息 index:[image, title, actor, time, score]
def download_parse(url):
    global _content
    # 定义正则表达式,匹配网页中的影片的七种数据信息
    pattern=re.compile('<dd>. * ? board-index. * ?>(\d+)</i>'
                    +'. * ?<img data-src="(. * ? )"'
                    +'. * ?<p class="name"><a. * ?>(. * ? )</a>'
                    +'. * ?<p class="star">(. * ? )</p>'
                    +'. * ?<p class="releasetime">(. * ? )</p>'
                    +'. * ?<p class="score"><i class="integer">(. * ? )</i>'
                    +'. * ?<i class="fraction">(. * ? )</i>. * ?</dd>', re.S)
    try:
        response=requests.get(url, headers=headers)
        if not response.ok: # 如果下载页面失败,则返回 None
            return None
        items=re.findall(pattern, response.text)
        # 抽取把正则表达式匹配的结果信息,并放置到全局变量_content 中
        for item in items:
            board_index=item[0]
            image_url=item[1]
            name=item[2]
```

```
            star=item[3].strip()[3：]
            time=item[4].strip()[5：]
            score=item[5]+item[6]
            _content[board_index]=[name, star, time, score, image_url]
            print(_content[board_index])  #输出调试
    except Exception as e：
        print(e)
        return None


def save_json(filename)：
    with open(filename, 'w', encoding='utf-8') as f：
        f.write(json.dumps(_content, ensure_ascii=False))


def save_csv(filename)：
    # 先给文件写一个 Windows 系统用来识别编码的头
    with open(filename, 'wb') as f：
        f.write(codecs.BOM_UTF8)    #避免乱码
    # 使用 append 模式打开文件,继续写入
    with open(filename, 'a', encoding='utf-8', newline='') as f：
        f_csv = csv.writer(f, dialect='excel',)
    f_csv.writerow(['排名','影片名称','主演','上演时间','得分','电影海报 URL'])
    for (k, v) in _content.items()：
        f_csv.writerow([k, v[0], v[1], v[2], v[3], v[4]])


def main()：
    global _content
    url_pattern='http://maoyan.com/board/4?offset={0}'
    for i in range(0,100,10)：
        url=url_pattern.format(i)
        download_parse(url)
        time.sleep(0.5)    #延时 0.5 秒,避免被服务器拒绝访问
    save_json(r'c:\temp\maoyan_top100.json')    #把结果写入 json 文件
    save_csv(r'c:\temp\maoyan_top100.csv')  #把结果写入 csv 文件


if __name__=='__main__'：
main()
```

2.3.6 使用 requests 和 bs4 爬取豆瓣电影 TOP 250 榜单

本节使用 requests 和 bs4(BeautifulSoup 4)爬取猫眼电影 TOP 250 榜单。首先分析豆瓣

电影 TOP 250 榜单的网页结构;然后使用 requests 库下载相关网页,最后使用 BeautifulSoup 提取网页中的电影 TOP 250 榜单信息。

1. 豆瓣电影 TOP 250 榜单的网页结构分析

豆瓣电影网 TOP 250 的网址为 https://movie.douban.com/top250,如图 2-3-6 所示。

图 2-3-6 豆瓣电影网 TOP 250 的网址

点击榜单的下面的"下一页"或者"上一页"超链接,可以发现榜单第 1 页(前 25)的网址为 https://movie.douban.com/top250? start＝0&filter＝,榜单第 2 页(26—50)的网址为 https://movie.douban.com/top250? start＝25&filter＝,依次类推,榜单最后的页面网址为 https://movie.douban.com/top250? start＝225&filter＝。

右击网页空白处,选择快捷菜单"查看网页源代码",打开网页的源代码,如图 2-3-7 所示。

仔细阅读如图 2-3-7 所示的网页源代码可以发现,榜单位于〈ol〉〈/ol〉中的〈li〉〈/li〉之间。故可以先将获取的 html 文档转化为 BeautifulSoup 对象,然后查找 ol 标签,进而获得其中的所有 li 标签。

```
soup＝BeautifulSoup(response.text, "lxml")
tag_ol＝soup.find("ol")  ♯ 找到 ol
tags_il＝tag_ol.find_all('li')
```

然后遍历 li 标签,抽取相应的榜单信息。

2. 爬取豆瓣电影 TOP250 榜单程序设计思路

基于上述分析,爬取豆瓣电影 TOP 250 榜单程序实现的主要流程如下:

(1) 导入库 requests、faker、bs4、json、csv 和 codecs。

(2) 定义全局变量_content,使用 faker.Factory.create()创建一个 fake 数据,进而定义 headers。

(3) 定义函数 download_parse(url),下载和分析超链接为 url 的网页数据。首先使用

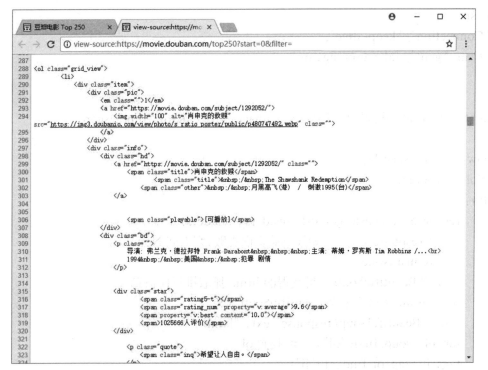

图 2-3-7　查看豆瓣电影网 TOP 250 网页源代码

response＝requests.get(url, headers＝headers)下载网页数据,然后使用 BeautifulSoup 把下载的网页内容转换为 BeautifulSoup 对象,进而查找抽取相应的榜单信息,并放置到全局变量_content 中。

（4）定义 main()函数。使用循环,构造榜单的 10 个页面的网址 url,并调用函数 download_parse(url)下载分析和抓取网页中的榜单电影信息。最后调用 save_json(filename)函数把榜单信息转储到 JSON 文件 douban_movie_top250.json,同时调用 save_csv(filename)函数把榜单信息保存到 csv 格式文件以便使用 Excel 查看或处理。

3. 爬取豆瓣电影 TOP 250 榜单程序实现

基于上述网页分析和设计思想,爬取豆瓣电影 TOP 250 榜单的程序实现参见例 2-6。

例 2-6　爬取豆瓣电影 TOP 250 榜单 spider_bs4_douban_movie_top250.py。

```
import requests
import faker
from bs4 import BeautifulSoup
import json
import csv
import codecs
import time
```

＃ 使用 fake 库,生产伪造数据和 http header。

```
fake＝faker.Factory.create()
```

```python
headers={
    'Connection': 'keep-alive',
    'User-Agent': fake.user_agent()
}

_content={}  # 保存排行榜信息 index：[image, title, actor, time, score]

def download_parse(url):
    global _content
    try:
        response=requests.get(url, headers=headers)
        if not response.ok:  # 如果下载页面失败，则返回 None
            return None
        # 使用 BeautifulSoup 分析获得的 html，抓取排行榜信息
        # 将 html 文档转化为 BeautifulSoup 对象
        soup=BeautifulSoup(response.text, "lxml")
        tag_ol=soup.find("ol")    # 找到 ol
        tags_il=tag_ol.find_all('li')
        for tag in tags_il:
            # <div class="item">
            div_item=tag.find('div', attrs={'class': 'item'})
            # <div class="pic">
            div_pic=div_item.find('div', attrs={'class': 'pic'})
            # 排名
            board_index=div_pic.find('em', attrs={'class': ''}).get_text()
            # 海报 url
            image_url=div_pic.find('img')['src']
            # <div class="info">
            div_info=div_item.find('div', attrs={'class': 'info'})
            # <div class="hd">
            div_hd=div_info.find('div', attrs={'class': 'hd'})
            # 影片名
            title=div_hd.find('span', attrs={'class': 'title'}).get_text()
            # <div class="bd">
            div_bd=div_info.find('div', attrs={'class': 'bd'})
            # 演职人员
            cast=div_bd.find('p', attrs={'class': ''}).get_text().strip()
            # 评分
            rate=div_bd.find('span', attrs={'class': 'rating_num'}).get_text()
            # 评价  # 防止有的影片没有评价
            if div_bd.find('span', attrs={'class': 'inq'}):
```

```python
                quote=div_bd.find('span', attrs={'class': 'inq'}).get_text()
            else: quote='
            _content[board_index]=[title, cast, rate, quote, image_url]
            print(_content[board_index])  #调试输出
    except Exception as e:
        print(e)
        return None


def save_json(filename):
    with open(filename, 'w', encoding='utf-8') as f:
        f.write(json.dumps(_content, ensure_ascii=False))


def save_csv(filename):
    # 先给文件写一个 Windows 系统用来识别编码的头
    with open(filename, 'wb') as f:
        f.write(codecs.BOM_UTF8)    #避免乱码
    # 使用 append 模式打开文件,继续写入
    with open(filename, 'a', encoding='utf-8', newline='') as f:
        f_csv = csv.writer(f, dialect='excel')
        f_csv.writerow(['排名','影片名称','演职人员','得分','评价','电影海报 URL'])
        for (k, v) in _content.items():
            f_csv.writerow([k, v[0], v[1], v[2], v[3], v[4]])


def main():
    global _content
    url_pattern='https://movie.douban.com/top250?start={0}'
    for i in range(0,250,25):
        url=url_pattern.format(i)
        download_parse(url)
        time.sleep(0.5)   #延时 0.5 秒,避免被服务器拒绝访问
    save_json(r'c:\temp\douban_movie_top250.json')  #把结果写入 json 文件
    save_csv(r'c:\temp\douban_movie_top250.csv')  #把结果写入 csv 文件


if __name__=='__main__':
    main()
```

2.4 综合练习

2.4.1 选择题

1. 从万维网服务器传输超文本到本地浏览器的传送协议是_____。
   A. HTTP   B. SMTP   C. FTP   D. WWW
2. 由服务端向客户端发出的 Response(响应)状态行中,表示请求成功的代码范围是_____。
   A. 2xx   B. 3xx   C. 4xx   D. 5xx
3. 在 HTML 中,用于标记表格中单元格的标签是_____。
   A. 〈table〉   B. 〈tr〉   C. 〈th〉   D. 〈td〉
4. 在 HTML 中,用于标记区块的标签是_____。
   A. 〈p〉   B. 〈b〉   C. 〈a〉   D. 〈div〉
5. HTTP 的请求方法不包括_____。
   A. GET   B. POST   C. FTP   D. PUT

2.4.2 填空题

1. 物联网(IoT)的英文全称是_____。
2. ETL 是数据的_____、_____和_____
   __的英文。
3. HTTP 协议的英文全称是_____。
4. URL 的英文全称是_____。
5. HTTP 协议的默认端口为_____。
6. URL 中,传递给动态网页的多个参数之间使用的分隔符为_____。
7. HTTP 协议常见的请求方法有两种:_____和_____。
8. HTML 的英文全称是_____。
9. 在 HTML 中,定义超链接的标签为_____。
10. CSS 的英文全称是_____。
11. DOM 的英文全称是_____。

2.4.3 简答题

1. 根据数据产生的方式,原始数据主要包括哪几种类别?
2. 获取数据的主要方法有哪些?
3. 什么是数据源?什么是数据集?
4. 什么是公开数据集?你知道的公开数据集有哪些?

5. 常用的公开数据集网站有哪些？

6. 如何使用 Python 的 sklearn.datasets 库获取数据集？

7. 什么是客户/服务器模式？

8. URL 主要由哪几部分组成？

9. HTTP 请求主要由哪几部分组成？

10. HTTP 响应主要由哪几部分组成？

11. 什么是 HTML？常用的 HTML 元素有哪些？

12. 什么是 CSS？样式表中样式规则可定义的选择符包括哪些？

13. 什么是 DOM？

14. 如何使用 requests 库请求网页？

15. 如何使用正则表达式提前网页内容？

16. 如何使用 BeautifulSoup 解析网页内容？

17. 如何使用 csv 模块读取 csv 文件？如何使用 csv 模块把数据保存为 csv 文件？

18. 如何使用 json 模块把数据保存为 json 文件？如何使用 json 模块读取 json 文件？

19. 简述使用 requests 和 re 库爬取网页信息的一般方法。

20. 简述使用 requests 和 bs4 库爬取网页信息的一般方法。

2.4.4　实践题

1. 从世界银行官方网站,查找"新生儿死亡数",并下载该数据集的 xls 格式文件,并尝试进行可视化分析。

2. 从 Tableau 社区资源网站,下载"夏季奥运会奖牌得主数据集",并尝试进行可视化分析。

3. 从 Tableau 社区资源网站,下载"美国大学数据",并尝试进行可视化分析。

4. 从 Tableau 社区资源网站,下载"重大火山爆发",并尝试进行可视化分析。

5. 从古登堡计划(Project Gutenberg)网站,查找下载莎士比亚(Shakespeare)的作品全集,并尝试进行文本分析。

6. 在 Python 环境中,使用 sklearn.datasets 的 load_iris 加载莺尾花数据集,并观察数据集的内容,尝试进行简单处理和分析。

7. 在 Python 环境中,使用 sklearn.datasets 的 load_breast_cancer 加乳腺癌数据集,并观察数据集的内容,尝试进行简单处理和分析。

8. 在 Python 环境中,使用 sklearn.datasets 的 load_ diabetes 加糖尿病数据集,并观察数据集的内容,尝试进行简单处理和分析。

第 3 章

数 据 加 工

本 章 概 要

　　现实世界的数据容易受到噪声、缺失值和不一致问题的侵扰，这是由数据规模庞大、数据来源的多样性造成的。低质量的数据将导致数据分析与数据挖掘的偏差。必须对来自现场的数据进行预处理，以提高数据质量，从而提高挖掘结果的质量。通过数据预处理，也可使得数据挖掘过程更加有效、更加容易。在本章将介绍数据清洗、数据转换、数据集成与数据归约等技术，实现有效的数据预处理。

学 习 目 标

通过本章学习，要求达到以下目标：

1. 数据文件格式、数据类型等基本知识。

2. 数据清洗的方法，利用 Access 工具实现数据清洗。

3. 数据转换的方法，利用 Excel 工具实现数据转换。

4. 了解数据脱敏的主要分类，掌握数据脱敏的常用方法。

5. 了解数据集成的类型和数据整合的基本方法。

6. 理解数据归约目的、意义和基本策略。

3.1 基础知识

从各种来源获取的原始数据一般有噪声,且数量庞大,同时可能来自异种数据源。数据预处理是进行数据分析前第一个重要步骤,对于需要预处理的数据或文件,熟悉常见数据源的文件格式、数据类型、数据编码方式等,将有助于理解数据的构成,有利于分析数据的意义。

3.1.1 数据源文件格式

获取数据的来源多种多样,造成获取到的实际数据常常是五花八门的文件格式。所以,首先需要认识一下常见的数据源文件格式。

1. 文本文件与二进制文件

网络上收集数据时,通常有四种方式:以文件的形式下载数据、通过存储系统的交互式界面访问数据(例如,利用查询接口来访问数据库系统)、通过持续不断的流的形式访问数据和通过应用编程接口来访问数据。计算机系统中广义存在两种文件类型:文本文件和二进制文件。

严格地说,所有文件都是二进制的。如果文件中的字节都以纯粹的字符形式保存(例如字母、数字或是换行、回车、制表符这样的控制字符),称之为文本文件。相比之下,二进制文件包含的字节则是由大部分不可读的字符组成的,如图 3-1-1 所示。

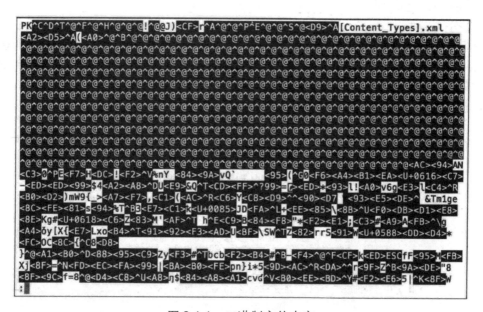

图 3-1-1　二进制文件内容

文本文件可以通过文本编辑器来编辑。如果一个文件可以在文本编辑器中打开,并能成功读取里面的内容,这个文件很可能就是一个文本文件;但是如果在文本编辑器打开一个文件,内容是奇怪的字符,这个文件可能就是一个二进制文件。

二进制文件只能通过特殊的应用程序打开和编辑,而不是文本编辑器。例如,Microsoft Excel 文件需要使用 Microsoft Excel 电子表格程序,才能打开和读取;数码相机拍摄的照片文件需要使用图形程序来读取。二进制文件也可以被多个兼容的软件包读取;此外,还有一些二进制编辑器,通过它们可以对二进制文件的内容进行深度编辑。

通常,不需要打开一个文件就可以知道文件类型。例如,在查找文件的时候,一般都是从文件名开始,由三个字母和四个字母组成的文件扩展名就是一种标明文件类型的常见方式。常见的文件扩展名有:

- 以.xlsx 为扩展名的 Excel 文件
- 以.docx 为扩展名的 word 文件
- 以.pptx 为扩展名的 powerpoint 文件
- 以.png、.jpg 和 gif 为扩展名的图片文件
- 以.mp3、.ogg、.wma 和.mp4 为扩展名的音频和视频文件
- 以.txt 为扩展名的文本文件

2. 常见的文本文件格式

文本文件是常见的文件格式。这里主要讨论三类文本文件类型:

- 分隔格式(结构化数据)
- Json 格式(半结构化数据)
- HTML 格式(非结构化数据)

这些文件有着各自不同的布局格式,即每种文件的内容中组织规则的数据和无规则、无结构的数据所占的比例不同。

(1) 分隔文件。

分隔文件是广泛应用的文件格式。它是最基本的文本格式文件,数据的行和列由统一的符号分隔,把分隔用的字符称为分隔符。最常见的分隔符是制表符和逗号。这两种方案分别出现在制表符分隔值(TSV)和逗号分隔值(CSV)中。分隔文件也被称为记录式文件,因为文件中的每一行都代表了一个记录。如图 3-1-2 所示,为 CSV 文件的示例。

```
血常规数据.csv - 记事本
文件(F) 编辑(E) 格式(O) 查看(V) 帮助(H)
"样本类型","项目名称","项目英文缩写","检验结果","样本日期","临床诊断"
"血","红细胞压积","HCT","47.2","2012/10/26","胃肠炎"
"血","血小板","PLT","121","2012/10/26","胃肠炎"
"血","嗜碱性粒细胞%","BS%","0.1","2012/10/26","胃肠炎"
"血","血红蛋白","HGB","159","2012/10/26","胃肠炎"
"血","嗜碱性粒细胞","BS#","0.01","2012/10/26","胃肠炎"
"血","平均血小板体积","MPV","10.8","2012/10/26","胃肠炎"
"血","红细胞分布宽度CV","RDW-CV","13.4","2012/10/26","胃肠炎"
"血","淋巴细胞","LC#","0.91","2012/10/26","胃肠炎"
"血","平均红细胞体积","MCV","77.8","2012/10/26","胃肠炎"
"血","平均血红蛋白量","MCH","26.2","2012/10/26","胃肠炎"
"血","中性粒细胞%","NC%","76.8","2012/10/26","胃肠炎"
```

图 3-1-2　CSV 文件示例

从示例中可以看出,例子中的分隔数据不包含任何非数据信息,其中的内容代表完整的一条数据或者代表着独立的字段数据,这些数据的结构化程度非常高,能够非常容易就辨识出不

同的数据。

（2）JSON 文件。

Json(Javascript object notation)是近年来非常流行的数据格式之一，这种格式的数据也被称为半结构化数据。Json 的名字虽然包含 javascript 字样，但它并非只限于在 Javascript 中使用。半结构化数据集的特点是数据的值都有其对应的属性标识，而且顺序无关紧要，有时甚至可以缺失某些属性。Json 是以属性-值为基础的数据集，其示例如图 3-1-3 所示：

```
{
    "专家名":"周医生",
    "专家医院":"上海市复旦大学附属儿科医院",
    "标签":[
        "新生儿外科",
        "肝胆外科",
        "肛肠外科及肿瘤方向疾病先天性巨结肠"
    ]
},
```

图 3-1-3　JSON 文件示例

属性在冒号左边，值在冒号的右边，属性之间都采用逗号进行分割，整个实体包含在花括号中。Json 字符串值必须使用双引号进行封闭处理，因此，字符串内部的双引号必须使用反斜线进行转义。在 Json 中，逗号不可以出现在数字类型的数据中，除非这个值被当作字符串使用，并用引号封闭。

（3）HTML 文件。

HTML 文件又称为网页文件，这种文本格式文件，中间经常夹杂着各种冗余的数据，因此，网页文件是无结构的数据文件。图 3-1-4 是中国天气网主页的一部分。

图 3-1-4　中国天气网网页

从网页内容可以看到，网页上包括了图片、动画、色彩以及其他非文本内容。本质上该网页内容是以 HTML 编写的。在页面上单击鼠标右键，选择"查看网页源代码"，如图 3-1-5 所示。

中国天气网主页的部分 HTML 代码文件如图 3-1-6 所示：

从源代码中，可以看到毫无结构化可言，并且无法保证今天使用的代码可以适用于明天的情况，除此之外，页面上还存在着许多其他数据。因此 HTML 格式是典型的非结构化数据

返回(B)	Alt+向左箭头	
前进(F)	Alt+向右箭头	
重新加载(R)	Ctrl+R	
另存为(A)...	Ctrl+S	
打印(P)...	Ctrl+P	
投射(C)...		
翻成中文（简体）(T)		
查看网页源代码(V)	Ctrl+U	
检查(N)	Ctrl+Shift+I	

图 3-1-5　查看网页源代码

```
86  <!-- top end -->
87  <!-- 导航栏 -->
88  <div class="header-box">
89    <div class="header">
90      <div class="w_logo fl"><a href="http://www.weather.com.cn/" target="_blank"></a></div>
91      <div class="search-box fl">
92        <div class="search clearfix">
93          <div class="select_li">
94            <p>天气<i></i></p>
95            <ul class="select_box">
96              <li class="tianqi cur">天气</li>
97              <li class="zixun">资讯</li>
98            </ul>
99          </div>
100         <input type="text" value="输入城市、乡镇、街道、景点名称 查天气" id="txtZip" class="textinput text">
101         <div id="zhong_search">
102           <iframe src="http://promotion.chinaso.com/chinasosearch/chinaso-weather1.html" frameborder="0" scrol
103         </div>
104         <span class="input-btn"><input type="button" value="" id="btnZip" class="btn ss"></span>
105         <div class="clear"></div>
106       </div>
107       <div class="inforesult"></div>
108       <div id="show">
109         <ul></ul>
110       </div>
111       <div class="city-box">
112         <div class="city-tt">
113           <a href="javascript:void(0)" class="cur">正在热搜</a>
114           <a href="javascript:void(0)" >本地周边</a>
115           <b></b>
116         </div>
```

图 3-1-6　中国天气网主页的 HTML 代码

文件格式。

3.1.2　数据类型

数据类型指定了数据在磁盘和 RAM 中的表示方式。从用户的角度看，数据类型确定了数据的操作方式。根据获取的数据，可以分析出每一类数据的属性及类型。常见的数据类型包括数字类型、字符类型、日期类型、文本类型、逻辑类型等。

1. 数字类型

数字型数据包含了能够进行加减乘除、均方、最值等数学运算的数字。例如，图 3-1-7 中，价格(price)字段包含了数字型数据，它可以与顾客购买的数量(purCnt)相乘，计算得到需要支付的总金额(amount)。

user_id	purDate	price	purCnt	amount
1	19970101	11.77	8	94.16
2	19970112	12	10	120
2	19970112	77	5	385
3	19970102	20.76	8	166.08
3	19970330	20.76	8	166.08
3	19970402	19.54	5	97.7
3	19971115	57.45	5	287.25
3	19971125	20.96	5	104.8
3	19980528	16.99	10	169.9
4	19970101	29.33	10	293.3
4	19970118	29.73	7	208.11
4	19970802	14.96	5	74.8
4	19971212	26.48	8	211.84
5	19970101	29.33	8	234.64

图 3-1-7　数字型数据可以用在计算中

根据数据的实际情况,可以知道商品的价格可以是小数,而购买商品的数量必须是整数。因此数字型数据也分为若干类型,包括整数数据类型和浮点数数据类型。整数数据类型可以用于表示整数意义的数据,例如数量、次数、排名等。浮点数据类型用于需要带小数位的数据,如金额、体重、高度等。在进行数据库设计或数据存储时,除非数据需要用到小数位,一般会设计为整数类型,因为这样需要更少的存储空间。

每一个数据类型都有一个数值上的最大和最小值,称作数值范围。了解数值的范围是很重要的,尤其是当使用较小的类型时,就只能存储范围之内的数值。试图存储一个超出其范围的数值,可能会导致编译或运行错误,或者不正确的计算结果。根据数据存储的长度和数据范围,整数类型数据分为(短)整数和长整数;浮点数类型又分为(单精度)浮点数和双精度浮点数。数字类型分类及其数值范围如图 3-1-8 所示。

2. 日期数据类型

日期类型表示日期数据。日期数据的表现形式众多,例如,在 Excel 工具中,关于日期格式的设定就有多种形式,如图 3-1-9 所示。

无论哪种格式,日期型数据中一般都包含"年"、"月"、"日"三要素,通常"年"用"yyyy"表示,"月"用"mm"表示,"日"用"dd"表示。例如,"2019/8/2"的日期数据,设定它的格式为"yyyy/mm/dd"的时候,表示为"2019/08/02",而设定格式为"yy/m/d"时,显示为"19/8/2"。

数据类型		大小	范围
整数类型	整数(Integer)	4字节,32 bit	−2,147,483,648 至 2,147,483,647
	长整数(Long Integer)	8字节,64 bit	−9,223,372,036,854,775,808 至 9,223,372,036,854,775,807
浮点数类型	浮点数(Float)	4字节	1E−37 至 1E+37(6个小数字数)
	双精度浮点数(Double Float)	8字节	1E−307 至 1E+308(15个小数字数)

图 3-1-8　数字型数据类型分类

图 3-1-9　Excel 中的日期格式设定

日期型数据中还可以包括"时"、"分"、"秒"信息,例如"2019/08/02 13:20:31"。可以对日期数据类型进行计算或比较,例如计算两个日期之间相隔的天数,比较两个日期的大小等。

3. 字符类型

字符类型包括常见的字母、数字、空格和标点符号,还有自然语言中的各种字符和特殊符号。

4. 字符串数据类型

字符串类型由一定长度的字符所构成,它几乎能够存储任何其他类型的数据。字符串类型包括可变长度字符串和固定长度字符串,在数据库定义中,分别以 VARCHAR2 和 CHAR表示。当字符串"abc",存放在 varchar2(6)定义的变量时,该变量的值为"abc",变量的长度根据存储字符串的长度变化而改变;当"abc"存放在 char(6)定义的变量时,该变量的长度固定为 6 位,因此变量值为"abc　　"("abc"后补充 3 位空格)。字符串类型可以存储二进制文本和大文本。

a. 2 个二进制文本类型:

- binary:类似 char,只是不存"文本",而是存"文本的二进制数据"。
- varbinary:类似 varchar,同样,不存"文本",而是存"文本的二进制数据"。

b. 2 个大文本类型:

- text:可以存储"超大文本",且其实际的长度并不占用一行的长度。相对 char 和 varchar,效率低。
- blob:可以存储"超大二进制文本",通常用于存储图片这种"二进制数据"。

5. 逻辑数据类型

有时也称为布尔型,它用来表示真/假、是/非类的二值数据,其表现形式一般有 0/1、true/false、Y/N 等。

图 3-1-10 总结了常用的数据类型及其示例。

数据类型	描述	数据项目示例	数据示例
整数	整数	访问次数	5
浮点数	包含小数位的数字	年降水量	1029.5
日期	月、日、年	出生日期	2001/6/2
字符	字母或不用于计算的数字	考试成绩等级(A—D)	B
文本	字符串	邮政编码	〒200062
逻辑	可以具有两个值中的某一个值的数据	是否退货	N
BLOB	二进制数据	音乐	[An MP3 file]

图 3-1-10　常用数据类型

3.1.3　数据预处理

1. 数据预处理的必要性

数据预处理(data preprocessing)是指在对数据进行数据挖掘处理以前,先对原始数据进行必要的清洗、集成、转换、离散和归约等等一系列的处理工作,以达到挖掘算法进行知识获取研究所要求的最低规范和标准。

数据质量涉及许多因素,包括准确性、完整性、一致性、时效性、可信性和可解释性。然而数据挖掘的对象是从现实世界采集到的大量的各种各样的数据,由于现实生产和实际生活以及科学研究的多样性、不确定性、复杂性等等,导致获取的原始数据比较散乱,一般情况下,它们是不符合挖掘算法进行知识获取研究所要求的规范和标准的,主要具有以下特征:

（1）不完整性：指的是数据记录中可能会出现有些数据属性的值丢失或不确定的情况，还有可能缺失必需的数据。这是由于系统设计时存在的缺陷或者使用过程中一些人为因素所造成的，如有些数据缺失只是因为输入时认为是不重要的；相关数据没有记录可能是由于理解错误，或者因为设备故障；与其他记录不一致的数据可能已经删除；历史记录或修改的数据可能被忽略等等。

（2）不正确或含噪声：指的是数据具有不正确的属性值，包含错误或存在偏离期望的离群值。产生的原因很多。比如收集数据的设备可能出故障；人或计算机的错误可能在数据输入时出现；数据传输中也可能出现错误；可能用户故意想强制输入字段，输入不正确的值（例如生日默认选择初始值 1 月 1 日），这称为被掩盖的缺失数据；不正确的数据也可能是由命名约定或所用的数据代码不一致，或输入字段（如时间）的格式不一致而导致的；实际使用的系统中，还可能存在大量的模糊信息，有些数据甚至还具有一定的随机性。

（3）不一致性：原始数据是从各个实际应用系统中获取的，由于各应用系统的数据缺乏统一标准的定义，数据结构也有较大的差异，因此各系统间的数据存在输入的不一致性，往往不能直接拿来使用。同时来自不同的应用系统中的数据由于合并还普遍存在数据的重复和信息的冗余现象。

因此，可以说存在不完整的、含噪声的和不一致的数据是现实世界大型数据库或数据仓库的共同特点。一些比较成熟的算法对其处理的数据集合一般都有一定的要求，比如数据完整性好、数据的冗余性少、属性之间的相关性小。然而，实际系统中的数据一般都不能直接满足数据挖掘算法的要求。因此有进行数据预处理的必要。

统计发现：在整个数据挖掘过程中，数据预处理花费 60% 左右的时间，而后的数据挖掘工作只占整个工作量的 10% 左右。经过数据预处理，不仅可以节约大量的时间和空间，而且得到的挖掘结果能更好地起到决策和预测作用。

2. 数据预处理的主要任务

数据预处理的主要任务包括数据清洗、数据转换、数据脱敏、数据集成和数据归约。数据清洗通过填写缺失值、光滑噪声数据、识别和删除离群点，并解决不一致性来清洗数据；规范化数据、离散化和概念分层产生都是某种形式的数据变换，数据变换操作是引导数据挖掘过程成功的、附加的预处理过程；数据脱敏去除数据中的敏感信息；而集成不同来源的数据（包括数据库、文件、数据立方体等）称为数据集成；利用数据归约得到原始数据集的简化形式。图 3-1-11 概括了数据预处理的步骤：

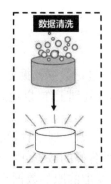
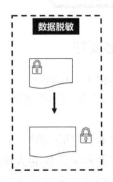

数据分析与大数据实践

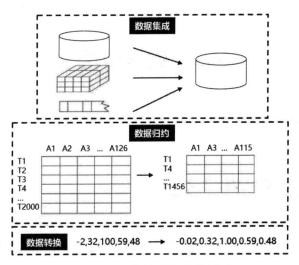

图 3-1-11　数据预处理的形式

3.2 数据清洗

数据清洗是指针对原始数据填补遗漏的数据值、平滑有噪声数据、识别或除去异常值，以及解决不一致问题。

3.2.1 为什么要数据清洗

数据清洗是数据准备过程中最花费时间、最重要的一步。经过数据清洗，可以有效地减少学习过程中可能出现相互矛盾的情况。需要对原始数据进行数据清洗的原因是：

1. 不完整的数据

获取来的原始数据并不总是完整的，例如，数据库表中很多条记录的对应字段没有相应值或者爬取到的文本中缺少一些属性信息等等。引起空缺值的原因有很多，主要包括设备异常、其他已有数据不一致而被删除、因为误解而没有被输入的数据、在输入时有些数据因为得不到重视而没有被输入、对数据的改变没有进行日志记载等。

对于空缺值，需要经过推断、计算等方法加以补充。

2. 噪声数据

噪声数据是指数据中存在着错误或偏离期望值的异常数据。引起噪声数据的原因主要有数据收集工具的问题、数据输入错误、数据传输错误、技术限制、命名规则的不一致等。

数据中的噪声主要包括随机误差和错误。例如，爬取某电商平台的顾客数据，顾客身高属性中有一位的数值为 20 m，很显然这是一个错误。如果这个样本进入了训练数据可能会对结果产生很大影响，这也是去噪中使用异常值检测的意义所在。噪声数据未必增加存储空间量，它可能会影响对数据分析的结果。很多算法，特别是线性算法，都是通过迭代来获取最优解的，如果数据中含有大量的噪声数据，将会大大地影响数据的收敛速度，甚至对于训练生成模型的准确也会有很大的副作用。

3. 重复数据

数据库或数据文件中属性值相同的记录被认为是重复数据。

造成数据重复的原因主要包括数据结构设计不合理造成相同数据合法提交、软件出错造成重复提交、多个数据源中包含同样的数据等情况。

4. 数据不一致

数据不一致性，是指各类数据的矛盾性、不相容性。

数据冗余、并发控制不当或其他故障错误是造成数据不一致性的主要原因。数据冗余通常是由于重复存放的数据未能进行一致性地更新，例如婚姻状况的调整，结婚时民政局的数据中已经更新了公民的婚姻状况，但是户籍管理处的婚姻状况数据未改变，就会产生矛盾的数据。并发控制不当是指在多用户共享数据库的情况下，更新操作未能保持同步进行。例如，在酒店订购系统中,如果两家不同的旅行社同时查询某个酒店房间的预约情况,并分别为用户预定了同样的房间,这样该类型的房间会分别预约给两位用户,由于系统没有进行并发控制,所以造成了数据的不一致性,极端情况下,当该酒店的这种类型房间数量仅为一间时,就会为用户带来不愉快的体验。另外,其他特殊原因,如硬件故障或软件故障,也会造成数据丢失或数据损坏。

3.2.2 数据清洗类型与方法

数据清洗的方法主要包括填充缺失值和平滑噪声数据。

1. 填充缺失值

很多时候,数据都有缺失值,以下常用方法可以填充缺失值,实现数据的完整性。

(1) 忽略元组:当缺少类标号时通常这样做(假定挖掘任务涉及分类)。除非元组有多个属性缺失值,否则该方法不是很有效。当每个属性缺失值的百分比变化很大时,它的性能特别差。

(2) 人工填写缺失值:此方法很费时,特别是当数据集很大、缺失值过多时,该方法可能不具有实际的可操作性。

(3) 使用一个全局常量填充缺失值:将缺失的属性值用同一个常数(如"Unknown"或null)替换。但这种方法可能会使数据挖掘程序误以为大量"Unknown"具有特殊的含义,从而可能会误导挖掘程序得出有偏差甚至错误的结论,这种方法尽管十分简单,但是并不十分可靠。

(4) 用属性的中心度量(如均值或中位数)填充缺失值:例如,已知上海市某银行的贷款客户的平均家庭月总收入为13000元,则使用该值替换客户收入中的缺失值。

(5) 用同类样本的属性均值填充缺失值:例如,将银行客户按信用度分类,就可以用具有相同信用度贷款客户的家庭月总收入替换家庭月总收入中的缺失值。

(6) 使用最可能的值填充缺失值:可以用回归、使用贝叶斯形式化方法的基于推理的工具或决策树归纳确定。例如,利用数据集中其他客户的属性,可以构造一棵决策树来预测家庭月总收入的缺失值。

重要的是,在某些情况下,缺失值并不意味数据有错误。例如,在申请信用卡时,可能要求申请人提供驾驶执照号。没有驾驶执照的申请者自然使该字段为空。表格应当允许填表人使用诸如"无效"等值。软件程序也可以用来发现其他空值,如"不知道"、"?"或"无"。理想情况下,每个属性都应当有一个或多个关于空值条件的规则。这些规则可以说明是否允许空值,或者说明这样的空值应当如何处理或转换。如果能够加强数据结构设计和软件系统设计,将有助于在数据源减少缺失值或错误值的数量。

2. 平滑噪声数据

噪声是被测量的变量的随机误差。下列数据光滑技术能够"光滑"数据,去掉噪声。

(1) 分箱:分箱方法通过考察数据的"近邻"(即周围的值)来光滑有序数据的值。有序值分布到一些"桶"或箱中。由于分箱方法考察近邻的值,因此它进行局部光滑。分箱技术分为三种:

a. 用箱均值光滑:箱中的每一个值都被替换为箱中的均值。

b. 用箱中位数光滑：箱中的每一个值都被替换为箱中的中位数。

c. 用箱边界光滑：箱中的每一个值都被替换为箱中最邻近的边界值，而给定箱中的最大最小值同样被视为边界值。

例如，当获取了一些价格数据后，首先按照价格从小到大排序后，划分到大小为 3 的等频的箱中（即每个箱包含 3 个值）。分别用箱均值光滑、用箱边界光滑技术进行数据平滑，结果如图 3-2-1 所示：

划分为等频的箱：
箱1：4，8，9
箱2：11，11，17
箱3：25，26，36

用箱均值光滑：
箱1：7，7，7
箱2：13，13，13
箱3：29，29，29

用箱边界光滑：
箱1：4，9，9
箱2：11，11，17
箱3：25，25，36

图 3-2-1 数据平滑的分箱方法

（2）回归：可以用一个函数（如回归函数）拟合数据来光滑数据。线性回归涉及找出拟合两个属性（或变量）的"最佳"直线，使得一个属性可以用来预测另一个。多元线性回归是线性回归的扩展，其中涉及的属性多于两个，将数据拟合到一个多维曲面。

（3）聚类：可以通过聚类检测离群点，将类似的值组织成群或"簇"。直观地，落在簇集合之外的值视为离群点，如图 3-2-2 所示。许多数据光滑的方法也是涉及离散化的数据归约方法。例如，上面介绍的分箱技术减少了每个属性的不同值数量。对于基于逻辑的数据挖掘方法（如决策树归纳），反复地对排序后的数据进行比较，这充当了一种形式的数据归约。概念分层是一种数据离散化形式，也可以用于数据光滑。

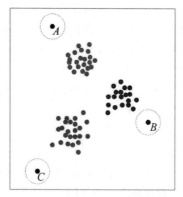

图 3-2-2 聚类后的离群点示意图

（4）计算机检查和人工检查结合：可以通过计算机将被判定数据与已知的正常值比较，

将差异程度大于某个阈值的数据输出到一个表中,然后人工审核表中的数据,识别出孤立点。

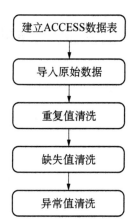

3.2.3 基于工具的数据清洗

本节以 ACCESS 为数据清洗工具,基于淘宝用户行为数据分析数据清洗的过程。

根据获取的淘宝用户行为原始数据特点,进行数据清洗的流程如图 3-2-3 所示:

1. 建立 ACCESS 数据表

获取的淘宝用户行为原始数据中包括用户 ID、年龄、性别、商品 ID、用户行为类别、商品种类、用户行为时间、用户省份信息。由于原始数据信息存在不完善或不规范的情况,先将表结构中各个字段的类型均定义为短文本类型,长度设定为默认的 255 位。在 ACCESS 数据库创建 user_event 表,表结构定义如下:

图 3-2-3 基于 ACCESS 的淘宝用户行为数据清洗流程图

表格 3-2-1 淘宝用户行为数据表

表名:user_event

字段 ID	字段名	类型	长度	说明
id	记录 ID	数字	10	
user_id	用户 ID	短文本	255	
age	年龄	短文本	255	
gender	性别	短文本	255	0:男 1:女 2:未知
item_id	商品 ID	短文本	255	
behavior_type	用户行为类别	短文本	255	1:浏览 2:收藏 3:加购物车 4:购买
item_category	商品种类	短文本	255	
time	用户行为时间	短文本	255	
Province	省份	短文本	255	

根据该表结构设计、创建 ACCESS 数据表 user_event,如图 3-2-4 所示。

图 3-2-4 ACCESS 数据表 user_event

2. 导入淘宝用户行为原始数据

淘宝用户行为原始数据文件是 EXCEL 格式,利用 ACCESS 的数据导入功能,将 EXCEL 数据导入到数据表 user_event,导入后的数据如图 3-2-5 所示:

id	user_id	age	gender	item_id	behavior_t	item_categ	time	Province
1	68786611	52	1	326973863	1	10576	2014/12/22	四川
2		27	1	285259775	1	4076	2014/12/8	福建
3	125611298	16	1	4368907	1	5503	2014/12/31	重庆市
4	80542247	54	1	4368907	1	5503	2014/12/12	吉林
5	125574663	22		53616768	1	9762	2014/12/2	湖北
6	64772406	62	0	151466952	1	5232	2014/12/12	新疆
7	15818895	18	1	53616768	4	9762	2014/12/2	台湾
8	15818895	18	1	53616768	4	9762	2014/12/2	台湾
9	133773960	199		298397524	1	10894	2014/12/12	河南
10	125204052	46	0	32104252	1	6513	2014/12/12	广东
11	157079107	44	0	323339743	1	10894	2014/12/12	吉林
12	155648810	57	女	396795886	1	2825	2014/12/12	台湾
13	175670484	45	男	9947871	1	2825	2014/11/28	吉林
14	162728279	54	男	150720867	1	3200	2014/12/15	宁夏
15	197168702	28	女	275221686	1		2014/12/3	北京市
16	20331578	57	男	97441652	1	10576	2014/11/20	上海市
17	49816455	62	男	275221686	1	10576	2014/12/13	湖北
18	28145118	58	男	275221686	1	10576	2014/12/8	四川
19	91298044	54	男	220586551	1	7079	2014/12/14	陕西
20	6357845	35	男	296378545	1	6669	2014/12/2	北京市
21	170352149	30	女	266563343	1	5232	2014/12/12	湖北
22	114749619	45	0	151466952	1	5232	2014/12/12	福建
23	33734922	43	1	209290607	1	5894	2014/12/14	浙江
24	137156606	45	1	296378545	1	6669	2014/12/2	浙江
25	187951012	45	1	22667958	1	10523	2014/12/15	四川
26	19618892	37	1	125083630	1	4722	2014/12/14	内蒙古

图 3-2-5　user_event 原始数据

3. 重复值清洗

删除 user_event 表里的重复的数据。

(1) 查找重复数据。

利用 ACCESS 的查询向导可对表中的重复项目进行查询,找到重复的项目后可以迅速地找到相同的记录,查找步骤如下:

a. 在菜单栏上单击"创建"——"查询向导",弹出新建查询窗口。在新建查询窗口上选择"查找重复项查询向导"。如图 3-2-6 所示。

图 3-2-6　新建查询,查找重复项

b. 选择需要查找重复项的数据表。选择[user_event]数据表,如图 3-2-7 所示。单击下一步。

图 3-2-7　选择需要查找重复项的数据表

c. 从左侧的"可用字段"选择需要检查是否是重复项的字段,单击">"添加按钮,添加到右侧的"重复值字段"。在[user_event]表中,需要检查所有原始字段是否重复,因此将除 ID 字段之外的所有字段添加到右侧"重复值字段"中,如下图所示。接着单击下一步。

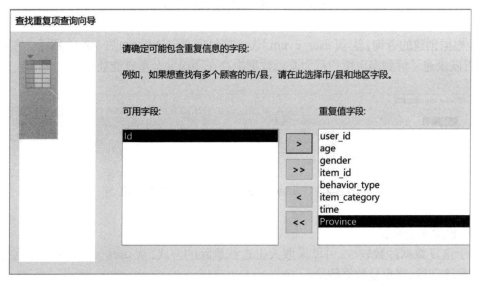

图 3-2-8　添加需要检查是否是重复项的字段

d. 添加是否显示重复字段之外的其他字段,为了显示重复数据的 ID,添加[id]字段,如图 3-2-9 所示,单击下一步。

e. 最后,输入查询的名称,单击"完成",建立了一个查找重复项的查询,如图 3-2-10 所示。

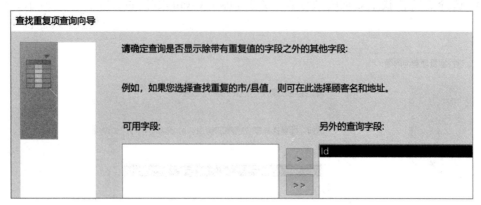

图 3-2-9　添加是否显示重复字段之外的其他字段

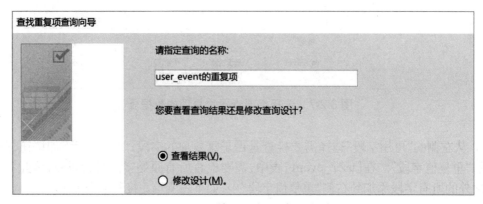

图 3-2-10　输入重复项查询名称

f. 根据创建的查询，显示[user_event]表中重复项查询结果，如图 3-2-11 所示。根据查询结果，可以快速了解到淘宝用户行为原始数据中存在两组完全重复的数据。

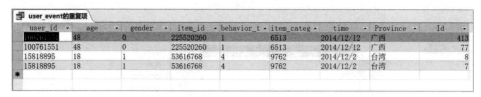

user_id	age	gender	item_id	behavior_t	item_categ	time	Province	Id
100761551	48	0	225520260	1	6513	2014/12/12	广西	413
100761551	48	0	225520260	1	6513	2014/12/12	广西	77
15818895	18	1	53616768	4	9762	2014/12/2	台湾	8
15818895	18	1	53616768	4	9762	2014/12/2	台湾	7

图 3-2-11　user_event 表中重复项查询结果

（2）删除重复数据。

由于重复数据件数较少，可以采取人工查找删除的方式，从 user_event 表中删除。也可以利用删除向导，将重复数据删除。

a. 在菜单栏上单击"创建/查询设计"，如图 3-2-12。弹出选择数据表窗口，如图 3-2-13，选择需要删除数据的表[user_event]，单击"添加"按钮，添加[user_event]表，单击"关闭"按钮。

b. 单击"查询类型"的"删除"按钮。如图 3-2-14 所示。

c. 单击左上角"视图"，切换至 SQL 视图，如图 3-2-15 所示，显示自动生成的删除语句。

图 3-2-12　利用查询设计删除数据

图 3-2-13　选择需要删除数据的表

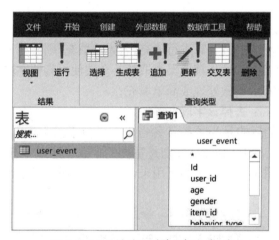

图 3-2-14　单击"删除"查询类型

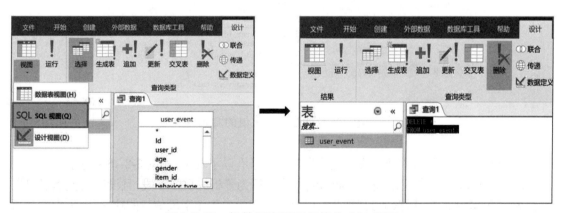

图 3-2-15　将数据表视图切换为 SQL 视图

d. 根据图 3-2-11 中重复数据的[id]，编写删除数据的 SQL，如下图所示。单击"运行"按

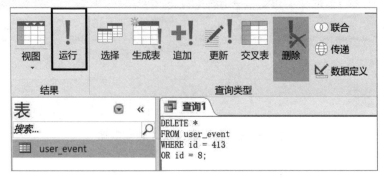

图 3-2-16　编写删除数据的 SQL,并运行

钮,删除[user_event]表的重复数据。

　　e. 运行后,可以看到[user_event]表中 id 为 8 和 413 的两条记录已经被删除了。

4. 缺失值清洗

　　确定缺失值范围,按照缺失比例和字段重要性,制定不同的策略:

- 重要性高,缺失率低:通过计算进行填充;若无法填充,则去掉该数据;
- 重要性高,缺失率高:尝试从其他渠道取数补全或使用其他字段通过计算获取;
- 重要性低,缺失率低:不做处理或简单填充;
- 重要性低,缺失率高:去掉该字段。

　　由于进行数据清洗的目的是为了统计各省份销量位于前十位的商品类别并分析用户特征,因此用户 ID、性别、商品 ID 和商品类别是重要的信息。通过 SQL 查询,确定了上述四个字段的信息缺失情况。图 3-2-17 显示的是用来查询重要字段信息是否存在信息缺失的 SQL。

图 3-2-17　查询缺失值的 SQL

　　根据上述查询语句,主要字段存在缺失值的记录有以下几条,如图 3-2-18 所示:

　　a.[user_id]字段信息缺失:[user_id]是用户行为分析的重要字段,且没有其他途径可以补充该信息,幸运的是,所获取的数据中,仅有一条记录发生该字段信息的缺失,在不影响分析结果的情况下,可以将该条记录做删除处理。删除 SQL 如图 3-2-19 所示:

id	user_id	gender	item_id	item_category
2		1	285259775	4076
5	125574663		53616768	9762
9	133773960		298397524	10894
15	197168702	女	275221686	

图 3-2-18　主要字段存在缺失值的记录

图 3-2-19　删除信息缺失数据的 SQL,并运行

　　b.［gender］字段信息缺失:根据［gender］字段的定义,0 表示男,1 表示女,2 表示未知,可以把该字段为空的值更新为 2,即未知。在菜单栏上单击"创建"——"查询设计",如图 3-2-20 所示。

图 3-2-20　单击"更新"查询类型

　　弹出选择数据表窗口,如图 3-2-21,选择需要更新数据的表［user_event］,并单击"添加"按钮,添加［user_event］表,然后单击"关闭"按钮。单击"查询类型"的"更新"按钮。

　　单击左上角"视图"切换至 SQL 视图,编写更新［gender］字段的 SQL,如图 3-2-21 所示。

　　c.［item_category］字段信息缺失:item_category 表示商品类别,若购买的商品 id 相同,则对应的商品类别也必然相同,因此可以根据商品 id 获得缺失的商品类别。从原始数据中,可发现商品 id 为"275221686"的商品所对应的商品类别为"10576",因此,用"10576"更新［id］=15 这条记录的［item_category］字段即可,如图 3-2-22 所示。

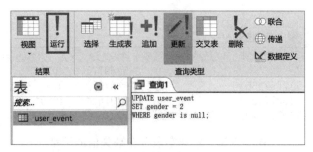

图 3-2-21　更新信息缺失的 SQL,并运行

	15	197168702	28	1		275221686	1		2014/12/3	北京市
	16	20331578	57	0		97441652	1	10576	2014/11/20	上海市
	17	49816455	62	0		275221686	1	10576	2014/12/13	湖北

图 3-2-22　根据相关数据补充缺失值

5. 异常值清洗

异常值通常包括取值范围错误、数据格式错误、逻辑错误。

对于取值范围错误,可以通过添加约束的方式过滤掉指定字段数值超出范围的数据。数据格式错误比较复杂,包括数据格式不一致、内容中包含不可能存在的字符、数据与应有内容不符等多种情况,因此进行清洗的方法也不尽相同,需要根据数据的具体特征处理。常用的方法有统一格式、数据类型转换等。逻辑错误清洗需要利用聚类、回归等方法计算数据的正确信息进行替换,或采用人工筛查的方式修正不正确的内容。

a. 根据数据转换清洗[gender]字段内容:根据[user_event]数据表的定义,[gender]字段的取值是 0(男)、1(女)、2(未知)三种情况,但是在原始数据中发现,有不少数据的[gender]内容为"男"、"女"。如图 3-2-23 所示。

Id	user_id	age	gender	item_id	behavior_t	item_categ	time	Province
11	157079107	44	0	323339743	1	10894	2014/12/12	吉林
12	155648810	57	女	396795886	1	2825	2014/12/12	台湾
13	175670484	45	男	9947871	1	2825	2014/11/28	吉林
14	162728279	54	男	150720867	1	3200	2014/12/15	宁夏
15	197168702	28	女	275221686	1		2014/12/3	北京市
16	20331578	57	男	97441652	1	10576	2014/11/20	上海市
17	49816455	62	男	275221686	1	10576	2014/12/13	湖北
18	28145118	58	男	275221686	1	10576	2014/12/8	四川
19	91298044	54	男	220586551	1	7079	2014/12/14	陕西
20	6357845	35	男	296378545	1	6669	2014/12/2	北京市
21	170352149	33	女	266563343	1	5232	2014/12/12	湖北
22	114749619	45	0	151466952	1	5232	2014/12/12	福建
23	33734922	43	1	209290607	1	5894	2014/12/14	浙江

图 3-2-23　[gender]字段异常值

因此,需要根据[gender]字段的定义对上述异常值进行数据转换,即把"男"更新为"0",把"女"更新为"1"。创建查询类型为"更新"的"查询设计",编写更新 SQL,并运行。如图 3-2-24所示。

更新后的数据如图 3-2-25 所示,可以看到[gender]字段的数值已经统一为(0, 1, 2)。

b. 根据购买相同商品的用户年龄,清洗[age]字段的离群值。发现在[age]字段中出现异

数据分析与大数据实践

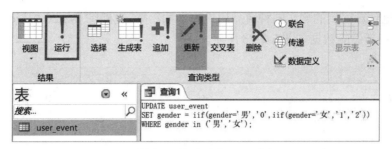

图 3-2-24 通过数据转换清洗[gender]字段的异常值

Id	user_id	age	gender	item_id	behavior_t	item_categ	time	Province
11	157079107	44	0	323339743	1	10894	2014/12/12	吉林
12	155648810	57	1	396795886	1	2825	2014/12/12	台湾
13	175670484	45	0	9947871	1	2825	2014/11/28	吉林
14	162728279	54	0	150720867	1	3200	2014/12/15	宁夏
15	197168702	28	1	275221686	1		2014/12/3	北京市
16	20331578	57	0	97441652	1	10576	2014/11/20	上海市
17	49816455	62	0	275221686	1	10576	2014/12/13	湖北
18	28145118	58	0	275221686	1	10576	2014/12/8	四川
19	91298044	54	0	220586551	1	7079	2014/12/14	陕西
20	6357845	35	0	296378545	1	6669	2014/12/2	北京市
21	170352149	33	1	266563343	1	5232	2014/12/12	湖北
22	114749619	45	0	151466952	1	5232	2014/12/12	福建
23	33734922	43	1	209290607	1	5894	2014/12/14	浙江

图 3-2-25 清洗后的[gender]数据

常数据,如图 3-2-26 所示。该数据不仅是一个离群值,而且属于范围异常值,需要对这样的数据进行转换。

Id	user_id	age	gender	item_id	behavior_t	item_categ	time	Province
7	15818895	18	1	53616768	4	9762	2014/12/2	台湾
9	133773960	199	2	298397524	1	10894	2014/12/12	河南
10	125204052	46	0	32104252	1	6513	2014/12/12	广东
11	157079107	44	0	323339743	1	10894	2014/12/12	吉林
12	155648810	57	1	396795886	1	2825	2014/12/12	台湾

图 3-2-26 [age]字段离群值

由于购买同种商品的用户具有一定的相似性,可以根据购买同种商品用户的平均年龄替换该离群值。首先根据该用户购买商品的[item_id]计算出购买同种商品用户的平均年龄。创建查询类型为"查询"的"查询设计",编写取得平均年龄的 SQL,并运行,如图 3-2-27 所示。

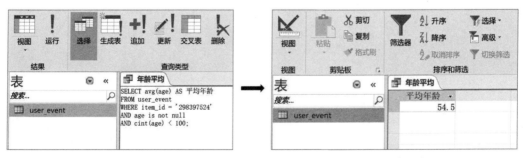

图 3-2-27 根据[item_id]计算购买同种商品用户的平均年龄

最后，根据计算得到的购买同种商品用户的平均年龄，更新图 3-2-26 中[id]=9，[age]=199 的数据。更新后的数据如图 3-2-28 所示。

user_event

Id	user_id	age	gender	item_id	behavior_t	item_categ	time	Province
7	15818895	18	1	53616768	4	9762	2014/12/2	台湾
9	133773960	54.5	2	298397524	1	10894	2014/12/12	河南
10	125204052	46	0	32104252	1	6513	2014/12/12	广东
11	157079107	44	0	323339743	1	10894	2014/12/12	吉林
12	155648810	57	1	396795886	1	2825	2014/12/12	台湾

图 3-2-28　[age]字段清洗后的数据

至此，完成了淘宝用户行为原始数据的数据清洗，为后续的数据分析提供了完整、规范的数据基础。

3.3 数据转换

数据转换是采用线性或非线性的数学变换方法将多维数据压缩成较少维数的数据,消除它们在时间、空间、属性及精度等特征表现方面的差异。这类方法虽然对原始数据都有一定的损害,但其结果往往具有更大的实用性。

3.3.1 数据转换的目的

不同变量的极差往往存在很大差异,例如,如果对美国职业棒球大联盟感兴趣,球员的平均击球率在 0～0.400 变化,而一个赛季的本垒打数则介于 0～70。对于一些数据挖掘算法,这种极差上的差异将会导致具有较大极差的变量对结果产生不良影响,也就是说,相对于可变性较小的击球率,变量具有较大可变性的本垒打将会起到主导作用。因此,在数据挖掘之前,应该对其数值变量进行规范化处理,以便标准化每个变量对结果的影响程度。

3.3.2 数据转换的方法

在数据转换中,数据被变换或统一成适合数据挖掘的形式。数据转换主要涉及如下内容:

(1) 光滑:去掉数据中的噪声。这种技术包括分箱、回归和聚类等。

(2) 聚集:对数据进行汇总或聚集。例如,可以聚集日销售数据,计算月和年销售量。通常,这一步用来为多粒度数据分析构造数据立方体。

(3) 数据泛化也叫,概念分层:使用概念分层,用高层概念替换低层或"原始"数据。例如,分类的属性如街道可以泛化为较高层的概念,如城市或国家。类似地,数值属性如年龄,可以映射到较高层概念如青年、中年和老年,如图 3-3-1 所示。

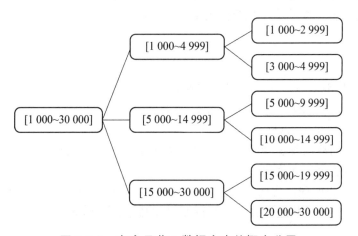

图 3-3-1 家庭月收入数据产生的概念分层

(4) 规范化:将属性数据按比例缩放,使之落入一个小的特定区间,如 -1.0～1.0 或

0.0～1.0。对于涉及神经网络或距离度量的分类算法(如最近邻分类)和聚类,规范化特别有用。对于基于距离的方法,规范化可以帮助防止具有较大初始值域的属性(如 income)与具有较小初始值域的属性(如二元属性)相比权重过大。有许多数据规范化的方法,常用的有三种:最小-最大规范化、z-score 规范化和按小数定标规范。

a. 最小-最大规范化:假定 m_A 和 M_A 分别为属性 A 的最小值和最大值。最小-最大规范化通过计算

$$v' = \frac{v - m_A}{M_A - m_A}(new_{M_A} - new_{m_A}) + new_{m_A}$$

把 A 的值 v 映射到区间[new_{m_A}, new_M_A]中的 v′。

例 3.3.1: 假设"收入"数据的最小值与最大值分别为 12000 元和 98000 元,想把"收入"映射到区间[0.0, 1.0],根据最小-最大规范化,收入值=73600 元变换后的值为:

$$\frac{73600 - 12000}{98000 - 12000} \times (1.0 - 0.0) + 0 = 0.716$$

b. z-score 规范化(零均值规范化):把属性 A 的值 v 基于 A 的均值和标准差规范化为 v′,由以下公式计算:

$$v' = \frac{(v - \overline{A})}{\sigma_A}$$

其中,$\overline{A}$ 和 σ_A 分别为属性 A 的均值和标准差。当属性 A 的实际最大最小值未知,或离群点左右了最大-最小规范化时,该方法是有效的。

例 3.3.2: 假设"收入"数据的均值和标准差分别是 54000 元和 16000 元。使用 z-score 规范化方法,收入值 73600 元变换后的值为:

$$\frac{73600 - 54000}{16000} = 1.225$$

c. 小数定标规范化:通过移动数据 A 的小数点位置进行规范化。小数点的移动位数依赖于 A 的最大绝对值。A 的值 v 规范化为 v′,由下式计算:

$$v' = \frac{v}{10^j}$$

其中,j 是使得 Max($|v'|$)<1 的最小整数。

例 3.3.3: 假设 A 的取值是 −975～923。A 的最大绝对值为 975。使用小数定标规范化,用 1000(即 j=3)除每个值,这样 −975 规范化为 −0.975,而 923 被规范化为 0.923。

规范化将原来的数据改变,特别是上面的后两种方法。有必要保留规范化参数,以便将来的数据可以用一致的方式规范化。

(5) 特征构造,也叫属性构造。可以构造新的特征并添加到属性集中,以帮助挖掘过程。特征构造是由给定的特征构造和添加新的特征,帮助提高准确率和对高维数据结构的理解。

3.3.3 基于工具的快速转换

Excel 作为常用的数据处理工具,凭借其直观的界面、出色的计算功能等特性,能够完成

少量或中量的数据转换。本节以 **EXCEL** 为数据转换工具，基于 2017 年度全国天气监测数据分析数据转换的过程，使得转换后的数据的内容、形式能够满足数据分析的要求。

2017 年度全国天气检测数据如图 3-3-2 所示。

	A 区站号(字	B 检测地点	C 年月	D 最低气温	E 最高气温	F 20-20时降水量	G 平均气温	H 平均最低气温	I 平均最高气温	J 日照时数	K 纬度	L 经度	M 海拔
2	51628	西北-新疆-阿克苏	2017/1	-17.4	4.4	2.8	-6.15	-12.22	0.29	169.7	80.14	41.1	1.1038 千米
3	51628	西北-新疆-阿克苏	2017/2	-7.3	12.5	1.1	1.3	-3.4	6.5	136.1	80.14	41.1	1.1038 千米
4	51628	西北-新疆-阿克苏	2017/3	-2.2	22.7	0	8.6	2.8	14.7	252.2	80.14	41.1	1.1038 千米
5	51628	西北-新疆-阿克苏	2017/4	5.2	28.8	18.5	15.84	10.46	22.24	235.2	80.14	41.1	1.1038 千米
6	51628	西北-新疆-阿克苏	2017/5		34.6	0.1	22.19	15.01	29.33	351.1	80.14	41.1	1.1038 千米
7	51628	西北-新疆-阿克苏	2017/6	8.5	35.8	12	23.8	17.5	30.9	300.1	80.14	41.1	1.1038 千米
8	51628	西北-新疆-阿克苏	2017/7	15.9	39.7	18.8	25.5	19.3	32.6	304.3	80.14	41.1	1.1038 千米
9	51628	西北-新疆-阿克苏	2017/8	11.2	34.6	17.5	22.3	16.6	29	284.6	80.14	41.1	1.1038 千米
10	51628	西北-新疆-阿克苏	2017/9	7.8	31.4	0	20.4	13.6	27.6	277.3	80.14	41.1	1.1038 千米
11	51628	西北-新疆-阿克苏	2017/10	-0.7	23.9	0.2	11.9	5.8	19.1	240.8	80.14	41.1	1.1038 千米
12	51628	西北-新疆-阿克苏	2017/11	-8.3	20.3	0	4	-2	11.7	249.7	80.14	41.1	1.1038 千米
13	51628	西北-新疆-阿克苏	2017/12	-12.7	5.8	0.7	-3.6	-8.3	2.2	172.2	80.14	41.1	1.1038 千米
14	51243	西北-新疆-克拉玛依	2017/1	-24.9	-6.5	3.1	-15.85	-18.5	-12.5	77.3	84.51	45.37	449.5 米
15	51243	西北-新疆-克拉玛依	2017/2	-19.9	3.3	2.1	-10.4	-13.5	-6.7	100.7	84.51	45.37	449.5 米
16	51243	西北-新疆-克拉玛依	2017/3	-12	18.3	1.5	-1.75	-4.3	1	95.8	84.51	45.37	449.5 米
17	51243	西北-新疆-克拉玛依	2017/4	3.3	26.9	11.9	14.18	10.06	19.2	233.4	84.51	45.37	449.5 米
18	51243	西北-新疆-克拉玛依	2017/5	6.9	36.3	12.8	21.73	16.41	27.68	331.2	84.51	45.37	449.5 米
19	51243	西北-新疆-克拉玛依	2017/6	12.5	37.3	16.8	26.5	21.7	32	289.1	84.51	45.37	449.5 米
20	51243	西北-新疆-克拉玛依	2017/7	17.4	40.6	10.7	29.5	24	35	345.4	84.51	45.37	449.5 米
21	51243	西北-新疆-克拉玛依	2017/8	16.1	37.2	6.8	25.6	20.8	31	297.4	84.51	45.37	449.5 米
22	51243	西北-新疆-克拉玛依	2017/9	3.3	33.7	8.7	18.9	14.3	24.7	251.1	84.51	45.37	449.5 米

图 3-3-2　2017 年度全国天气检测数据

根据 2017 年度全国天气检测数据的特点，数据转换的流程如图 3-3-3 所示：

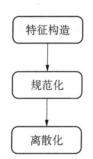

图 3-3-3　利用 Excel 工具进行数据转换的流程

（1）特征构造：可以看出，2017 年度全国天气检测数据的[检测地点]数据由三部分组成，即地区、省份和检测站名。为了实现对各地区、各省份和各检测站的数据分析，需要根据[检测地点]构造新的特征：地区、省份、检测站。利用 **EXCEL** 的分列功能，可以实现上述特征构造。

a. 选中[检测地点]一列，单击"数据"菜单中的"分列"图标，弹出文本分列向导窗口，如图 3-3-4 所示。选择"分隔符号"，单击"下一步"。

b. 第 2 步，由于[检测地区]的数据格式统一，地区、省份和检测站之间以"－"连接，因此，设定分隔符号为"－"，单击"下一步"。

c. 第 3 步，由于检测地点内容均为文本数据，因此列数据格式设置为默认的"常规"即可，单击"完成"。

d. 经过分列后，[检测地点]一列被分为了三列，分别为这三列设定列标题为[地区]、[省份]、[检测站]，如图 3-3-5 所示。至此，根据原数据中的[检测地点]特征，构造了[地区]、[省份]和[检测站]三个新特征，实现了数据转换中的特征构造。

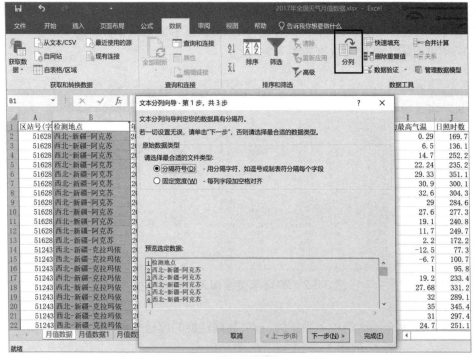

图 3-3-4　对[检测地点]进行文本分列

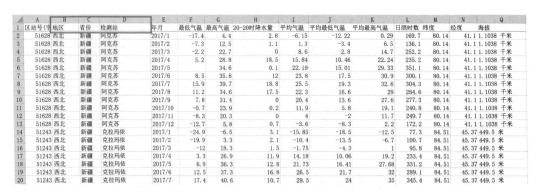

图 3-3-5　构造[地区][省份][检测站]新特征

（2）规范化：原始数据中，海拔的数据单位不统一，海拔高于 1000 米的地区采用千米单位，反之则采用米作为单位，因此需要对海拔数据做规范化（标准化）处理，统一为以米为单位。

a. 利用文本分列功能，将[海拔]数据分列为数值和单位两列。文本分列结果如图 3-3-6 所示。

b. 将海拔数据统一为以米为单位，因此需要将海拔单位为"千米"的海拔数值进行转换，数据转换公式如图 3-3-7 所示：

c. 经过规范化转换后的数据内容如图 3-3-8 所示。

（3）离散化：为了对全国各检测站的平均气温进行区间统计，需要将[平均气温]用区间标签表示出来，例如－10°以下表示极冷；－10°～0°表示寒冷；0°～10°表示较冷；10°～20°表示适中；20°～30°表示温暖；30°以上表示炎热。设置区间标签的函数如图 3-3-9 所示。

经过特征构造、规范化、离散化的数据转换之后，2017 年度全国天气检测数据的转换结果如图 3-3-10 所示。

K	L	M	N
纬度	经度	海拔(数值)	海拔(单位)
80.14	41.1	1.1038	千米
80.14	41.1	1.1038	千米
80.14	41.1	1.1038	千米
80.14	41.1	1.1038	千米
80.14	41.1	1.1038	千米
80.14	41.1	1.1038	千米
80.14	41.1	1.1038	千米
80.14	41.1	1.1038	千米
80.14	41.1	1.1038	千米
80.14	41.1	1.1038	千米
80.14	41.1	1.1038	千米
80.14	41.1	1.1038	千米
84.51	45.37	449.5	米

图 3-3-6　[海拔]数据分列结果

	f_x	=IF(N2="千米",M2*1000,M2)					
J	K	L	M	N	O	P	Q
日照时数	纬度	经度	海拔(数值)	海拔(单位)			
169.7	80.14	41.1	1.1038	千米	=IF(N2="千米",M2*1000,M2)		
136.1	80.14	41.1	1.1038	千米			
252.2	80.14	41.1	1.1038	千米			
235.2	80.14	41.1	1.1038	千米			
351.1	80.14	41.1	1.1038	千米			
300.1	80.14	41.1	1.1038	千米			
304.3	80.14	41.1	1.1038	千米			
284.6	80.14	41.1	1.1038	千米			
277.3	80.14	41.1	1.1038	千米			
240.8	80.14	41.1	1.1038	千米			

图 3-3-7　对海拔单位为"千米"的数值进行转换

	A	B	C	D	E	F	G	H	I	J	K	L	M	N	S
1	区站号	字地区	省份	检测站	年月	最低气温	最高气温	20-20时降水量	平均气温	平均最低气温	平均最高气温	日照时数	纬度	经度	海拔(米)
2	51628	西北	新疆	阿克苏	2017/1	-17.4	4.4	2.8	-6.15	-12.22	0.29	169.7	80.14	41.1	1103.8
3	51628	西北	新疆	阿克苏	2017/2	-7.3	12.5	1.1	1.3	-3.4	6.5	136.1	80.14	41.1	1103.8
4	51628	西北	新疆	阿克苏	2017/3	-2.2	22.7	0	8.6	2.8	14.7	252.2	80.14	41.1	1103.8
5	51628	西北	新疆	阿克苏	2017/4	5.2	28.8	18.5	15.84	10.46	22.24	235.2	80.14	41.1	1103.8
6	51628	西北	新疆	阿克苏	2017/5	8.6	34.6	0.1	22.19	15.01	29.33	351.1	80.14	41.1	1103.8
7	51628	西北	新疆	阿克苏	2017/6	8.5	35.8	12	23.8	17.5	30.9	300.1	80.14	41.1	1103.8
8	51628	西北	新疆	阿克苏	2017/7	15.9	39.7	18.8	25.5	19.3	32.6	304.3	80.14	41.1	1103.8
9	51628	西北	新疆	阿克苏	2017/8	11.2	34.6	17.5	22.3	16.6	29	284.6	80.14	41.1	1103.8
10	51628	西北	新疆	阿克苏	2017/9	7.8	31.4	0	20.4	13.6	27.6	277.3	80.14	41.1	1103.8
11	51628	西北	新疆	阿克苏	2017/10	-0.7	23.9	0.2	11.9	5.8	19.1	240.8	80.14	41.1	1103.8
12	51628	西北	新疆	阿克苏	2017/11	-8.3	20.3	0	4	-2	11.7	249.7	80.14	41.1	1103.8
13	51628	西北	新疆	阿克苏	2017/12	-12.7	5.8	0.7	-3.6	-8.2	2.2	172.2	80.14	41.1	1103.8
14	51243	西北	新疆	克拉玛依	2017/1	-24.9	-6.5	3.1	-15.85	-18.5	-12.5	77.3	84.51	45.37	449.5
15	51243	西北	新疆	克拉玛依	2017/2	-19.9	3.3	2.1	-10.4	-13.5	-6.7	100.7	84.51	45.37	449.5
16	51243	西北	新疆	克拉玛依	2017/3	-12	18.3	1.5	-1.75	-4.3	1	95.8	84.51	45.37	449.5
17	51243	西北	新疆	克拉玛依	2017/4	3.3	26.9	11.9	14.18	10.06	19.2	233.4	84.51	45.37	449.5
18	51243	西北	新疆	克拉玛依	2017/5	6.9	36.3	12.8	21.73	16.41	27.68	331.2	84.51	45.37	449.5
19	51243	西北	新疆	克拉玛依	2017/6	12.5	37.3	16.8	26.5	21.7	32	289.1	84.51	45.37	449.5
20	51243	西北	新疆	克拉玛依	2017/7	17.4	40.6	10.7	29.5	24	35	345.4	84.51	45.37	449.5
21	51243	西北	新疆	克拉玛依	2017/8	16.1	37.2	6.8	25.6	20.8	31	297.4	84.51	45.37	449.5
22	51243	西北	新疆	克拉玛依	2017/9	3.3	33.7	8.7	18.9	14.3	24.7	251.1	84.51	45.37	449.5

图 3-3-8　经过规范化数据转换后的数据

=IF(I2<-10,"极冷",IF(AND(I2>=-10,I2<0),"寒冷",IF(AND(I2>=0,I2<10),"较冷",IF(AND(I2>=10,I2<20),"适中",IF(AND(I2>=20,I2<30),"温暖",IF(I2>=30,"炎热"))))))

站	年月	最低气温	最高气温	20-20时降水量	平均气温	气温区间	平均最低气温	平均最高气温	日照时数	纬度	经度	海拔(米)
苏	2017/1	-17.4	4.4	2.8	-6.15	寒冷		-12.22	0.29	169.7	80.14	41.1	1103.8

图 3-3-9　为平均气温设定区间标签

	A	B	C	D	E	F	G	H	I	J	K	L	M	N	O	T
1	区站号(字	地区	省份	检测站	年月	最低气温	最高气温	20-20时降水量	平均气温	气温区间	平均最低气温	平均最高气温	日照时数	纬度	经度	海拔(米)
2	51628	西北	新疆	阿克苏	2017/1	-17.4	4.4	2.8	-6.15	寒冷	-12.22	0.29	169.7	80.14	41.1	1103.8
3	51628	西北	新疆	阿克苏	2017/2	-7.3	12.5	1.1	1.3	较冷	-3.4	6.5	136.1	80.14	41.1	1103.8
4	51628	西北	新疆	阿克苏	2017/3	-2.2	22.7	0	8.6	较冷	2.8	14.7	252.2	80.14	41.1	1103.8
5	51628	西北	新疆	阿克苏	2017/4	5.2	28.8	18.5	15.84	适中	10.46	22.24	235.2	80.14	41.1	1103.8
6	51628	西北	新疆	阿克苏	2017/5		34.6	0.1	22.19	温暖	15.01	29.33	351.1	80.14	41.1	1103.8
7	51628	西北	新疆	阿克苏	2017/6	8.5	35.8	12	23.8	温暖	17.5	30.9	300.1	80.14	41.1	1103.8
8	51628	西北	新疆	阿克苏	2017/7	15.9	39.7	18.8	25.5	温暖	19.3	32.6	304.3	80.14	41.1	1103.8
9	51628	西北	新疆	阿克苏	2017/8	11.2	34.6	17.5	22.3	温暖	16.6	29	284.6	80.14	41.1	1103.8
10	51628	西北	新疆	阿克苏	2017/9	7.8	31.4	0	20.4	温暖	13.6	27.6	277.3	80.14	41.1	1103.8
11	51628	西北	新疆	阿克苏	2017/10	-0.7	23.9	0.2	11.9	适中	5.8	19.1	240.8	80.14	41.1	1103.8
12	51628	西北	新疆	阿克苏	2017/11	-8.3	20.3	0	4	较冷	-2	11.7	249.7	80.14	41.1	1103.8
13	51628	西北	新疆	阿克苏	2017/12	-12.7	5.8	0.7	-3.6	寒冷	-8.3	2.2	172.2	80.14	41.1	1103.8
14	51243	西北	新疆	克拉玛依	2017/1	-24.9	-6.5	3.1	-15.85	极冷	-18.5	-12.5	77.3	84.51	45.37	449.5
15	51243	西北	新疆	克拉玛依	2017/2	-19.9	3.3	2.1	-10.4	极冷	-13.5	-6.7	100.7	84.51	45.37	449.5
16	51243	西北	新疆	克拉玛依	2017/3	-12	18.3	1.5	-1.75	寒冷	-4.3	1	95.8	84.51	45.37	449.5
17	51243	西北	新疆	克拉玛依	2017/4	3.3	26.9	11.9	14.18	适中	10.06	19.2	233.4	84.51	45.37	449.5
18	51243	西北	新疆	克拉玛依	2017/5	6.9	36.3	12.8	21.73	温暖	16.41	27.68	331.2	84.51	45.37	449.5
19	51243	西北	新疆	克拉玛依	2017/6	12.5	37.3	16.8	26.5	温暖	21.7	32	289.1	84.51	45.37	449.5
20	51243	西北	新疆	克拉玛依	2017/7	17.4	40.6	10.7	29.5	温暖	24	35	345.4	84.51	45.37	449.5
21	51243	西北	新疆	克拉玛依	2017/8	16.1	37.2	6.8	25.6	温暖	20.8	31	297.4	84.51	45.37	449.5
22	51243	西北	新疆	克拉玛依	2017/9	3.3	33.7	8.7	18.9	适中	14.3	24.7	251.1	84.51	45.37	449.5

图 3-3-10　数据转换之后的 2017 年度全国天气检测数据

数据分析与大数据实践

3.4 数据脱敏

随着数据爆炸式的增长,企业收集的数据越来越多,大数据技术进一步拓宽了数据分析的深度和广度。各行各业都在做大数据分析和挖掘,比如位置信息、消费行为、网络访问行为和预测分析等,在享受数据带来的有价值信息和便利的同时,数据在收集、存储、发布和使用过程中也不可避免的面临着一系列的安全问题,用户信息的隐私保护无疑是最重要的问题之一。

3.4.1 数据的敏感信息

数据在发布、共享或分析、使用前,通常需要理清具体应用场景,梳理敏感数据范围,并采取相应技术防护手段,来实现数据的完整性、机密性以及不可篡改性等目标。敏感数据的全生命周期涵盖敏感数据的定义、敏感数据的提取、敏感数据的脱敏、敏感数据的传输、敏感数据的使用及销毁。敏感数据的安全保护应该贯穿生命周期的各个阶段,本节重点关注在数据分析过程中敏感信息的提取和脱敏。

数据脱敏(Data Masking)处理是在不影响数据分析结果准确性的前提下,对原始数据进行一定的变换操作,对其中的个人或组织的敏感数据进行转换或删除等操作,降低信息的敏感性,避免相关主体的信息安全隐患和个人隐私问题。

1. 敏感数据分类分级

对敏感数据进行界定,并对其分类和分级,是落实敏感数据信息脱敏工作的关键部分,它为数据脱敏提供可靠的参考和依据。

敏感信息是与数据的业务特性相关的,通常根据业务要求和应用场景来实现数据分类。比如保险行业数据,需要注意对保险公司代码和保险号、保额等信息的屏蔽;对银行贷款数据来说,客户的资产统计信息、授信额度编号、对客户的内部评级结果等都可能是被保护的数据。表 3-4-1 中列出了一些常见的个人敏感信息,除此之外,还有通信信息、精确位置信息等都可以作为数据脱敏的对象。

表 3-4-1　常见个人敏感信息分类

信息类型	主 要 内 容
身份信息	姓名、身份证号、电话号码、联系地址、邮箱、户籍、IP、毕业院校、所属城市、工作单位等
财务金融信息	银行账户、开户机构、账户余额、密码、交易日期及金额、工商注册号等
协议信息	合同编号、保单号等
健康医疗信息	生物特征信息、病案号、治疗方式代码和药物名称等就诊记录
行为信息	位置信息、消费行为、网络访问行为

根据敏感信息的机密性、完整性及可用性计算其安全价值,确定敏感性级别。数据的应用场景不同,脱敏处理时采用的脱敏规则也会有所不同,因此脱敏后数据的敏感级别也不尽相同。脱敏后数据的敏感级别可能与原始数据相同,也可能转化为低敏感级的数据,具体分级需根据实际的数据分析目标来确定,确保信息的合理适度防护,以防止数据被泄露或滥用。

2. 敏感数据识别

敏感数据的识别是指对目标数据进行梳理,从中抽取出敏感数据,并记录敏感数据所在的位置、存储格式、状态、数据量等信息。有两种方式来发现敏感数据,第一种是通过人工指定,比如通过正则表达式来指定敏感数据的格式,第二种方式是自动识别,基于数据特征学习以及自然语言处理等技术进行敏感数据识别的自动化识别,在面对云环境下的海量数据时,离不开这样的人工智能方案。

敏感数据识别的一般流程如下。

(1) 数据获取:抓取终端、服务器、数据库、云存储、网络等云环境中的不同数据。

(2) 格式解析:对抓取的数据格式和字符集进行分析,包括文档、数据库、网络协议,获取文本内容、图片信息等。

(3) 内容分类:采用自然语言处理和数据分类等技术对内容进行分析,根据预定义的发现规则判断,也对格式进行匹配,完成数据的分类,从而完成敏感数据的发现。

3. 敏感数据保护

对于敏感数据,通过脱敏规则对敏感信息字段进行转换和覆盖,变换为与原始信息具有相同业务规则、代表实际业务属性而不具有真实业务功能的虚构信息,实现对敏感隐私数据的可靠保护。

一般脱敏规则的分类为可恢复与不可恢复两类。

(1) 可恢复类。

脱敏后的数据,通过一定方式可以恢复为原来的敏感数据,此类脱敏规则主要指各类加密和解密算法规则。

(2) 不可恢复类。

脱敏后的数据,使用任何方式都不能恢复出被脱敏的部分。一般可分为替换算法和生成算法两大类。替换算法即将需要脱敏的部分使用定义好的字符或字符串替换,生成类算法则更复杂一些,要求脱敏后的数据符合逻辑规则,即"看起来很真实的假数据"。

3.4.2 保护数据的方法

1. 脱敏数据的特征

数据脱敏不仅要执行数据匿名化,抹去数据中的敏感内容,同时也需要保持原有的业务规则、数据特征和数据关联性,保证开发、测试、培训以及数据类分析业务不会受到脱敏的影响,达成脱敏前后的数据一致性和有效性。

(1) 保持原有数据特征。

数据脱敏前后必须保证数据特征的保持,例如:身份证号码由 17 位数字本体和 1 位校验码组成,分别为区域地址码(6 位)、出生日期(8 位)、顺序码(3 位)和校验码(1 位)。那么身份证号码的脱敏规则就需要保证脱敏后依旧保持这些特征信息。

（2）保持数据之间的一致性。

在不同业务中，数据和数据之间具有一定的关联性。例如：出生年月或年龄和出生日期之间的关系。同样，身份证信息脱敏后仍需要保证出生年月字段和身份证中包含的出生日期之间的一致性。

（3）保持业务规则的关联性。

数据脱敏时数据的关联性以及业务语义等保持不变，其中数据关联性包括：主、外键关联性、关联字段的业务语义关联性等。特别是高度敏感的账户类主体数据，往往会贯穿主体的所有关系和行为信息，因此需要特别注意保证所有相关主体信息的一致性。

（4）多次脱敏之间的数据一致性。

相同的数据进行多次脱敏，或者在不同的测试系统进行脱敏，需要确保每次脱敏的数据始终保持一致，只有这样才能保障业务系统数据变更的持续一致性。

2. 数据脱敏方式

脱敏算法的设计与数据应用的场景密切相关，通用的隐私保护技术可以分为三大类：

（1）基于数据失真的技术：使敏感数据只保留部分属性，而不影响业务功能的方法。例如，采用压缩、扩展、交换等技术处理原始信息内容，但要求一些统计方面的性质仍旧保持不变。

（2）基于数据加密的技术：采用加密技术覆盖、替换信息中的敏感部分以保护实际信息的方法。例如，采用密码学的算法（如散列、加密等）对原始数据进行变换。

（3）基于限制公开的技术：根据实际状况有区别地公开数据。例如：遮挡数据的某些域值、数据泛化等。需要注意的是这种方式有可能破坏脱敏数据的业务属性。

数据脱敏的内涵是借助数据脱敏技术屏蔽敏感信息，并使屏蔽的信息保留其原始数据格式和属性，常用的具体措施如表 3-4-2 所示。

表 3-4-2　常见的数据脱敏方式

脱敏方法	实施方式
数据替换	以虚构数据代替真值
截断、隐藏或使之无效	以"无效"或 * 、♯代替真值
随机化、偏移	以随机数据代替真值、通过随机移位改变数字数据
字符子链屏蔽	为特定数据创建定制屏蔽
限制返回行数	仅提供可用回应的一小部分子集
基于其他参考信息进行屏蔽	根据预定义规则仅改变部分回应内容
可逆的置换算法、加密算法	表映射变换、基于算法的映射、公开对称加密算法

3.4.3　基于工具实现数据脱敏

很多专业的数据处理厂商都推出了完善的数据脱敏解决方案，比如 Oracle 和微软开发的数据脱敏包可以很容易搭载在它们的数据库产品中使用，通过配置和指定敏感数据的格式来实现屏蔽敏感数据,可以减少大量重复性工作。通用处理规则不能满足要求时,也可以编写外部程序来自定义合适的处理规则,当然这需要具备一定的专业化知识。

本节将选用易用高效的 Excel 作为处理工具,结合示例演示一些基本的数据屏蔽方法。打开文件"配套资源\第 3 章\L3‐4 DataMasking. xlsx",原始数据记录在工作表"data"中,数据如图 3-4-1 所示。新建工作表并命名为"datamasking",用来保存脱敏处理后的数据,结果如图 3-4-2 所示。

(1) 数据替换。

对客户的电话号码进行屏蔽,这里采用数据替换法,即以虚构数据替代真值。利用公式"REPLACE(data! E2, 1, 11, 13800013800)"将手机号码统一替换成 13800013800,使数据无效化。

(2) 截断隐藏。

对地址做截断处理,只显示到路名,不显示详细地址。利用公式"LEFT(data! D2, MIN(FIND({"路","道","街"},data! D2&"路道街")))",抹去详细地址得到脱敏后的值。

(3) 随机化。

采用随机数据替代真值,保持替换值的随机性以及模拟样本的真实性。这里分别用随机函数生成姓氏和名字来代替真值。公式"INDEX(LEFT(data! \$C\$2:\$C\$16, 1), ROUNDUP(RAND() * 15, 0))&CHAR((INT(16+RAND() * 38+160) * 256)+INT(94 * RAND())+160)"可以简单达到要求的效果。公式中的"CHAR((INT(16+RAND() * 38+160) * 256)+INT(94 * RAND())+160)"用来随机生成一个汉字。

(4) 掩码屏蔽。

身份证号码直接标识个人身份,对外使用数据时必须经过处理以防被他人恶意使用。这里利用公式"REPLACE(data! F2, 6, 9,"＊＊＊＊＊＊＊＊＊")"保留身份证号前面 5 位明文和后面的 4 位明文,中间部分用掩码隐藏。由于仅保留部分信息,对信息持有者不易辨别,并且保证了信息的长度不变性。

(5) 偏移和取整。

对日期分别进行时间的偏移和取整,利用公式"ROUNDDOWN((data! H2+8) * 24, 0)/24"将日期后移 8 天,并且在时间上对分秒取整,舍弃了精度来保证原始数据的安全性,同时又可以保护数据在时间上分布密度。此种方法在大数据利用环境中具有重大价值。

(6) 自定义编码。

可以自定义编码规则,用固定字母和固定位数的数字替代合同编号真值。利用公式""WJSS"&YEAR(NOW())&"4700"&TEXT(RANDBETWEEN(1, 999),"00000")"定义新的编码规则:4 位固定码+当前年份+源目标字符串 4 位号码+5 位数值,既保持与源数据的格式一致,又掩盖了真实信息。

(7) 可逆置换。

对电子邮件的用户名可以按规则做字符映射,替换成其文字。简单起见,仅对用户名的前三个字符做映射处理,依照 ASCII 码字符表,分别映射为其后的第 n 个字符,公式为"CHAR(CODE(LEFT(data! G2, 1))+1)&CHAR(CODE(MID(data! G2, 2, 1))+2)&CHAR(CODE(MID(data! G2, 3, 1))+3)&MID(data! G2, 4, 2^8)"。实际情况下映射规则可以灵活设置,这样的方法能够通过逆运算恢复真值。如图 3-4-1 所示为数据在脱敏处理前的形式,图 3-4-2 为数据做脱敏处理后的形式。

编号	合同编号	姓名	地址	电话	身份证号	电子邮件	操作时间
100	XHBX2019470000017	张踪	温岭市未名路156弄3号504室	13807540183	510214195202210672	alice@gmail.com	2019/01/05 09:45:11
101	XHBX2019470000280	黄小明	温岭市思源路200弄8号104室	13361914032	510214195202211032	benjamin@outlook.com	2019/01/07 10:01:33
102	XHBX2019470000414	张绎	温岭市光华路文青大厦5号1701室	13871979018	510214197611131011	clairelee@hotmail.com	2019/01/08 09:22:46
103	XHBX2019470000419	王朝阳	温岭市后安镇丽娃大道768号401室	13350918012	510214196208201214	wcy@126.com	2019/01/08 14:15:00
104	XHBX2019470000462	伍汉	温岭市紫金港东路201弄18号304室	13641879043	510214198210120415	2347811@sohu.com	2019/01/08 16:07:34
105	XHBX2019470000778	王维	温岭市迤海街152弄13号405室	13602489091	51021419721212233X	wang677@sina.com	2019/01/11 10:18:09
106	XHBX2019470000964	浩天	温岭市珞珈山路312弄98号201室	17701629807	510214193907231219	tim@tiger.net	2019/01/14 11:00:40
107	XHBX2019470000617	郑小米	温岭市望海楼西街317号9103室	13354190832	510214196504280818	labah@hotmail.com	2019/01/15 15:13:20

图 3-4-1　脱敏处理前原始数据

编号	合同编号	姓名	地址	电话	身份证号	电子邮件	操作时间
100	WJSS2019470000069	张茸	温岭市未名路	13800013800	51021*********0672	bnlce@gmail.com	2019/01/13 09:00:00
101	WJSS2019470000692	伍峭	温岭市思源路	13800013800	51021*********1032	cgqjamin@outlook.com	2019/01/15 10:00:00
102	WJSS2019470000197	浩耿	温岭市光华路	13800013800	51021*********1011	dndirelee@hotmail.com	2019/01/16 09:00:00
103	WJSS2019470000473	艾认	温岭市后安镇丽娃大道	13800013800	51021*********1214	xel@126.com	2019/01/16 14:00:00
104	WJSS2019470000274	王眺	温岭市紫金港东路	13800013800	51021*********0415	3577811@sohu.com	2019/01/16 16:00:00
105	WJSS2019470000736	薛吕	温岭市迤海街	13800013800	51021*********233X	xcqg677@sina.com	2019/01/19 10:00:00
106	WJSS2019470000794	伍倚	温岭市珞珈山路	13800013800	51021*********1219	ukp@tiger.net	2019/01/22 11:00:00
107	WJSS2019470000024	张驭	温岭市望海楼西街	13800013800	51021*********0818	mceah@hotmail.com	2019/01/23 15:00:00

图 3-4-2　脱敏处理后数据

3.5 数据集成

信息数据的集成技术从 20 世纪 80 年代开始兴起,发展到现在已经在实际领域中得到了充分的应用。在企业数据集成领域,已经有了很多成熟的框架可以利用。

数据集成(Data Integration)就是将若干个分散的数据源中的数据,逻辑地或物理地集成到一个统一的数据集合中。简单来讲,数据集成的核心任务是要将互相关联的分布式异构数据源集成到一起,使用户能够以透明的方式访问这些数据源。

现代数据集成技术通常支持在数据抽取过程中进行简单的数据转换操作(如日期解析、数据过滤等),导入到大数据处理中心后,利用大数据引擎强大的计算能力可以再进行更复杂的数据转换操作。

3.5.1 数据集成的基本类型

1. 模式集成

模式集成是最为经典的数据集成方法,其基本思想是,在构建集成系统时在多个数据源的数据模式之上建立全局模式,由它向用户描述共享数据的结构、语义及操作等,使用户能够按照全局模式透明地访问各数据源的数据。用户直接向全局模式提交请求,由数据集成系统处理这些请求,转换映射到各个数据源的本地数据视图上执行请求。

联邦数据库和中间件集成方法是现有的两种典型的模式集成方法。

(1) 联邦数据库是早期人们采用的一种模式集成方法,它结合了很多半自治数据库系统来实现数据集成。在联邦数据库中,数据源之间共享自己的一部分数据模式,形成一个联邦模式,如图 3-5-1 所示。

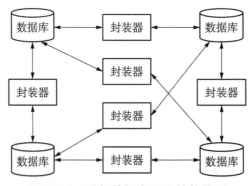

图 3-5-1　联邦数据库系统结构模型

(2) 中间件集成方法是目前比较流行的数据集成方法,它通过统一的全局数据模型来访问异构的数据库、遗留系统、Web 资源等。系统模型如图 3-5-2,中间件位于异构数据源系统(数据层)和应用程序(应用层)之间,向下协调各数据源系统,向上为访问用户提供统一的数据访问接口。与联邦数据库不同,中间件系统不仅能够集成结构化的数据源信息,还可以集成半结构化或非结构化数据源中的信息,如 Web 信息。

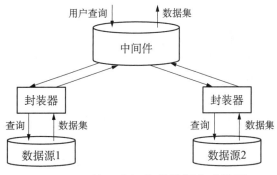

图 3-5-2　基于中间件的数据集成模型

模式集成是构建数据集成系统的基础,但目前多数据源之间的模式匹配还需要专门的数据库专家和商业领域专家的干预,所以模式集成的成本较高。如何实现自动或者更好的半自动的模式匹配是数据集成中的重点研究问题。

2. 数据复制

数据复制方法是将存储在多个数据源中的数据复制保存到单个数据源上,并维护数据源整体上的数据一致性,这样不仅提高了数据共享的利用率,也可以很好地降低多数据源的管理成本。数据复制从复制数据的范围来看又可分为两种:数据源的完整复制和仅对数据源变化数据的复制。

数据仓库是当前最经典的数据复制的方法。该方法将各异构数据源按照统一集中的视图要求复制到同一处,即数据仓库。目前,大部分数据仓库还是用关系数据库管理系统来管理的,用户可像访问普通数据库一样直接访问数据仓库。数据抽取、转换和装载(ETL),是数据仓库构建的重要技术,直接关系到数据仓库的质量。它负责获取数据,通过算法对数据进行清洗和转换,解决多个数据源中可能存在的数据冗余、数据缺失、数据错误等问题,最后将合规数据存储到数据仓库中。

3. 综合性集成

模式集成方法为用户提供了统一的访问接口,透明度高,但该方法不支持数据源间的数据交互,并且用户经常需要访问多个数据源,因此该方法对系统的网络性能有一定要求。数据复制方法将用户可能用到的数据预先复制到对外提供服务的新数据源,提高了系统处理用户请求的效率,但由于数据复制通常存在延时,保障数据源之间数据的实时一致性是个难点。

为了突破两种方法的局限性,在复杂的实际场景中人们通常将这两种方法混合在一起使用。即仍有虚拟的数据模式视图供用户使用,同时能够对数据源间常用的数据进行复制。对简单的访问请求,尽可能通过复制数据达到用户需求,而对那些复杂的用户请求,无法通过数据复制方式实现时,才使用虚拟视图方法。

3.5.2 数据集成的难点

数据集成主要是将多个数据源用物理或者虚拟的方式集成在一起，对于最终用户来说，他们不需要关心数据集成系统中有多少异构的数据源。而数据源范围广泛，除了主要的关系数据库外，广义上也包括各类 XML 文档、HTML 文档、电子邮件、普通文件等结构化、半结构化信息。好的数据集成系统要保证用户能够以低代价、高效率使用异构的数据。要实现这个目标，必须解决以下难题。

(1) 异构性：在数据集成中，数据源一般是相互独立的，各自的数据在语义上、语法表达上和使用环境上都有很大的不同。

(2) 分布性：各个数据源可能分布在极为不同的地理位置上，要对异地分布的数据源实现数据集成，网络传输就显得尤为重要，如何保证数据传输的性能和安全性是集成难点。

(3) 自治性：对于数据集成来说，每个数据源都是独立自治的。它们可以在不通知集成系统的前提下，更新自身模式、改变部分结构和数据，如何把这些更新及时反映到集成系统中，也给数据集成的自治性提出了挑战。

3.5.3 简单数据集成的实现

专业的数据集成框架可以为企业提供全面高效的集成服务，同时降低管理成本和复杂度。这不仅要求技术人员具备相关的专业技术知识和权限，而且需要一定硬件基础设施的支持。本节仅从概念角度，使用 Excel 内置的查询组件来说明简单的数据整合是如何实现的。

打开"配套资源\第 3 章\L3－5 Order. xls"，工作簿中包含"订单"和"客户"2 个工作表。其中订单工作表记录某商店的订单数据，包括订单信息、产品信息和客户 ID 等，各数据列如图 3-5-3 所示。客户工作表中记录客户名、所在地等信息，如图 3-5-4 所示。订单表中只记录了客户 ID，现在需要将客户的名称和地区等其他信息都合并到订单数据中，通过关联字段"CustomerID"建立两数据表之间的联接，将客户信息和订单数据整合。这时在逻辑上形成了新的数据表结构，生成一个整合数据视图供用户检索数据。当源数据表内的数据更改时，合并后的视图可以刷新同步数据的更改。

RowID	OrderID	OrderDate	ShipDate	ShipMode	ProductID	Category	SubCategory	ProductName	Sales	Quantity	Discount	Profit	CustomerID
1	US-2018-1357144	2018/4/27	2018/4/29	二级	10002717	办公用品	用品	Fiskars 剪刀，蓝色	129.696	2	0.4	-60.704	14485
2	CN-2018-1973789	2018/6/15	2018/6/19	标准级	10004832	办公用品	信封	GlobeWeis 搭扣信封，红色	125.44	2	0	42.56	10165
3	CN-2018-1973789	2018/6/15	2018/6/19	标准级	10001505	办公用品	装订机	Cardinal 孔加固材料，回收	31.92	2	0.4	4.2	10165
4	US-2018-3017568	2018/12/9	2018/12/13	标准级	10003746	办公用品	用品	Kleencut 开信刀，工业	321.216	4	0.4	-27.104	17170
5	CN-2017-2975416	2017/5/31	2017/6/2	二级	10003452	办公用品	器具	KitchenAid 搅拌机，黑色	1375.92	3	0	550.2	15730
6	CN-2016-4497736	2016/10/27	2016/10/31	标准级	10001640	技术	设备	柯尼卡 打印机，红色	11129.58	9	0	3783.78	18325
7	CN-2016-4497736	2016/10/27	2016/10/31	标准级	10001029	办公用品	装订机	Ibico 订书机，实惠	479.92	2	0	172.76	18325

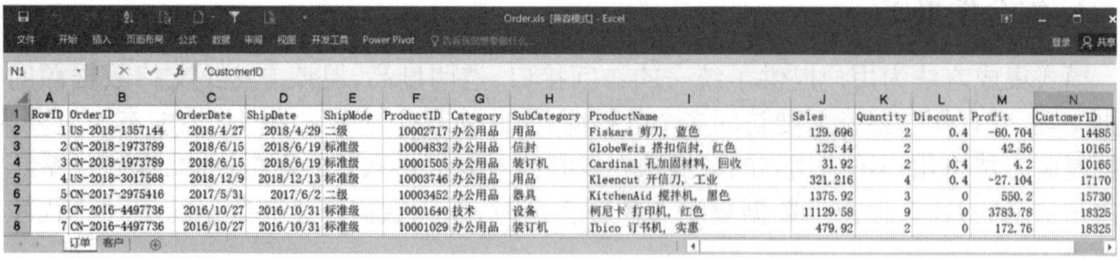

图 3-5-3 "订单"工作表

(1) 为"客户"工作表数据建立查询。

打开"客户"工作表，光标置于客户数据区域中的任意单元格内，点击菜单"数据/从表格"，确认表数据的来源。确定后打开查询编辑器，在查询设置的属性标签下为该查询重新命名为"Customer"，点击编辑器的"关闭并上载"命令，完成对客户工作表的查询，如图 3-5-5 所示。

图 3-5-4 "客户"工作表

图 3-5-5 使用查询编辑器为客户工作表数据建立查询

工作簿自动新建工作表"Sheet1",查询结果将显示在其中。

(2) 将客户信息整合到订单数据中。

• 点击菜单"数据/从表格",确认表数据的来源后,打开查询编辑器。在查询设置的属性标签下为该查询重新命名为"Order"。

• 将光标置于"OrderDate"列,从菜单中点击命令"转换/数据类型",从下拉菜单中选择"日期",将"OrderDate"的数据格式从"日期/时间"型转换为"日期"型。同样方法转换"ShipDate"的数据类型。

• 点击菜单命令"开始/合并查询",打开"合并"对话框,先从查询下拉列表中选择上一步已建立的名为"Customer"的查询,为两个查询表分别选择"CustomerID"为匹配列,选项如图3-5-6 所示,将以它为关联字段创建合并表。

图 3-5-6 为订单和客户工作表数据建立合并查询

• 合并查询执行后,在列末将会出现名为"NewColumn"的新列,点击列名右侧的"筛选"按钮,选择"扩展"选项,并勾选除了"CustomerID"以外的所有列为扩展列,清除"使用原始列名为前缀"的选中状态后点击确定,如图 3-5-7 所示。

图 3-5-7　合并查询扩展列

• 在查询编辑器中,选择"关闭并上载命令",完成合并表的查询。工作簿自动新建工作表"Sheet2",数据整合后的结果将显示在其中,如图 3-5-8,客户信息已经扩展显示在订单数据的后面。

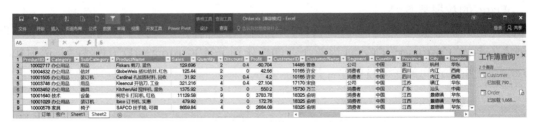

图 3-5-8　数据整合结果

3.6 数据归约

对于中小型数据集,经过一般的数据预处理后通常能够满足后续的数据挖掘要求。但是对于真正的大型数据集来讲,在海量数据上进行复杂的数据分析扣挖掘通常需要耗费大量的时间,使得这种分析不现实或不可行。在实践中,应用数据分析或挖掘技术以前,常常可能采取一个中间的、额外的步骤,最大限度地精简数据量,即数据归约。

3.6.1 数据归约

数据归约(Data Reduction)是指在不影响数据完整性和数据分析结果正确性的前提下,通过减少数据规模的方式达到减少数据量,进而提高数据分析的效果与效率。也就是说,在归约后的数据集上进行数据分析或数据挖掘将更有效,并且相较于使用原有数据集,所获得的结果基本相同。

数据归约的选择优化遵循以下标准:

(1) 用于数据规约的时间不应当超过或"抵消"在规约后的数据上挖掘节省的时间。

(2) 规约后得到的数据比原数据小得多,但可以产生相同或几乎相同的分析结果。

数据归约的意义在于:

(1) 降低无效、错误数据对建模的影响,提高建模的准确性。

(2) 少量且具代表性的数据将大幅缩减数据挖掘所需的时间。

(3) 简化数据描述,提高数据挖掘处理精度。

(4) 降低存储数据的成本。

3.6.2 归约策略简介

在数据集成与清洗后,我们能够得到整合了多种数据源同时数据质量完好的数据集。但是,集成与清洗无法改变数据集的规模。数据归约通过技术手段使数据集的维度减少或者数据量减少,来达到降低数据规模的目的,从而提高其后挖掘分析的准确性和速度。

归约策略包括维归约、数量归约和数据压缩。

(1) 维归约(Dimensionality Reduction):减少数据集所需自变量或属性的个数。代表方法有主成分分析法、探索性因子分析法,将原始数据变换或投影到较小的空间。属性子集选择也是一种维归约方法,可以检测并删除不相关、弱相关或冗余的属性或维。

(2) 数量归约(Numerosity Reduction):用替代的、较小的数据表示形式替换原始数据。代表方法为回归和对数线性模型、聚类、抽样或使用直方图等。

(3) 数据压缩(Data Compression):使用变换,以便得到原始数据的归约或"压缩"表示。如果原始数据可以从压缩后的数据重构,而不损失信息,则该数据归约称为无损归约。反之,称之为有损的归约。维度归约和数量归约也可以看作某种形式的数据压缩。

3.7 综合练习

3.7.1 选择题

1. 以下不属于个人敏感信息的是_____。
   A. 身份信息　　　　　B. 保单号　　　　C. 薪酬　　　　D. 汇率
2. 以下叙述正确的是_____。
   A. 脱敏后的数据,必须可以通过一定方式恢复为原来的敏感数据
   B. 依据规则进行脱敏处理,转化后得到的数据必须使其完全不具备任何敏感性
   C. 数据加密的技术是数据脱敏采用的方法之一
   D. 屏蔽敏感信息不能以虚构数据代替真值
3. 数据脱敏执行数据匿名化、抹去敏感内容,以下叙述错误的是_____。
   A. 需要保持原有数据特征
   B. 保持数据和数据之间的一致性
   C. 可以忽略业务规则的关联性
   D. 多次脱敏之间应保持数据一致性
4. 以下叙述正确的是_____。
   A. 数据集成将多个分散的数据源中的数据,逻辑地或物理地集成到一个统一的数据集合中,使用户能够以透明的方式访问这些数据
   B. 为了达成数据集成,多个数据源都要求是同构的
   C. 数据复制不属于数据集成的方法
   D. 数据集成的数据源只针对关系数据库
5. 以下不属于数据集成方法的是_____。
   A. 模式集成　　　　　　　　　B. 数据复制
   C. 数据替换　　　　　　　　　D. 中间件集成
6. 以下是数据集成难点之一的是_____。
   A. 数据加密　　　　B. 数据分布性　　　C. 数据可逆恢复　　D. 数据缺失
7. 以下关于数据归约错误的说法是_____。
   A. 在归约后的数据集上进行数据分析,分析结果应与原数据集的结果相同或几乎相同
   B. 删除不相关、弱相关或冗余的属性属于维规约
   C. 数据归约可以大幅缩减数据挖掘所需的时间
   D. 数据归约以缩减数据规模为目标,可以忽略数据的完整性来提高分析效率
8. 数据归约的目的是_____。
   A. 填补数据中的空缺值　　　　　B. 集成多个数据源的数据
   C. 缩减数据集的规模　　　　　　D. 规范化数据
9. 数据加工是指_____。

　数据分析与大数据实践

A. 收集信息

B. 将信息用数据表示并按类别组织保存

C. 对数据进行变换、抽取和运算

D. 在空间或时间上以各种形式传播信息

3.7.2　填空题

1. 数据脱敏技术有基于数据加密的技术，基于限制公开的技术和_____。

2. 根据敏感信息的_____、完整性及可用性计算其安全价值，确定敏感性级别。

3. 数据集成的难点有：_____、分布性、自治性。

4. 数据归约的策略包括_____、数量规约和数据压缩。

第 4 章

数据分析基础

本 章 概 要

　　数据分析的基础是数据处理,包括对数据的采集、存储、检索、加工、变换和传输等。在信息社会,计算机是数据处理和数据分析的重要工具。对于一般规模的数据,目前最常见的数据分析方式是通过电子表格、数据库或程序设计软件完成,其中电子表格因为其简单、直观、容易上手等特征,最为人们所熟知和了解,是比较普及的用计算机处理和分析数据的方式。

　　在初步掌握了电子表格软件的基本操作、简单公式和图表应用等之后,在遇到日常学习和工作中稍微复杂一点的数据处理问题时,仍然会感到捉襟见肘、效率低下。现代计算机软件技术其实已经非常发达,数据处理软件的功能也已十分全面,常见的数据处理问题都有简便、快捷的解决方案,如果能深入掌握软件的精髓,就不会再手握屠龙利器,却只知杀猪宰羊。

学 习 目 标

通过本章学习,要求达到以下目标:

1. 掌握利用 Excel 高级函数进行数据分析的方法。
2. 掌握时间序列分析的基本方法。
3. 了解回归分析的方法。
4. 了解聚类分析技术。

4.1　数据分析基础

4.1.1　认识数据类型

用计算机进行数据处理时,在解决实际问题前,首先要对所涉及的具有不同属性的数据进行分类,根据它们的特点,给予不同的编码表示方法和不同的存储空间,然后进行不同方式的运算,这就是计算机中数据类型的概念。

Excel 的基本数据类型包括数值型、文本型、日期型和逻辑型,不同的数据类型对应着不同的运算方式。

1. 数值型数据

数值型数据是表示数量、可以进行数值运算的数据类型。它们由数字、小数点、正负号和表示乘幂的字母 E 组成,可以进行诸如加、减、乘、除等四则运算,也可以进行比较。SUM( )、AVERAGE( )、MAX( )、MIN( )、COUNTIF( )、COUNTIFS( )、SUMIF( )、SUMIFS( )、AVERAGEIF( )、AVERAGEIFS( )、MOD( )、INT( )、ROUND( )、ODD( )、EVEN( )、RAND( )、RANDBETWEEN( )、ABS( )、SQRT( )、PI( )、EXP( )、LOG( )、LN( )、SIN( )、COS( )、PRODUCT( )、SUMPRODUCT( )、SUBTOTAL( )等函数可以对数值型数据进行运算与处理(详见 4.2.1 节)。

(1) 数值型数据的表示。

在 Excel 中,正负整数、小数、分数、百分比、科学计数法等数值型数据的表示方法有所不同,如表 4-1-1 所示,但输入到单元格后,默认都自动右对齐。

表 4-1-1　不同形式的数值型数据

正数	负数	小数	分数	百分比	货币	科学计数法
1233	−534	23.5	2/3	78%	$12.00	1.21E+11
123	−9012	0.909	10 5/7	78.00%	$566.00	2.31E−11
213.534	−90.32	212.64	2 1/11	0.90%	€ 34.00	3.23E+11

受存储器空间结构的限制,计算机中的数据大小和精度是有限的。在 Excel 中,数值型数据最大正数可达 9.99×10^{307},最小负数可达 -9.99×10^{307},但精度只能精确到 15 位数字。当在单元格中的数字超过 15 位时,第 15 位以后的数字将使用数字 0 代替。

(2) 数值型数据的运算。

数值型数据可以参与算术运算和比较运算,与数值型数据运算相关的运算符号及运算公式举例如表 4-1-2 和表 4-1-3 所示,表中假设 D7 单元格中是 7,D8 单元格中是 8。

表 4-1-2　数值型数据的相关运算

算术运算	运算符	举例		运算结果
加法	＋	＝D8＋D7	＝8＋7	数值类型
减法	－	＝D8－D7	＝8－7	数值类型
乘法	＊	＝D8＊D7	＝8＊7	数值类型
除法	/	＝D8/D7	＝8/7	数值类型
乘方	^	＝D8^D7	＝8^7	数值类型

表 4-1-3　数值型数据的相关运算

比较运算	运算符	举例		运算结果
等于	＝	＝D8＝D7	＝8＝7	逻辑型数据
大于	＞	＝D8＞D7	＝8＞7	逻辑型数据
小于	＜	＝D8＜D7	＝8＜7	逻辑型数据
大于等于	＞＝	＝D8＞＝D7	＝8＞＝7	逻辑型数据
小于等于	＜＝	＝D8＜＝D7	＝8＜＝7	逻辑型数据
不等于	＜＞	＝D8＜＞D7	＝8＜＞7	逻辑型数据

2. 文本型数据

（1）文本型数据的表示。

在 Excel 的单元格中输入字母、汉字等开头的文字后，数据会自动左对齐，默认的情况下，Excel 将它们识别为文本类型数据；另外，阿拉伯数字如果跟随在字母或汉字之后，则被自动识别为文本类型数据，如果独立输入，则被自动识别为数值型数据；如果先输入半角的单引号，后面的阿拉伯数字则被自动识别为文本型数据。在公式中表达字符类型常数时，需要在字符两边添加半角的单引号。

（2）文本型数据的运算。

文本类型的数据不像数值类型的数据那样可以进行加、减、乘、除等算术运算，但它们可以进行比较运算，还可以通过连接运算进行连接，或者用函数从一个长的文本串中取出想要的部分数据。在进行连接运算时，如果被连接的数据是数值型的，运算结果将自动转化为文本型数据。假设 D16 单元格的内容为"ABC"，D15 单元格中的内容为"K34"，表 4-1-4 为文本型数据的相关运算。

表 4-1-4　文本型数据的相关运算

运算	运算符	举例		运算结果
等于	＝	＝D16＝D15	＝"ABC"＝"K34"	逻辑类型
大于	＞	＝D16＞D15	＝"ABC"＞"K34"	逻辑类型

运算	运算符	举例	运算结果
小于	<	=D16<D15　　="ABC"<"K34"	逻辑类型
大于等于	>=	=D16>=D15　　="ABC">=" K34"	逻辑类型
小于等于	<=	=D16<=D15　　="ABC"<=" K34"	逻辑类型
不等于	<>	=D16<>D15　　="ABC"<>" K34"	逻辑类型
连接	&	=D16&D15　　="ABC"&"K34"	文本类型
截取	LEFT，MID，RIGHT	=LEFT("ABC",2) 结果为"AB"	文本类型
删除空格	TRIM	=TRIM(" A B ") 结果为"A B"	文本类型
字符替换	REPLACE，SUBSTITUTE	=REPLACE("ABC",2,1,"D") 结果为"ADC"	文本类型
计算长度	LEN，LENB	=LEN("ABC")，结果为3	文本类型

与文本类型运算相关的函数包括：CONCATENATE()、LEN()、LENB()、MID()、MIDB()、LEFT()、LEFTB()、RIGHT()、TRIM()、UPPER()、LOWER()、FIND()、FINDB()、SEARCH()、SEARCHB()、REPLACE()、SUBSTITUTE()、TEXT()、VALUE()等，详见 4.2.1 节。

如果需要分析的数据比较有规律，可以利用"分列"功能，把一个单元格中的文本数据方便地拆分成 2 个以上单元格的内容。

【例 4-1-1】打开 L4-1-1 文本分列.xlsx 文件，使用分列的方法，将身份证号码分为区域、出生日期、其他、性别、校验，效果如图 4-1-1 所示，结果保存在 L4-1-1 文本分列 JG.xlsx 中。

	B	C	D	E	F	G	H
1	姓名	身份证号码	区域	出生日期	其他	性别	校验
2		310107199401231241	310107	19940123	12	4	1
3		310107199405029135	310107	19940502	91	3	5
4		310107199702012193	310107	19970201	21	9	3
5		310107199104016891	310107	19910401	68	9	1
6		310107199909029847	310107	19990902	98	4	7
7		310107199608013284	310107	19960801	32	8	4
8		310107199602002012	310107	19960200	20	1	2
9		310107199908017387	310107	19990801	73	8	7
10		310107199303027748	310107	19930302	77	4	8
11		310107199703031489	310107	19970303	14	8	9
12		310107199306032829	310107	19930603	28	2	9
13		310107199703018594	310107	19970301	85	9	4

图 4-1-1　身份证号码分列效果

【例 4 - 1 - 1 解答】

① 分析身份证号码的特点：根据现行的居民身份证号码编码规定，正在使用的 18 位身份证号码从左向右的前 6 位表示区域，第 7—14 位表示出生日期，第 17 位表示性别，第 18 位为效验位。

② 采用"分列"的方法，将身份证单元格中的数据分为 5 个部分，并将分列后的结果放置在 D2 为左上角的位置，其过程如图 4-1-2～图 4-1-5 所示。

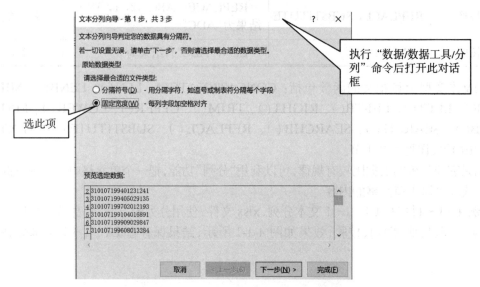

图 4-1-2　选定身份证号数据所在区域

图 4-1-3　"文本分列向导"对话框

3. 日期与时间型数据

(1) 日期与时间型数据的表示。

按照 Excel 所能识别的格式输入日期或时间，得到的便是日期与时间型数据。日期型数据以 **YYYY/MM/DD** 形式表示，也可以用 **YYYY - MM - DD** 形式输入；时间格式以 **HH：MM：SS** 形式输入和显示。例如：在某单元格中输入 2019 - 1 - 19，回车后，单元格中数据自动右对齐，并显示为 2019/1/19，输入 9：48：23，则系统自动右对齐，并理解为 9 点 48 分 23 秒。

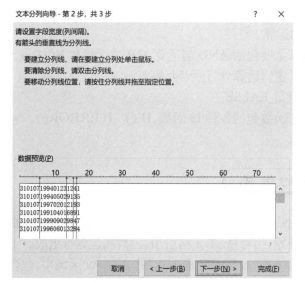

图 4-1-4 单击添加分隔线

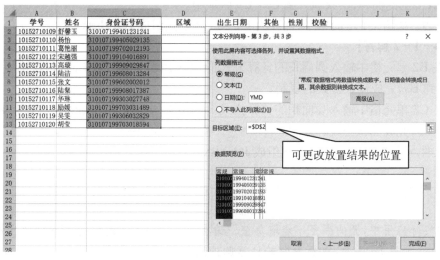

图 4-1-5 为分隔后的数据设置数据类型

（2）日期与时间型数据的运算。

在 Excel 中，日期的本质是数值类型，一天对应着整数 1，系统日期是从 1900 年 1 月 1 日开始，到 9999 年 12 月 31 日为止；时间则是小数，每秒对应着 $1/(24\times60\times60)$。通常日期与时间型数据可以进行加或减运算，加、减一个整数，则得到一个新的时间或日期，两个日期与时间数据相减，则得到相差几天或多长时间。TODAY( )、YEAR( )、DATE( )、NOW( )、TIME( )、MONTH( )、DAY( )、WEEKDAY( )、DATEDIF( )等函数可用于处理日期与时间型的数据，详见 4.2.1 节。

4. 逻辑型数据

（1）逻辑型数据的表示。

逻辑类型的数据只有两个，其中 TRUE 表示"真"，FALSE 表示"假"，有时候也使用 1 或非 0 代表真,0 代表假。

(2) 逻辑型数据的运算。

逻辑型数据的运算主要包括 AND 与运算、OR 或运算和 NOT 取反运算。

逻辑值的获得除了逻辑运算外,还可以通过>、<、>=、<=、<>等比较运算得到,例如:=3>5 的结果就是 FALSE。

与逻辑运算相关的函数包括各种 IS 函数,IF( )、IFERROR( )、NOT( )、AND( )、OR( )等函数,详见 4.2.1 节。

4.1.2 公式的组成

Excel 中常常需要使用公式执行计算、返回信息,运算其他单元格的内容以及给出测试等。公式始终以等号开始,由常量、单元格引用、函数和运算符组成。

【例 4-1-2】在"L4-1-2 公式组成.xlsx"的 A2:A9 区域中,包含了 8 个圆的半径,取值为-2~5。

(1) 计算圆的周长,结果填入到 B2:B9 区域中。

(2) 计算圆的面积,结果填入到 C2:C9 区域中。

计算结果如图 4-1-6(a)所示,保存为 L4-1-2 公式组成 JG.xlsx。

【例 4-1-2 解答】

① 在 B2 单元格中输入圆周长的计算公式:=2 * PI( ) * A2,回车确认后,拖曳该单元格的填充柄到 B9,完成周长公式的复制。

② 在 C2 单元格中输入圆面积的计算公式:=PI( ) * A2^2,回车确认后,拖曳该单元格的填充柄到 C9,完成面积公式的复制。

③ 文件另存为:L4-1-2 公式组成 JG.xlsx。

拓展

在实际应用中,圆的半径不能取负值。请在"L4-1-2 公式组成.xlsx"的"公式改进"工作表中,利用 IF 函数,重新判断并计算圆的周长和面积:如果半径>=0,计算周长和面积;否则,显示"无意义"。计算结果如图 4-1-6(b)所示。

B2	× ✓ fx	=2*PI()*A2	
	A	B	C
1	半径	圆周长	圆面积
2	-2	-12.5664	12.56637
3	-1	-6.28319	3.141593
4	0	0	0
5	1	6.283185	3.141593
6	2	12.56637	12.56637
7	3	18.84956	28.27433
8	4	25.13274	50.26548
9	5	31.41593	78.53982

(a) 计算圆的周长和面积

C2	× ✓ fx	=IF(A2>0,PI()*A2^2,"无意义")		
	A	B	C	D
1	半径	圆周长	圆面积	
2	-2	无意义	无意义	
3	-1	无意义	无意义	
4	0	无意义	无意义	
5	1	6.283185	3.141593	
6	2	12.56637	12.56637	
7	3	18.84956	28.27433	
8	4	25.13274	50.26548	
9	5	31.41593	78.53982	

(b) 判断并计算圆的周长和面积

图 4-1-6　公式的功能和组成

数据分析与大数据实践

1. 常量

常量为数值型、文本型、日期型和逻辑型的文本字符串。例如：计算机分数 98(数值型)、5 除以－4 的结果－1.25(数值型)、美联航 UA 行李托运费 $100(数值型)、人民币贷款年利息 6.15%(数值型)、学生学号"B02132118"(文本型)、2014 年的端午节"2014 年 6 月 2 日"或者 "2014/6/2"或者"2014－6－2"(日期型,在 Excel 内部表示为 41792)、比较运算 80＞65 的结果 TRUE(逻辑型)、逻辑运算 AND(2＋2＝4, 2＋3＝6)的结果 FALSE(逻辑型)等。

2. 单元格的引用

Excel 中有三种单元格引用样式："A1"引用样式、"R1C1"引用样式和单元格名称引用。单元格的引用方式则可以分为相对引用、绝对引用和混合引用三种。

(1) 单元格的引用方式。

公式中的相对单元格引用(例如 A1)是对于包含公式和所引用单元格的相对位置。如果公式所在单元格的位置改变,或者复制公式到新的单元格,则目标单元格公式中的相对引用会自动调整。默认情况下,新建立的公式使用相对引用。

公式中的绝对单元格引用(例如 $A$1)总是引用所指定单元格的位置。如果公式所在单元格的位置改变,或者复制公式到新的单元格,则目标单元格公式中的绝对引用保持不变。

公式中的混合引用具有绝对列和相对行(例如: $A1;),或是绝对行和相对列(例如: A$1)。如果公式所在单元格的位置改变,或者复制公式到新的单元格,则目标单元格公式中的相对引用改变,而绝对引用不变。

切换相对引用、绝对引用和混合引用的快捷键为〈F4〉。

(2) "A1"引用样式。

默认情况下,Excel 使用"A1"引用样式,即列标和行号的组合表示法。列标使用字母标识,从 A 到 XFD,共 16,384 列;行号使用数字标识,从 1 到 1,048,576。"A1"引用样式示例参见表 4-1-6 所示。

表 4-1-6 "A1"引用样式举例

引用方式	引用的内容
B10	列 B 和行 10 交叉处的单元格
B10：B20	在列 B 和行 10 到行 20 之间的单元格区域
B15：E15	在行 15 和列 B 到列 E 之间的单元格区域
5：5	行 5 中的全部单元格
5：10	行 5 到行 10 之间的全部单元格
H：H	列 H 中的全部单元格
H：J	列 H 到列 J 之间的全部单元格
A10：E20	列 A 到列 E 和行 10 到行 20 之间的单元格区域
Sheet2!B1：B10	当前工作簿中工作表 Sheet2 中在列 B 的行 1 到行 10 之间的单元格区域
[Book2]Sheet2!B10	工作簿 Book2 中工作表 Sheet2 中列 B 和行 10 交叉处的单元格

(3) "R1C1"引用样式。

Excel 也可以使用"R1C1"引用样式,即 R 行号和 C 列标的组合表示法。在"R1C1"样式中,行号在 R(Row)后,从 1 到 1,048,576;列标在 C(Column)后,从 1 到 16,384。使用"R1C1"引用样式,可以快速准确定位单元格,特别适用于 Excel 宏内的行和列的编程引用。"R1C1"引用样式示例参见表 4-1-7 所示。

表 4-1-7 "R1C1"引用样式举例

引用方式	引 用 的 内 容
R2C2	对在工作表的第 2 行、第 2 列的单元格的绝对引用
R[2]C[2]	对活动单元格的下面 2 行、右面 2 列的单元格的相对引用
R[−2]C	对活动单元格的同一列、上面 2 行的单元格的相对引用
R[−1]	对活动单元格整个上面一行单元格区域的相对引用
R	对当前行的绝对引用

执行"文件"选项卡中的"选项"命令,打开"Excel 选项"对话框,在"公式"类别中的"使用公式"设置处,选中或清除"R1C1 引用样式"复选框,如图 4-1-7 所示,可以打开或关闭"R1C1"引用样式。

图 4-1-7 打开或关闭"R1C1"引用样式

数据分析与大数据实践

（4）单元格的名称引用。

在 Excel 中，还可以使用名称标识若干单元格组成的区域。通过选中单元格区域，然后在编辑栏"名称框"中输入指定的名称即可。使用名称，可以简化单元格区域的引用。

例如：如果定义区域 A1：Z1 的名称为 scores，则公式＝sum(scores)等价于＝sum($A$1：$Z$1)。

（5）三维引用样式。

三维引用用于对同一工作簿中多张工作表上的同一单元格或单元格区域中的数据引用。三维引用的格式为："工作表名称的范围! 单元格或区域引用"。其中，工作表名称的范围为"开始工作表名：结束工作表名"。三维引用使用存储在引用开始名和结束名之间的任何工作表。例如，＝SUM(Sheet2：Sheet8! B5)将对从工作表 Sheet2 到工作表 Sheet8 的 B5 单元格内的值求和。

3. 运算符

运算符用于对一个或多个操作数进行计算并返回结果值。Excel 运算符包括四种类型：算术、比较、文本连接和引用。

（1）算术运算符：＋(加)、－(减)、*(乘)、/(除)、%(百分比)、^(乘方)

（2）比较运算符：＝、＞、＜、＞＝、＜＝、＜＞

（3）文本连接运算符：&

（4）引用运算符

• ：(冒号)：区域运算符,生成对两个引用之间所有单元格的引用(包括这两个引用)。例如：B5：B15。

• ,(逗号)：联合运算符,将多个引用合并为一个引用。例如：SUM(B5：B15, D5：D15)

• (空格)：交集运算符,生成对两个引用中共有单元格的引用。例如：SUM(B7：D7 C6：C8)。

Excel 运算符的优先级从高到低为：引用运算符(：、,、(空格))、负数(－)、百分比(%)、乘和除(*、/)、加和减(＋、－)、文本连接运算符(&)、比较运算符(＝、＞、＜、＜＝、＞＝、＜＞)。

4. 函数

函数又称为工作表函数,是预定义的公式。通过函数调用,可传递参数,进行特定的运算,并返回运算结果。Excel 工作表函数分为两大类：Excel 预定义的内置函数、用户创建的自定义函数。用户可以根据实际功能需要,创建特定的数据处理函数。

5. 数组公式

数组公式可以执行多项计算并返回一个或多个结果。数组公式对两组或多组名为数组参数的值执行运算。每个数组参数都必须有相同数量的行和列。

数组公式的输入步骤如下：

（1）选择用于保存结果的单元格区域；

（2）输入数组公式；

（3）按下〈Ctrl〉＋〈Shift〉＋〈Enter〉快捷键创建数组公式。

完成以上操作后,Excel 会自动用大括号"{}"将数组公式括起来。

注意:

（1）不要自己键入花括号，否则，Excel 认为输入的是一个正文标签。

（2）不能单独更改数组公式中某个单元格的内容，否则系统报错，也就是说，不能更改数组的某一部分，必须选择整个单元格区域，然后更改数组公式。

（3）要删除数组公式，请选择整个公式区域，按〈Delete〉键。

【例 4-1-3】"A1"引用样式、绝对引用、相对引用和数组公式应用示例。在"L4-1-3职工工资表.xlsx"的 Sheet1 和 Sheet2 工作表中，存放了职工的基本工资、补贴、奖金和基本工资涨幅信息。

（1）利用数组公式计算职工的工资总计（含奖金以及不含奖金），结果分别填入到 D2：D7 和 E2：E7 单元格区域中。

（2）根据涨幅百分比计算调整后的基本工资，结果填入 F2：F7 单元格区域中。

计算结果如图 4-1-8 所示，保存为 L4-1-3职工工资表 JG.xlsx。

	A	B	C	D	E	F
					F2	{=B2:B7*(1+Sheet2!D1)}
1	姓名	基本工资	补贴	总计(不含奖金)	总计(含奖金)	基本工资调整
2	李一明	¥ 2,028	¥ 301	¥ 2,329	¥ 3,767	¥ 2,129
3	赵丹丹	¥ 1,436	¥ 210	¥ 1,646	¥ 2,169	¥ 1,508
4	王清清	¥ 2,168	¥ 257	¥ 2,425	¥ 4,170	¥ 2,276
5	胡安安	¥ 1,394	¥ 331	¥ 1,725	¥ 2,863	¥ 1,464
6	钱军军	¥ 1,374	¥ 299	¥ 1,673	¥ 2,741	¥ 1,443
7	孙莹莹	¥ 1,612	¥ 200	¥ 1,812	¥ 5,150	¥ 1,693

图 4-1-8　A1 引用样式、绝对引用、相对引用和数组公式应用示例

【例 4-1-3解答】

① 利用数组公式计算工资总计（不含奖金）。选择数据区域 D2：D7，然后在编辑栏中输入以下公式：＝B2：B7＋C2：C7，并使编辑栏仍处在编辑状态。按〈Ctrl〉+〈Shift〉+〈Enter〉组合键锁定数组公式，Excel 将在公式两边自动加上花括号"{}"。

② 利用数组公式和步骤（1）的结果计算工资总计（含奖金）。选择数据区域 E2：E7，然后在编辑栏中输入以下公式：＝D2：D7＋Sheet2！A2：A7。按〈Ctrl〉+〈Shift〉+〈Enter〉组合键，创建计算工资总计（含奖金）的数组公式。

③ 利用数组公式计算调整后的基本工资。选择数据区域 F2：F7，然后在编辑栏中输入以下公式：＝B2：B7＊（1＋Sheet2！$D$1）。按〈Ctrl〉+〈Shift〉+〈Enter〉组合键，创建计算根据上调后的基本工资的数组公式。

④ 文件另存为：L4-1-3职工工资表 JG.xlsx。

【例 4-1-4】"R1C1"引用样式、单元格的名称引用和三维引用应用示例。在"L4-1-4商品信息.xlsx"的 Sheet1～Sheet4 工作表中，存放了几家商场商品的销售单价、销售数量和新增折扣店数量等信息。

（1）切换到 R1C1 引用样式。

（2）尝试利用数组公式，计算 Sheet1 中的商品销售总金额，计算结果填入到 R13C2 单元格中。

(3) 根据 Sheet1 工作表中提供的单元格名称,计算特价品平均价格,计算结果填入到 R14C2 单元格中。

(4) 根据 Sheet2～Sheet3 工作表中提供的新增折扣店数量信息,在 Sheet1 工作表中统计新增折扣店总数量,计算结果填入到 R15C2 单元格中。最终结果如图 4-1-9 所示,保存为 L4-1-4 商品信息 JG. xlsx。

R13C2		✕ ✓ fx	{=SUM(R2C1:R11C1*R2C2:R11C2)}	
	1	2	3	4
1	销售单价	销售数量		
2	26	194		
3	45	284		
4	76	350		
5	89	619		
6	16	647		
7	49	748		
8	68	731		
9	70	764		
10	95	551		
11	32	633		
12				
13	销售总金额	322308		
14	特价品均价	40.75		
15	新增折扣店	14		

图 4-1-9　R1C1 引用样式、单元格的名称引用和三维引用示例

【例 4-1-4 解答】

(1) 切换到 R1C1 引用样式。执行"文件"选项卡中的"选项"命令,打开"Excel 选项"对话框,在"公式"类别中的"使用公式"设置处,选中"R1C1 引用样式"复选框。

(2) 利用数组公式计算 Sheet1 中的商品销售总金额。选择单元格 R13C2,然后在编辑栏中输入以下公式:=SUM(R2C1：R11C1 * R2C2：R11C2),并使编辑栏仍处在编辑状态。按〈Ctrl〉+〈Shift〉+〈Enter〉组合键锁定数组公式,Excel 将在公式两边自动加上花括号"{}"。

(3) 计算特价品平均价格。在 Sheet1 的单元格 R14C2 中输入以下公式:=AVERAGE(特价 items)。

(4) 计算新增折扣店总数量。在 Sheet1 的单元格 R15C2 中输入以下公式:=SUM(Sheet2：Sheet4! R13C2)。

(5) 文件另存为:L4-1-4 商品信息 JG. xlsx。

通过【例 4-1-4】可以看出数组公式具有以下优点:

(1) 简洁性。借助数组公式可以对多个数据执行多种运算。解决一个复杂的问题可以只用一个数组公式,而用普通公式可能需要多步运算,甚至要添加辅助列(请读者尝试利用以前学习过的方法计算"销售总金额")。

(2) 一致性。单击数组公式所在单元格区域(例如,例 4-1-3 中工资总计(不含奖金)单元格区域 D2：D7)中的任一单元格,将看到相同的公式({=B2：B7+C2：C7})。这种一致性有助于保证更高的准确性。

(3) 安全性。不能更改数组的局部,是一种附加安全措施。

6. 数组常量

数组常量是数组公式的组成部分之一,以数值数组和数组引用的形式出现。可以通过输入一系列项然后手动用花括号"{}"将该系列项括起来的办法创建数组常量,最后还是需要使用〈Ctrl〉+〈Shift〉+〈Enter〉组合键锁定数组公式。

创建数值数组时,如果使用逗号分隔各个项,将创建水平数组(一行)。如果使用分号分隔项,将创建垂直数组(一列)。要创建二维数组,应在每行中使用逗号分隔项,并使用分号分隔各行。

例如:{1, 2, 3, 4}是单行数组(水平数组常量),{1; 2; 3; 4}是单列数组(垂直数组常量),{1, 2, 3, 4; 5, 6, 7, 8}是两行四列的数组(二维数组常量)。

(1) 创建水平数组常量{1, 2, 3, 4}。选择单元格 A1 到 D1;在编辑栏中输入公式:={1, 2, 3, 4};按〈Ctrl〉+〈Shift〉+〈Enter〉组合键。

(2) 创建垂直数组常量{1; 2; 3; 4}。选择单元格 A3 到 A6;在编辑栏中输入公式:={1; 2; 3; 4};按〈Ctrl〉+〈Shift〉+〈Enter〉组合键。

(3) 创建两行四列的二维数组常量{1, 2, 3, 4; 5, 6, 7, 8}。选择单元格区域 A8:D9(两行四列);在编辑栏中输入公式:={1, 2, 3, 4; 5, 6, 7, 8};按〈Ctrl〉+〈Shift〉+〈Enter〉组合键。

(4) 转置三行四列的二维数组常量{1, 2, 3, 4; 5, 6, 7, 8; 9, 10, 11, 12}。选择单元格区域 A11:C14(四行三列);在编辑栏中输入公式:=TRANSPOSE({1, 2, 3, 4; 5, 6, 7, 8; 9, 10, 11, 12});按〈Ctrl〉+〈Shift〉+〈Enter〉组合键。

注意:

(1) 数组常量可以包含数字、文本、逻辑值(例如 TRUE 和 FALSE)和错误值(例如#N/A)。数字可以是整数、小数和科学计数格式。文本则必须包含在半角的双引号内。例如,{1.5, #N/A, 3; TRUE, FALSE, 1.2E5; "华师大", 0, "Campus"}是一个三行三列的二维数组常量。

(2) 数组常量不能包含单元格引用、长度不等的行或列、公式、函数以及其他数组。换言之,它们只能包含以逗号或分号分隔的数字、文本、逻辑值或错误值。例如:输入公式"={1, 2, A1:D4}"或者"={1, 2, SUM(A2:C8)}",Excel 将显示警告消息。另外,数值不能包含百分号、货币符号、逗号或圆括号。

4.1.3 数据验证与公式审核

为提高数据输入的准确性,Excel 提供了专门用于数据输入验证的机制;在单元格中使用公式和函数不当时,会产生错误信息。使用公式审核可以查找选定单元格公式的引用错误;使用公式求解,可以单步调试公式的运行过程和结果。

1. 数据验证

针对需要手动输入数据的区域,可以设置数据输入规则,以便输入的数据不符合规则时,系统给予提示或警告,确保输入正确。对于已经完成输入的区域,可以设置圈释无效数据,方便核对和修改。

【例 4 - 1 - 5】在 L4 - 1 - 5 数据验证. xlsx 的 Sheet1 表格中,有某班学生的基本信息,需要输入学生各科成绩,成绩的范围在 0—100 分,请设定输入规则,确保成绩输入不超过范围。

【例 4 - 1 - 5 解答】

① 选定 D2:H59 区域。

② 在"数据"选项卡"数据工具"组的"数据验证"下拉列表中选择"数据验证"命令,如图 4-1-10 所示。

图 4-1-10 "数据验证"命令

③ 在随之打开的"数据验证"对话框中,利用"设置"选项卡选择允许输入的数据类型和数据范围,如图 4-1-11 所示。

④ 在"数据验证"对话框"输入信息"选项卡中,设置输入提示,如图 4-1-12 所示。

图 4-1-11 "设置"选项卡

图 4-1-12 "输入信息"选项卡

⑤ 在"数据验证"对话框"出错警告"选项卡中,设置出错警告,如图 4-1-13 所示。

图 4-1-13　"出错警告"选项卡

⑥ 单击"确定"按钮后回到数据表格,单击 D2 单元格,可以看到如图 4-1-14 所示的提示,如果输入的数据超过了设定的范围,则会出现如图中所示的警告对话框。

图 4-1-14　输入数据单元格中的提示以及输入错误后的警告

说明:

① 出错警告的设置不一定非得那么严格,如图 4-1-15 所示,如果"样式"下拉列表中选择"警告"或者"信息",则在系统给出出错提示的同时,还是会允许用户输入数据。

图 4-1-15　"出错警告"的其他设置

数据分析与大数据实践

② 对于已经完成输入的数据,可以通过设置"圈释无效数据"命令,将超过设定范围的数据用红色圈出,方便修改。

> **思考**
>
> 可以设置输入范围的不仅限于数值数据,在本例中,如果学号必须 11 位,能否通过有效性设置,来保证输入的学号一定是 11 位长度的?

2. 使用公式和函数产生的常见错误信息

使用公式和函数产生的常见错误信息参见表 4-1-8 所示。

表 4-1-8　使用公式和函数产生的常见错误信息

错误信息	错误原因	举　例
#DIV/0!	公式中除法运算分母为 0	如果 A2＝123,A3＝0,则公式＝A2/A3 会产生该错误信息
#N/A	当在函数或公式中没有可用数值时,将产生错误值#N/A	使用 VLOOKUP 函数的公式,未在源表内出现的数据,就会显示#N/A
#NAME?	在公式中引用了不存在的名称,或者,函数的参数个数或类型不匹配,产生该错误信息	对于公式＝func1(A1),当工作表函数 func1 不存在时,会产生该错误信息
#NULL!	公式或函数中的区域运算符或单元格引用不正确	公式＝SUM(A1：A5 B1：B5)将会产生错误信息#NULL,因为单元格区域 A1：A5 和 B1：B5 没有交集
#NUM!	公式或函数中所用的某数字有问题。可能是公式结果值超出 Excel 数值范围($-1*10^{307}$ $-1*10^{308}$);也可能是在需要数字参数的函数中使用了无法接受的参数	公式＝POWER(999999,999999)或者＝SQRT(-2)会产生该错误信息
#REF!	公式或函数中引用了无效的单元格。删除公式中所引用的单元格,或将已移动的单元格粘贴到其他公式所引用的单元格上,就会出现这种错误	如果 A1＝123,A2＝0,在 A3 中输入公式＝A1*A2,得到正确的结果 0。但此时删除单元格 A1 或 A2,均会产生该错误信息
#VALUE!	公式或函数中所使用的参数或操作数类型错误。当公式中应该是数字或逻辑值时,却输入了文本;或者将单元格引用、公式或函数作为数组常量输入,就会出现这种错误	如果 A1＝"Hello",A2＝123,则公式＝A1＋A2 会产生该错误信息

3. 公式审核

电子表格中的公式往往带有单元格引用,默认情况下,单元格中显示的只是公式计算的结果,这就使得公式中的错误不容易被发现和改正。如图 4-1-16 所示为包含了大量的公式的工作表,如果公式有错误如何发现? 使用 Excel 公式审核功能,可以查找与公式相关的单元格,显示受单元格内容影响的公式,追踪错误的来源。

图 4-1-16　包含大量公式计算的表格

利用"公式"选项卡的"公式审核"功能组(如图 4-1-17 所示)中"追踪从属单元格"命令,便可以看到所选单元格在哪些单元格的公式中被用到,如图 4-1-18 所示。

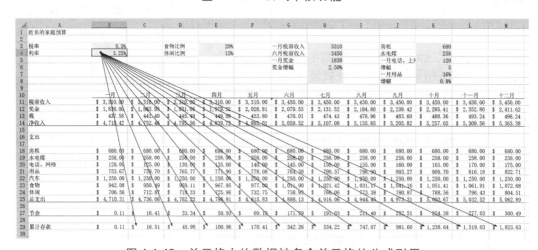

图 4-1-17　公式审核功能

图 4-1-18　单元格中的数据被多个单元格的公式引用

【例 4-1-6】公式审核应用示例。在"L4-1-6 房贷.xlsx"中,存放了王先生为了买房而向银行贷款的信息。总房价为 56 万元,首付按照总房价 20% 计算,其余从银行贷款,年利率为5.23%,分25年半还清,计算每月应还给银行的贷款数额(假定每次为等额还款,还款时间为每月月初)。

(1) 请对计算每月还款数额的单元格进行"追踪引用单元格"操作,观察单元格引用情况。

(2) 请对总房款额单元格进行"追踪从属单元格"操作,观察单元格被引用情况。

(3) 审核单元格 B8 的公式内容,检查公式错误信息。

【例 4-1-6 解答】

① 追踪公式中的引用单元格。选中"贷款计算"工作表的单元格 C6,在"公式"选项卡中,选择"公式审核"组中"追踪引用单元格"按钮。

② 显示单元格从属的公式单元格。选中单元格 B1,在"公式"选项卡中,选择"公式审核"组中"追踪从属单元格"按钮。结果如图 4-1-19 所示。

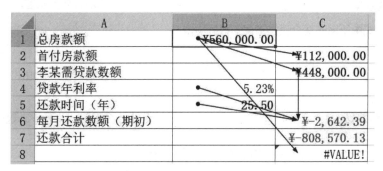

图 4-1-19 追踪引用/从属单元格

③ 清除跟踪箭头。在"公式"选项卡中,选择"公式审核"组中"移去箭头"按钮。

④ 显示/隐藏公式。在"公式"选项卡中,选择"公式审核"组中"显示公式"按钮。公式显示如图 4-1-20 所示。

	A	B	C
1	总房款额	560000	
2	首付房款额		=B1*20%
3	李某需贷款数额		=B1-C2
4	贷款年利率	0.0523	
5	还款时间(年)	25.5	
6	每月还款数额(期初)		=PMT(B4/12, B5*12, C3, 0, 1)
7	还款合计		=B5*12*C6
8			=B1-A1

图 4-1-20 显示公式

⑤ 检查公式错误。选中单元格 C8,在"公式"选项卡中,选择"公式审核"组中"错误检查"按钮,以显示公式错误信息,如图 4-1-21 所示。

4. 公式求值

使用 Excel 公式求值功能,可以单步执行公式,实现公式调试。往往用于理解复杂的嵌套公式如何计算最终结果,因为这些公式存在若干个中间计算和逻辑测试。例如,对于公式"=IF(AVERAGE(B2:B5)>50, SUM(C2:C5), 0)"。

【例 4 - 1 - 7】公式求值应用示例。单步调试"L4 - 1 - 6 房贷. xlsx"中每月还款数额的计算公式。

【例 4 - 1 - 7 解答】

选中单元格 C6,在"公式"选项卡中,选择"公式审核"组中"公式求值"按钮。打开如图 4-1-22 所示的"公式求值"对话框,单击"求值"按钮,单步执行公式。

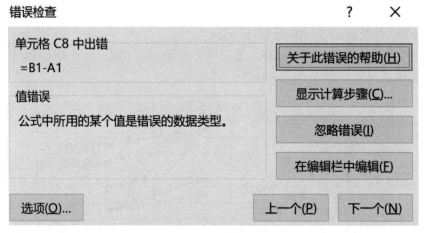

图 4-1-21 公式错误信息

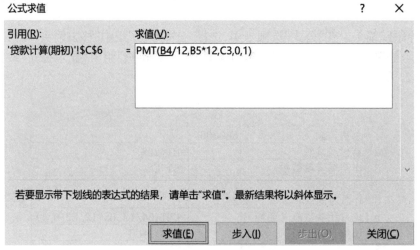

图 4-1-22 公式求值对话框

数据分析与大数据实践

4.2 数据分析应用

Excel 提供了十几个大类,几百个函数,可以完成大多数数据处理功能和基本的数据分析功能。

4.2.1 内置工作表函数

Excel 内置了大量工作表函数,主要包括以下类别: 数学和三角函数、逻辑函数、文本函数、日期与时间函数、统计函数、财务函数、查询和引用函数、工程函数、数据库函数以及信息函数。

1. 数学和三角函数

数学和三角函数用于数学计算。

【例 4-2-1】数学函数(MAX、MIN),统计函数(COUNTIF)的使用。在 L4-2-1 成绩统计.xlsx 的 A2: D59 区域中,包含了某班学生大学计算机课程的平时成绩和期末考试成绩,按平时占 40%、考试占 60%,计算全班学生的总评,填入 E2: E59 区域;计算期末最高分和最低分,分别填入 D60 和 D61;统计总评为 0—59, 60—74, 75—84, 85 分以上的学生数,分别填入 E60: E63 区域中,将结果保存为 L4-2-1 成绩统计 JG.xlsx。

【例 4-2-1 解答】

① 在 E2 单元格中输入: =C2 * 0.4+D2 * 0.6,回车确认后,拖曳该单元格的填充柄到 E59,完成公式的复制。

② 在 D60 单元格中输入: =MAX(D2: D59),在 D61 单元格中输入: =MIN(D2: D59)

③ 在 E60 单元格中输入: =COUNTIF($E $2: $E $59,"<60"),回车确认后,拖曳该单元格的填充柄到 E61,修改 E61 中的公式为: =COUNTIF($E $2: $E $59,"<75")-E60;类似的,复制并修改 E62 中的公式为: =COUNTIF($E $2: $E $59,"<85")-E61-E60;复制并修改 E63 中的公式为: =COUNTIF($E $2: $E $59,">=85")。

> **技巧**
>
> 在数值计算时,经常会得到一些小数,有时候甚至是无限循环或不循环小数,在显示的时候如果需要保留若干位小数,除了用 Excel 格式设置的方法外(只是显示形式,并没有真正进行四舍五入),也可以通过 INT、ROUND、MROUND、ROUNDUP 等函数进行设置,按〈F1〉键进入帮助进行学习和了解。

【例 4-2-2】数学函数(RAND、RANDBETWEEN、ROUND、SQRT),分类汇总函数(SUBTOTAL),统计函数(SUMIF、SUMIFS)应用示例。在"L4-2-2 学生信息表.xlsx"的 A2: A201 区域中,包含了某班 200 个学生的学号信息。

(1) 请利用随机函数生成全班学生的身高(150.0 cm~240.0 cm,保留 1 位小数)、成绩(0~100 的整数)、月消费(0.0~1000.0,保留 1 位小数)。

(2) 调整全班学生的成绩(开根号乘以 10,四舍五入到整数部分),填入 C2：C201 数据区域。

(3) 利用 SUBTOTAL 函数计算全班学生的最长身高,填入 H2 单元格。

(4) 统计月消费<50 的学生的总月消费,填入 H3 单元格中。

(5) 统计高水平运动员(身高不小于 200.0 cm 的学生)的总月消费,填入 H4 单元格中。

(6) 统计考试及格(以调整后的成绩为准)的高水平运动员的总月消费,填入 H5 单元格中。

最终结果如图 4-2-1 所示,保存为 L4－2－2 学生信息表 JG. xlsx。

B2		× ✓ fx	=ROUND(RAND()*(240-150)+150,1)				
	A	B	C	D	E	F	G	H
1	学号	身高cm	成绩	成绩调整	月消费			
2	B13001	174.5	70	84	￥719		最长身高	239.8
3	B13002	237.5	56	75	￥347		低消费汇总	￥ 304
4	B13003	222.1	59	77	￥544		运动员消费汇总	￥ 47,908
5	B13004	189.5	84	92	￥679		及格运动员消费汇总	￥ 31,967
6	B13005	194.8	55	74	￥682			
7	B13006	161.3	67	82	￥347			
8	B13007	230.8	38	62	￥523			
9	B13008	158.4	16	40	￥546			
10	B13009	205.9	88	94	￥282			
11	B13010	175.5	67	82	￥321			
12	B13011	218.3	15	39	￥390			
13	B13012	157.5	0	0	￥141			

图 4-2-1　数学函数应用示例(学生信息统计)

【例 4－2－2解答】

① 生成学生身高信息(保留 1 位小数)。在 B2 单元格中输入公式：＝ROUND(RAND()＊(240－150)＋150, 1),回车确认后,拖曳该单元格的填充柄到 B201,完成公式的复制。

② 生成学生成绩信息。在 C2 单元格中输入公式：＝RANDBETWEEN(0, 100),回车确认后,拖曳该单元格的填充柄到 C201,完成公式的复制。

③ 生成学生月消费信息(保留 1 位小数)。在 E2 单元格中输入公式：＝ROUND(RAND()＊1000, 1),回车确认后,拖曳该单元格的填充柄到 E201,完成公式的复制。

④ 调整学生的成绩(保留到整数部分)。在 D2 单元格中输入公式：＝ROUND(SQRT(C2)＊10, 0),回车确认后,拖曳该单元格的填充柄到 D201,完成公式的复制。

⑤ 利用 SUBTOTAL 函数统计学生最长身高。在 H2 单元格中输入公式：＝SUBTOTAL(4, B2：B201)。

⑥ 统计低月消费信息。在 H3 单元格中输入公式：＝SUMIF(E2：E201,"<50")。

⑦ 统计高水平运动员的月消费信息。在 H4 单元格中输入公式：＝SUMIF(B2：B201,">=200",E2：E201)。

⑧ 统计考试及格的高水平运动员的月消费信息。在 H5 单元格中输入公式：＝SUMIFS

(E2：E201，B2：B201，">=200",D2：D201，">=60")。

⑨ 文件另存为：L4-2-2学生信息表JG.xlsx。

说明：

(1) 公式"RAND()*(b-a)+a"可生成a与b之间的随机实数。

(2) 使用RAND或RANDBETWEEN函数生成随机数时，如果希望其不随单元格计算而改变，可以在编辑栏中输入随机函数，例如"=RAND()"，保持其编辑状态，然后按〈F9〉功能键，将公式永久性地改为随机数。

(3) 函数SUMIF(range，criteria，[sum_range])对满足条件的单元格的数值求和，包括：

① 对区域range中符合指定条件criteria的值求和，例如，=SUMIF(E2：E201，"<50")；

② 将条件criteria应用于某个单元格区域range，但却对另一个单元格区域sum_range中的对应值求和，例如，=SUMIF(B2：B201，">=200",E2：E201)。

(4) 函数SUMIF中用于确定对哪些单元格求和的条件criteria，其形式可以为数字、表达式、单元格引用、文本或函数。例如，条件可以表示为3.14159、"<50"、D6、"200062"、"Mary"或TODAY()等。

注意

任何文本条件或任何含有逻辑或数学符号的条件都必须使用英文双引号(")括起来。如果条件为数字，则无需使用双引号。

---

(5) 函数SUMIF的criteria参数中可以使用通配符问号(?)和星号(*)。问号匹配任意单个字符；星号匹配任意一串字符。假定在"L4-2-2学生信息表.xlsx"的A2：A201区域中存放学生的姓名，则公式"=SUMIF(A2：A201，"张*",E2：E201)"统计所有姓张的学生的总月消费信息。

(6) 函数SUMIFS(sum_range，criteria_range1，criteria1，[criteria_range2，criteria2]，…)对区域中满足多个条件的单元格求和。例如：本例的公式"=SUMIFS(E2：E201，B2：B201，">=200",D2：D201，">=60")"对区域E2：E201(月消费)中符合以下条件的单元格的数值求和：B2：B201中的相应数值>=200(高水平运动员)且D2：D201中的相应数值>=60(考试及格)。

(7) 函数SUMIF和COUNTIF分别对区域中满足单个指定条件的单元格求和、计数；函数SUMIFS和COUNTIFS则分别对区域中满足多个指定条件的单元格求和、计数。

(8) SUMIFS和SUMIF函数的参数顺序有所不同。SUMIFS中，求和区域sum_range是第一个参数，而在SUMIF中则是第三个参数。

【例4-2-3】数学函数(SUM、SUMPRODUCT、ROUND)、逻辑函数(IF)、统计函数(COUNTIF、COUNTIFS)以及数组公式的应用示例。在"L4-2-3学习成绩表.xlsx"的A2：I17区域中，存放着学生学号、姓名、性别、班级以及语数外的成绩。

(1) 请尝试使用数组公式计算每位学生的总分和平均分(保留到整数部分)。

(2) 分别利用四种方法(COUNTIF/COUNTIFS、SUM和IF配合、SUM和*配合、SUMPRODUCT)统计各班学生人数、男生人数女生人数。

学生学习情况表以及学生信息统计结果如图 4-2-2 所示。

	A	B	C	D	E	F	G	H	I
2	学号	姓名	性别	班级	大学语文	高等数学	公共英语	总分	平均分
3	B13121501	宋平平	女	一班	87	90	97	274	91
4	B13121502	王丫丫	女	一班	93	92	90	275	92
5	B13121503	董华华	男	二班	53	67	93	213	71
6	B13121504	陈燕燕	女	二班	95	89	78	262	87
7	B13121505	周萍萍	女	一班	87	74	84	245	82
8	B13121506	田一天	男	一班	91	74	84	249	83
9	B13121507	朱洋洋	男	一班	58	55	67	180	60
10	B13121508	吕文文	男	二班	78	77	55	210	70
11	B13121509	舒齐齐	女	二班	69	95	99	263	88
12	B13121510	范华华	女	二班	93	95	98	286	95
13	B13121511	赵霞霞	女	二班	79	86	89	254	85
14	B13121512	阳一昆	男	一班	51	41	55	147	49
15	B13121513	翁华华	女	一班	93	90	94	277	92
16	B13121514	金依珊	男	二班	89	80	76	245	82
17	B13121515	李一红	男	二班	95	86	88	269	90

（a）学生学习情况表

	A	B	C	D	E	F
19	方法1：COUNTIF(S)					
20	一班学生人数	8			方法3：SUM*	
21	一班男生人数	3			一班男生人数	3
22	一班女生人数	5			一班女生人数	5
23						
24	二班学生人数	7				
25	二班男生人数	4			二班男生人数	4
26	二班女生人数	3			二班女生人数	3
27						
28	方法2：SUM、IF					
29	一班学生人数	8			方法4：SUMPRODUCT	
30	一班男生人数	3			一班男生人数	3
31	一班女生人数	5			一班女生人数	5
32						
33	二班学生人数	7				
34	二班男生人数	4			二班男生人数	4
35	二班女生人数	3			二班女生人数	4

（b）学生信息统计结果

图 4-2-2　数学函数、逻辑函数、统计函数、数组公式应用示例（学生信息统计）

【例 4 - 2 - 3 解答】

① 利用数组公式计算总分。选择数据区域 H3：H17，然后在编辑栏中输入公式：＝E3：E17＋F3：F17＋G3：G17，并使编辑栏仍处在编辑状态。按〈Ctrl〉＋〈Shift〉＋〈Enter〉组合键锁定数组公式。

② 利用数组公式计算平均分。选择数据区域 I3：I17，然后在编辑栏中输入公式：＝ROUND(H3：H17/3，0)，并使编辑栏仍处在编辑状态。按〈Ctrl〉＋〈Shift〉＋〈Enter〉组合键锁定数组公式。

③ 利用 COUNTIF（方法 1）统计各班学生总数。在 B20 单元格中输入公式：＝COUNTIF($D$3：$D$17,"一班")，统计一班学生总数。将 B20 的公式复制到 B24 单元格中，将公式中的班级信息改为"二班"。

④ 利用 COUNTIFS（方法 1）统计各班男女生人数。在 B21 单元格中输入公式：＝COUNTIFS($C$3：$C$17,"男"，$D$3：$D$17,"一班")，统计一班男生人数。复制公式到 B22、B25、B26，并相应修改所需计算的班级和性别信息。

⑤ 利用数组公式、SUM 和 IF 配合（方法 2）统计各班学生总数。选择 B29 单元格，然后在编辑栏中输入公式：＝SUM(IF(D3：D17="一班",1，0))，按〈Ctrl〉＋〈Shift〉＋〈Enter〉组合键锁定数组公式。观察计算结果是否与方法 1 一致。如法炮制，在 B33 单元格，利用数组公

　　　　　　　　　　数据分析与大数据实践

式"{＝SUM(IF(D3：D17＝"二班",1,0))}",统计二班学生总数。

⑥ 利用数组公式、SUM 和 IF 配合(方法2)统计各班男女生人数。选择 B30 单元格,然后在编辑栏中输入以下公式:＝SUM(IF(C3：C17＝"男",IF(D3：D17＝"一班",1,0))),按〈Ctrl〉+〈Shift〉+〈Enter〉组合键锁定数组公式,统计一班男生人数。如法炮制,在单元格 B31、B34、B35,分别利用相应的数组公式统计各班男女生人数。

⑦ 利用数组公式、SUM 和 ＊ 配合(方法3)统计各班男女生人数。选择 F21 单元格,然后在编辑栏中输入公式:＝SUM((D3：D17＝"一班")＊(C3：C17＝"男")),按〈Ctrl〉+〈Shift〉+〈Enter〉组合键锁定数组公式,统计一班男生人数。如法炮制,在单元格 F22、F25、F26,分别利用相应的数组公式统计各班男女生人数。

⑧ 利用 SUMPRODUCT(方法4)统计各班男女生人数。在 F30 单元格中输入公式:＝SUMPRODUCT((C3：C17＝"男")＊(D3：D17＝"一班")),统计一班男生人数。如法炮制,分别在单元格 F31、F34、F35,利用 SUMPRODUCT 统计各班男女生人数。

⑨ 文件另存为:L4－2－3学习成绩表 JG.xlsx。

说明:

本例使用了 4 种不同的方法对区域中满足多个指定条件的单元格统计计数:COUNTIFS 函数、SUMPRODUCT 函数、SUM 和 IF 配合以及 SUM 和 ＊ 配合,其中方法二和方法三必须使用数组公式。在 SUM 和 ＊ 配合的方法中,逻辑值 TRUE 被转换为数字 1,FALSE 被转换为数字 0 参与运算。

【例 4－2－4】三角函数应用示例(绘制函数图像)。在"L4－2－4正弦函数和余弦函数.xlsx"中同时绘制正弦函数和余弦函数,最终结果如图 4-2-3 所示,保存为 L4－2－4正弦函数和余弦函数 JG.xlsx。

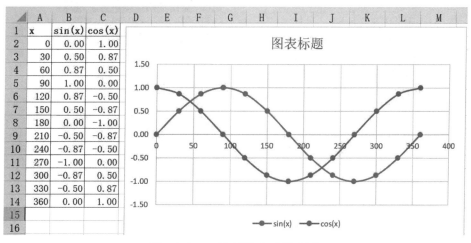

图 4-2-3　正弦函数和余弦函数

【例 4－2－4解答】

(1) 采用尽量简洁快速的方法在数据区域 A2：A14 中输入 x 的值(角度,一个周期的值,等差数列 0～360,公差或称步长为 30)。

(2) 计算 sin 函数和 cos 函数的值。在 B2 单元格输入公式:＝SIN(A2/360＊2＊PI()),在 C2 单元格输入公式:＝COS(A2/360＊2＊PI()),并填充至 B14 和 C14 单元格。

(3) 绘制图表。选择 A1: C14 的数据区域,单击"插入"选项卡,选择"图表"组中"散点图"的子类型"带直线和数据标记的散点图"。

2. 逻辑函数

Excel 逻辑函数用于逻辑控制处理。

【例 4－2－5】逻辑函数(IF、IFERROR)以及数学函数(ROUND、SQRT)应用示例。"L4－2－5 学生成绩.xlsx"中存放着 30 名学生的语文成绩,以及 10 名学生千分考(200 道选择题,做对得 5 分、不做不得分、做错扣 2 分,分值范围为−400～1000 分)的原始成绩。

(1) 请根据学生语文课程的百分制分数,确定其五级制(优、良、中、及格、不及格)的评定等级。假设评定条件为:

$$
成绩等级 = \begin{cases} 优 & 分数 >= 90 \\ 良 & 80 \leqslant 分数 < 90 \\ 中 & 70 \leqslant 分数 < 80 \\ 及格 & 60 \leqslant 分数 < 70 \\ 不及格 & 分数 < 60 \end{cases}
$$

(2) 初步调整学生的千分考成绩:成绩<0 显示"负分",否则成绩调整为"开根号＊3 并取整"。

结果如图 4-2-4 所示,保存为 L4－2－5 学生成绩 JG.xlsx。

	A	B	C	D	E	F	G
1	学号	语文	等级		千分考成绩调整		
2	S01001	94	优		学生编号	原始成绩	调整成绩
3	S01002	84	良		FD001	960	93
4	S01003	50	不及格		FD002	400	60
5	S01004	69	及格		FD003	−356	负分
6	S01005	64	及格		FD004	890	89
7	S01006	74	中		FD005	123	33
8	S01007	73	中		FD006	6	7
9	S01008	74	中		FD007	−298	负分
10	S01009	51	不及格		FD008	1	3
11	S01010	63	及格		FD009	305	52
12	S01011	77	中		FD010	−4	负分
13	S01012	82	良				
14	S01013	84	良				
15	S01014	75	中				
16	S01015	74	中				

图 4-2-4　学生成绩等级和千分考成绩

【例 4－2－5 解答】

① 输入语文成绩等级评定公式。在 C2 单元格输入公式:＝IF(B2>89,"优",IF(B2>79,"良",IF(B2>69,"中",IF(B2>59,"及格","不及格"))))),并填充至 C31 单元格。结果如图 4-2-4 所示。

② 输入千分考成绩调整公式。在 G3 单元格输入公式:＝IFERROR(ROUND(SQRT

(F3)＊3,0),"负分"),并填充至 G12 单元格。

说明：

(1) 函数 IFERROR(value，value_if_error)捕获和处理表达式中的错误。如果公式的计算结果正确,则返回公式的结果 value;否则返回指定的值 value_if_error。

(2) 计算得到的错误类型有：＃N/A、＃VALUE!、＃REF!、＃DIV/0!、＃NUM!、＃NAME? 或＃NULL!。具体参见表 4-1-8 使用公式和函数产生的常见错误信息。

思考

有没有更简洁的方法解决这个 IF 嵌套函数的问题？ 提示：请参见查找与引用函数 VLOOKUP 或 LOOKUP 或 CHOOSE、统计函数 FREQUENCY 等。

【例 4－2－6】逻辑函数(IF、AND 和 OR)以及数学和三角函数(ROUND、RAND、SIN、SQRT、EXP、LN、ABS、PI 等)应用示例。利用 IF、AND 和 OR 函数,以及数学和三角函数,计算"L4－2－6 分段函数.xlsx"中当 x 取值为－10 到 10 之间的随机实数时,分段函数 y 的值。要求使用两种方法实现：一种方法先判断－1≤x<2 条件,第二种方法先判断 x<－1 或 x>=2 条件。结果均保留两位小数。结果如图 4-2-5 所示,保存为 L4－2－6 分段函数 JG.xlsx。

$$y=\begin{cases} \sin x+2\sqrt{x+e^4}-(x+1)^3 & -1\leqslant x<2 \\ \ln(|x^2-x|)-\dfrac{2\pi(x-1)}{7x} & x<-1 \text{ 或 } x>=2 \end{cases}$$

B2		f_x	=IF(AND(A2>=-1,A2<2),SIN(A2)+2*SQRT(A2+EXP(4))-(A2+1)^3,LN(ABS(A2^2-A2))-2*PI()*(A2-1)/7/A2)

	A	B	C	D	E	F	G
1	x	分段函数AND	分段函数OR				
2	-8.09	3.29	3.29				
3	3.11	1.27	1.27				
4	-3.00	1.29	1.29				
5	5.22	2.37	2.37				
6	-0.74	13.99	13.99				
7	-0.97	13.82	13.82				
8	6.56	2.84	2.84				

图 4-2-5　分段函数

【例 4－2－6 解答】

① 生成－10 到 10 之间的随机实数(保留两位小数)。在 A2 单元格输入公式：＝ROUND(RAND()＊20－10,2),并填充至 A42 单元格。

② 利用 IF 和 AND 函数计算分段函数 y 的值。在 B2 单元格输入公式：＝IF(AND(A2>=－1, A2<2),SIN(A2)＋2＊SQRT(A2＋EXP(4))－(A2+1)^3, LN(ABS(A2^2－A2))－2＊PI()＊(A2－1)/7/A2),并填充至 B42 单元格。利用增加小数位数或减少小数位数使结果保留 2 位小数。

③ 利用 IF 和 OR 函数计算分段函数 y 的值。在 C2 单元格输入公式：＝IF(OR(A2<

$-1, A2>=2), LN(ABS(A2^2-A2))-2*PI()*(A2-1)/7/A2, SIN(A2)+2*SQRT(A2+EXP(4))-(A2+1)^3)$，并填充至 C42 单元格。利用增加小数位数或减少小数位数使结果保留 2 位小数。

3. 文本函数

Excel 文本函数用于处理字符串。

【例 4-2-7】文本函数(LEFT、RIGHT、LEN、LENB、FIND、UPPER 和 REPLACE 等)应用示例。"L4-2-7 供应商信息.xlsx"存放着若干供应商的联系方式、身份证号码、E-mail 等信息。

(1) 根据 A 列的供应商联系方式,抽取出供应商姓名和手机号码。

(2) 抽取 E-mail 地址中的用户名(即 E-mail 地址中"@"字符之前的文本)并且字母转换为大写作为登录账号。

(3) 抽取身份证号码的最后 6 位数作为登录密码。

(4) 将身份证号码的前 3 位 510(四川省)变更为 320(江苏省)。

最终结果如图 4-2-6 所示,保存为 L4-2-7 供应商信息 JG.xlsx。

	A	B	C	D	E	F	G	H
1	供应商联系方式	姓名	手机号码	身份证号码	E-mail	登录账号	密码	身份证号码变更
2	王歆文13867658386	王歆文	13867658386	510725198509178510	xusir2016@yahoo.cn	XUSIR2016	178510	320725198509178510
3	郁立13985712143	郁立	13985712143	510725198602225170	periswallow@126.com	PERISWALLOW	225170	320725198602225170
4	刘倩芳13521911356	刘倩芳	13521911356	510725197904171572	acmmjiang@yahoo.com	ACMMJIANG	171572	320725197904171572
5	陈熠洁13385745549	陈熠洁	13385745549	510725198705177837	ynlyf100@sina.com	YNLYF100	177837	320725198705177837
6	王鹏瑛13316769931	王鹏瑛	13316769931	510725197008234010	catrinajy@gmail.com	CATRINAJY	234010	320725197008234010
7	周一蓝13411697083	周一蓝	13411697083	51072519760716451X	leafivy@163.com	LEAFIVY	16451X	32072519760716451X
8	赵国赞13971657062	赵国赞	13971657062	510725197701136405	cany315@sohu.com	CANY315	136405	320725197701136405
9	张祯喆13624293735	张祯喆	13624293735	510725197107162112	zhang_ecnu@163.com	ZHANG_ECNU	162112	320725197107162112
10	范赵灵13372455173	范赵灵	13372455173	510725197402266352	sakuraforever911@yahoo.cn	SAKURAFOREVER9	266352	320725197402266352
11	王琪13817251968	王琪	13817251968	510725198307258738	xuanlingmuwjj@yahoo.com	XUANLINGMUWJJ	258738	320725198307258738
12	邓丽丽13936177810	邓丽丽	13936177810	510725198109214889X	wangjia512@sohu.com	WANGJIA512	21489X	320725198109214889X
13	张娟娟15821864062	张娟娟	15821864062	510725197803239245	juanzi19851234@yahoo.cn	JUANZI19851234	239245	320725197803239245
14	覃依妮15911855495	覃依妮	15911855495	510725198505144256	pp_198633@sina.com.cn	PP_198633	144256	320725198505144256
15	宣华华13777293735	宣华华	13777293735	510725198008215123	zilongkang8@163.com	ZILONGKANG8	215123	320725198008215123

图 4-2-6 供应商姓名电话账号密码身份证信息

【例 4-2-7 解答】

① 供应商姓名抽取公式。在 B2 单元格输入公式:=LEFT(A2, LENB(A2)-LEN(A2)),并填充至 B15 单元格。

② 供应商手机号码抽取公式。在 C2 单元格输入公式:=RIGHT(A2, 2*LEN(A2)-LENB(A2)),并填充至 C15 单元格。

③ 登录账号抽取公式。在 F2 单元格输入公式:=UPPER(LEFT(E2, FIND("@", E2)-1)),并填充至 F15 单元格。

④ 登录密码抽取公式。在 G2 单元格输入公式:=RIGHT(D2, 6),并填充至 G15 单元格。

⑤ 身份证号码变更公式。在 H2 单元格输入公式:=REPLACE(D2, 1, 3, "320"),并填充至 H15 单元格。

说明:

(1) 从 Excel 中提取字符串的常用函数有 LEFT、RIGHT、MID 等。LEFT 函数从左向右提取,RIGHT 函数从右向左提取,MID 函数也从左向右提取,但不一定从第一个字符起,可以从文本字符串中间某个指定的位置开始提取。

（2）函数 LEN、LEFT、RIGHT、MID、FIND、SEARCH、REPLACE 面向使用单字节字符集(Single-Byte Character Set，SBCS)的语言。无论默认语言如何设置，这些函数始终将每个字符(不管是单字节还是双字节)按 1 计数。例如，LEN("丰田 car")返回 5。

（3）函数 LENB、LEFTB、RIGHTB、MIDB、FINDB、SEARCHB、REPLACEB 面向使用双字节字符集(Double-Byte Character Set，DBCS)的语言。当启用支持 DBCS 语言(日语、简体中文、繁体中文以及朝鲜语)的编辑并将其设置为默认语言时，这些函数会将每个双字节字符按 2 计数。例如，LENB("丰田 car")返回 7。

（4）函数 SUBSTITUTE 用于在某一文本字符串中替换指定的文本；函数 REPLACE 则用于在某一文本字符串中替换指定位置处的指定字节数的文本。本例一定要使用 REPLACE 函数将身份证号码的前 3 位 510 变更为 320。因为如果使用公式"＝SUBSTITUTE(D2，"510"，"320")"，则将身份证号码所有的 510 替换为 320，例如第一个供应商的身份证号码 510725198509178510(有两组 510)将替换为 320725198509178320。

拓展

　　（1）请尝试使用其他公式抽取供应商手机号码。例如，在抽取了供应商姓名信息后，可在 C2 单元格输入公式"＝MID(A2，LEN(B2)＋1，LEN(A2)−LEN(B2))"抽取供应商手机号码。

　　（2）请尝试使用公式抽取 E-mail 地址中的主机域名(用户信箱的邮件接收服务器域名，即 E-mail 地址中"@"字符之后的文本)。提示：可输入公式"＝RIGHT(E2，LEN(E2)−FIND("@"，E2))"抽取 E-mail 地址中的主机域名。

---

4. 日期与时间函数

Excel 日期与时间函数用于处理日期和时间类型的数据。

【例 4-2-8】日期与时间函数(WEEKDAY、DATEDIF 等)、数学函数(SUM、SUMIF、SUMIFS、ROUND 等)、逻辑函数(IF、OR 等)以及数组公式应用示例。"L4-2-8职工加班出差信息.xlsx"中记录着 4 名员工的加班和出差情况，加班工资按照小时计算(加班时间不足一小时但超过半小时的按一小时计算，不足半小时的则忽略不计)。

(1) 统计每位员工的加班时长。

(2) 判断加班时间是星期几，并确定是否为双休日。

(3) 统计每位员工总的加班时长、双休日加班时长，并根据表格中的支付标准计算加班工资。

(4) 统计每位员工的出差天数。

(5) 请利用数组公式计算该单位所支出的出差补助总费用。

最终结果如图 4-2-7 所示，结果保存为 L4-2-8职工加班出差信息 JG.xlsx。

【例 4-2-8解答】

① 统计每位员工的加班时长。在 D3 单元格输入公式：＝ROUND((((C3−B3)＊24)，0)，并填充至 D12 单元格。

图 4-2-7　职工加班出差费用统计

职工11月份加班情况表

姓名	加班起始时间	加班结束时间	加班时长	星期	双休日		姓名	总加班时间	双休日加班时间	加班工资
李一明	2014/11/1 2:50	2014/11/1 4:25	2	6	是		李一明	8	8	240
王清清	2014/11/5 5:50	2014/11/5 8:21	3	3			王清清	8	3	165
赵丹丹	2014/11/5 15:02	2014/11/5 17:15	2	3			赵丹丹	6	0	90
胡安安	2014/11/5 19:10	2014/11/5 22:55	4	3			胡安安	9	0	135
王清清	2014/11/10 8:00	2014/11/10 10:12	2	1						
李一明	2014/11/15 1:00	2014/11/15 4:18	3	6	是		加班工资（元/小时）			
赵丹丹	2014/11/10 11:30	2014/11/10 15:18	4	1			平时	¥15		
胡安安	2014/11/20 6:05	2014/11/20 10:37	5	4			双休日	¥30		
李一明	2014/11/30 10:00	2014/11/30 12:48	3	7	是					
王清清	2014/11/30 13:26	2014/11/30 16:52	3	7	是					

职工2014年出差情况表

姓名	出发日期	返回日期	出差天数	补助标准/天
李一明	2014/3/8	2014/3/16	8	¥200
王清清	2014/5/10	2014/6/2	23	¥150
赵丹丹	2014/6/8	2014/6/25	17	¥180
胡安安	2014/9/3	2014/10/30	57	¥175
出差补助费用总计				¥18,085

② 判断加班时间是星期几。在 E3 单元格输入公式：＝WEEKDAY(B3，2)，并填充至 E12 单元格。

③ 判断加班时间是否为双休日。在 F3 单元格输入公式：＝IF(OR(E3＝6，E3＝7)，"是"，"")，并填充至 F12 单元格。

④ 统计每位员工加班总时长。选择数据区域 I3：I6,然后在编辑栏中输入以下公式：＝SUMIF(A3：A12，H3：H6，D3：D12)，按〈Ctrl〉＋〈Shift〉＋〈Enter〉组合键锁定数组公式，Excel 将在公式两边自动加上花括号"{}"。

⑤ 统计每位员工双休日总加班时长。选择数据区域 J3：J6,然后在编辑栏中输入公式：＝SUMIFS(D3：D12，A3：A12，H3：H6，F3：F12，"是")，按〈Ctrl〉＋〈Shift〉＋〈Enter〉组合键锁定数组公式。

⑥ 统计每位员工加班工资。选择数据区域 K3：K6,然后在编辑栏中输入以下公式：＝J3：J6＊I10＋(I3：I6－J3：J6)＊I9，按〈Ctrl〉＋〈Shift〉＋〈Enter〉组合键锁定数组公式。

⑦ 统计每位员工出差总天数。在 D16 单元格输入公式：＝DATEDIF(B16，C16，"D")，并填充至 D19 单元格。

⑧ 利用数组公式计算出差补助总支出费用。选择单元格 E20,然后在编辑栏中输入以下公式：＝SUM(D16：D19＊E16：E19)，按〈Ctrl〉＋〈Shift〉＋〈Enter〉组合键锁定数组公式。

说明：

(1) 函数 WEEKDAY(serial_number，[return_type])返回指定日期为星期几。默认情况下,其值为 1(星期天)到 7(星期六)之间的整数。其中,serial_number 是需要查找的指定日期。return_type 用于确定返回值类型的数字,常用的取值参见表 4-2-1 所示。

表 4-2-1　return_type 的取值及意义

取值	意　义
1 或省略	从 1(星期日)到 7(星期六)的数字
2	从 1(星期一)到 7(星期日)的数字

取值	意　义
3	从 0(星期一)到 6(星期日)的数字
11	从 1(星期一)到 7(星期日)的数字
12	从 1(星期二)到 7(星期一)的数字
13	从 1(星期三)到 7(星期二)的数字
14	从 1(星期四)到 7(星期三)的数字
15	从 1(星期五)到 7(星期四)的数字
16	从 1(星期六)到 7(星期五)的数字
17	从 1(星期日)到 7(星期六)的数字

(2) 函数 DATEDIF(start_date，end_date，unit)计算两个指定日期 start_date 和 end_date 之间相差的天数、月数或年数，参数 unit 确定差值的返回类型，其取值如表 4-2-2 所示。表中以 A1 中存放的日期 2014/2/1 和 B1 中存放的日期 2015/4/10 为例加以说明。

表 4-2-2　函数 DATEDIF 参数 unit 的取值

值	返回类型	示例	结果
"Y"	时间段中的整年数	= DATEDIF (A1， B1， "Y")	1(整年数)
"M"	时间段中的整月数	= DATEDIF (A1， B1， "M")	14(整月数)
"D"	时间段中的天数	= DATEDIF (A1， B1， "D")	433(天数)
"MD"	时间段中相差的天数。忽略日期中的年和月	= DATEDIF (A1， B1， "MD")	9(天数。不计年月)
"YM"	时间段中相差的月数。忽略日期中的年和日	= DATEDIF (A1， B1， "YM")	2(月数。不计年日)
"YD"	时间段中相差的天数。忽略日期中的年	= DATEDIF (A1， B1， "YD")	68(天数。不计年)

5. 统计函数

Excel 统计函数用于对各种类型的数据的统计分析。

【例 4 - 2 - 9】统计函数(FREQUENCY、RANK、PERCENTRANK、MAX、MIN、LARGE、SMALL、AVERAGE、SUBTOTAL、MEDIAN、MODE 等)以及日期与时间函数(DATEDIF、YEAR、NOW 或 TODAY 等)应用示例。"L4 - 2 - 9 职工信息统计. xlsx"中记

录着员工的出生日期和薪酬情况。

（1）在 G1 单元格中显示系统当前日期。

（2）请根据出生日期计算员工年龄（当年年龄和实足年龄）。

（3）统计员工实足年龄分布情况。

（4）计算员工的薪酬排名、薪酬百分比排名。

（5）统计最高薪酬、第二高薪酬、最低薪酬、倒数第二低薪酬、平均薪酬、中间薪酬以及出现次数最多的薪酬。

最终结果如图 4-2-8 所示，结果保存为 L4-2-9 职工信息统计 JG.xlsx。

	A	B	C	D	E	F	G
1	职工信息一览表					当前日期	2019/10/5
2	姓名	出生日期	当年年龄	实足年龄	薪酬	薪酬排名	薪酬百分比排名
3		1996/3/10	23	23	¥5,075	6	58%
4		1989/6/10	30	30	¥5,621	1	100%
5		1976/12/1	43	42	¥4,998	8	42%
6		1959/1/1	60	60	¥4,890	10	25%
7		1982/10/10	37	36	¥5,481	3	75%
8		1986/1/5	33	33	¥4,896	9	33%
9		1981/5/5	38	38	¥4,542	11	17%
10		1978/12/31	41	40	¥5,071	7	50%
11		1984/3/5	35	35	¥5,519	2	92%
12		1974/12/11	45	44	¥4,403	13	0%
13		1980/8/6	39	39	¥5,481	3	75%
14		1969/12/12	50	49	¥5,092	5	67%
15		1964/7/7	55	55	¥4,474	12	8%
16							
17	年龄和薪酬分布统计表						
18	20岁及以下	0	20	最高薪酬	¥5,621		
19	21~25	1	25	第二高薪酬	¥5,519		
20	26~30岁	1	30	最低薪酬	¥4,403		
21	31~35岁	2	35	倒数第二低薪酬	¥4,474		
22	36~40岁	4	40	平均薪酬	¥5,042		
23	41~49岁	3	49	中间薪酬	¥5,071		
24	50岁及以上	2		出现次数最多的薪酬	¥5,481		

图 4-2-8　员工年龄薪酬信息统计

【例 4-2-9 解答】

① 显示当前日期。在 G1 单元格输入公式：=TODAY()。

② 计算每位员工的当年年龄（不管生日是否已过）。在 C3 单元格输入公式：=YEAR(NOW())-YEAR(B3)，并填充至 C15 单元格。

③ 计算每位员工的实足年龄（从出生到计算时为止，共经历的周年数或生日数）。在 D3 单元格输入公式：=DATEDIF(B3, $G$1, "Y")，并填充至 D15 单元格。

④ 重新整理实足年龄段，为了使用 FREQUENCY 函数统计数值在区域内的出现频率，在 C18：C23 数据区域输入整理后的年龄段。利用频率统计函数统计员工实足年龄分布情况，选择数据区域 B18：B24，然后在编辑栏中输入公式：=FREQUENCY(D3：D15, C18：C23)，按〈Ctrl〉+〈Shift〉+〈Enter〉组合键锁定数组公式。

⑤ 计算员工的薪酬排名，在 F3 单元格输入公式：=RANK(E3, $E$3：$E$15)，并填充至 F15 单元格。计算员工的薪酬百分比排名，在 G3 单元格输入公式：=PERCENTRANK($E$3：$E$15, E3)，并填充至 G15 单元格，并设置其格式为百分比样式，保留显示到整数部分。

⑥ 统计最高薪酬。在 F18 单元格输入公式：＝MAX(E3：E15)(也可以利用公式"＝LARGE(E3：E15，1)"或者"＝SMALL(E3：E15，13)"完成相同功能)。

⑦ 统计第二高薪酬,在 F19 单元格输入公式：＝LARGE(E3：E15，2);统计最低薪酬,在 F20 单元格输入公式：＝MIN(E3：E15)(也可以利用公式"＝SMALL(E3：E15，1)"或者"＝LARGE(E3：E15，13)"完成相同功能)。

⑧ 统计倒数第二低薪酬,在 F21 单元格输入公式：＝SMALL(E3：E15，2);统计平均薪酬。在 F22 单元格输入公式：＝AVERAGE(E3：E15)(也可以利用公式"＝SUBTOTAL(1,E3：E15)"完成相同功能)。

⑨ 统计中间薪酬,在 F23 单元格输入公式：＝MEDIAN(E3：E15);统计出现次数最多的薪酬,在 F24 单元格输入公式：＝MODE(E3：E15)。

说明：

(1) 在现实生活和学习中,经常需要分段统计数据,比较轻松快捷的方法是利用 FREQUENCY 函数,统计数值在数据区域中的出现频率。

(2) FREQUENCY 函数的功能是统计数值在某个区域内的出现频率,然后返回一个垂直数组,因此必须以数组公式的形式输入。

(3) 在函数 FREQUENCY(data_array, bins_array)中,data_array 是要为其计算频率的数组,bins_array 是对 data_array 中的数值进行分组的区间数组。

(4) FREQUENCY 函数返回的数组中的元素个数比 bins_array 中的元素个数多 1 个。多出来的那个元素表示最高区间之上的数值个数。

(5) RANK 函数返回指定数值在数值列表中的排位。数值的排位是其大小与列表中其他值的比值。

(6) 在函数 RANK(number, ref, [order])中,number 是需要找到排位的数值;ref 是数值列表数组或对数值列表的引用(ref 中的非数值型数据将被忽略);order 用于指明数值排位的方式,为 0(默认值)时数值的排位基于 ref 降序排列,不为 0 时数值的排位基于 ref 升序排列。

(7) RANK 函数对重复数值的排位相同,但重复数值将影响后续数值的排位。本例中"钱军军"和"裘石梅"薪酬排名并列第 3,则排位 4 空缺,"陈默金"的排位为 5。

拓展

(1) 请思考,为什么需要重新整理分数段? 这其中有什么规律可循? 请回忆函数 COUNTIF(统计范围,条件)是如何完成指定范围内满足条件的记录个数的统计功能的? 体会一下借助一个数组公式(FREQUENCY 函数)的妙处。

(2) 如果区域中数据点的个数为 n,则函数 LARGE(array, 1)返回最大值(即 MAX(array)),函数 LARGE(array, n)返回最小值(即 MIN(array))。

(3) 请尝试利用 SMALL 函数统计第二高薪酬(提示：＝SMALL(E3：E15，12)),以及利用 LARGE 函数统计倒数第二低薪酬(提示：＝LARGE(E3：E15，12))。推而广之,对于有 n 个数据的数据区域,如何利用 LARGE 函数计算其第 k 个最小值,利用 SMALL 函数计算其第 k 个最大值?

6. 财务函数

Excel 财务函数用于财务计算,如确定贷款的支付额、投资的未来值或净现值,以及债券或息票的价值。

在统计函数中,用于投资理财的函数主要有:

- 与未来值 fv 有关的函数:FV、FVSCHEDULE。
- 与付款 pmt 有关的函数:PMT、IPMT、ISPMT、PPMT。
- 与现值 pv 有关的函数:PV、NPV、XNPV。
- 与复利计算有关的函数:EFFECT、NOMINAL。
- 与期间数有关的函数:NPER。

本文将重点介绍 PMT 和 FV 函数,其他函数的具体说明和使用请参见 Excel 帮助信息。

【例 4-2-10】财务函数应用示例(PMT 函数)。在"L4-2-10 购房贷款.xlsx"中,存放着王先生向银行贷款购置住房的有关信息。假设总房价为 200 万元,首付按照总房价 20% 计算,其余从银行贷款,贷款利率为 5.23%,分 30 年还清,计算每月还给银行的贷款数额以及总还款额(假定每次为等额还款,还款时间为每月月末)。最终结果如图 4-2-9 所示,保存为 L4-2-10 购房贷款 JG.xlsx。

B6		$\times$ $\checkmark$ fx	=PMT(B4/12,B5*12,B3)
	A		B
1	总房款额		¥2,000,000.00
2	首付房款额		¥400,000.00
3	需贷款数额		¥1,600,000.00
4	贷款年利率		5.23%
5	还款时间(年)		30.00
6	每月还款数额(期末)		¥-8,815.45
7	期末还款合计		¥-3,173,561.83

图 4-2-9 购房贷款结果

【例 4-2-10 解答】

① 输入计算首付房款额公式。在 B2 单元格输入公式:=B1*20%。

② 输入需贷款余额公式。在 B3 单元格输入公式:=B1-B2。

③ 输入每月还款数额(期末)公式。在 B6 单元格输入公式:=PMT(B4/12, B5*12, B3)。

④ 输入期末还款合计公式。在 B7 单元格输入公式:=B6*B5*12。

说明:

(1) 函数 PMT(rate, nper, pv, [fv], [type])基于固定利率及等额分期付款方式,返回贷款的每期付款额。其中,rate 为贷款利率;nper 为该项贷款的付款总期数;pv 为现值或一系列未来付款的当前值的累积和(也称为本金);fv(可选)为未来值,或在最后一次付款后希望得到的现金余额,如果省略 fv,则假设其值为 0,也就是一笔贷款的未来值为 0;type(可选)取值数字 0 或 1,用以指示各期的付款时间是在期末(0)还是期初(1),缺省为 0。

(2) 使用 PMT 函数时,注意确保所指定的 rate 和 nper 单位的一致性。例如,对于五年期年利率为 8.5% 的贷款,如果按月支付,rate 应为 8.5%/12,nper 应为 5 * 12;如果按年支付, rate 应为 8.5%,nper 为 5。

（3）对于所有投资统计函数(PMT、FV、PV 等)的参数,支出的款项(如银行存款),表示为负数;收入的款项(如股息收入),表示为正数。

思考

如果还款时间为每月月初,则 PMT 函数还需要再增加什么参数(可参考例 4 - 1 - 6 公式审核示例中的计算公式)？如果还款时间为每年年初或年末,则如何使用 PMT 函数计算相应的还款数额？

【例 4 - 2 - 11】财务函数应用示例(FV 函数)。在"L4 - 2 - 11 积攒学习费用.xlsx"中,存放着小王为了进一步学习深造计划筹款情况。小王本科毕业工作后,计划两年后攻读硕士研究生,为了自力更生支付这笔比较大的学习费用,决定从现在起每月末存入储蓄存款账户 2500 元,如果年利为 4.25%,按月计息,计算两年以后小王账户的存款额。最终结果如图 4-2-10 所示,将结果保存为 L4 - 2 - 11 积攒学习费用 JG. xlsx。

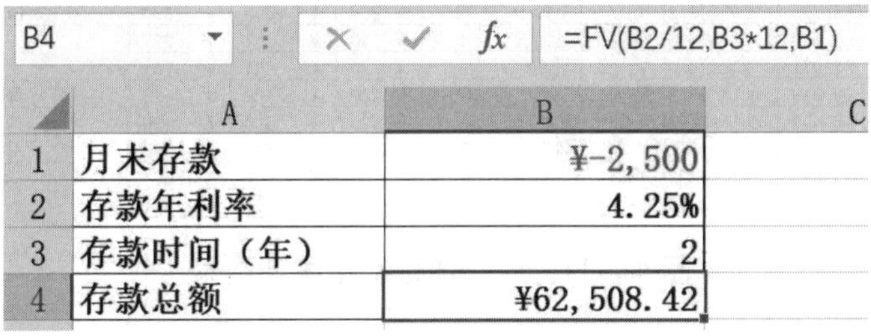

B4	:	×	✓	f_x	=FV(B2/12,B3*12,B1)

	A	B	C
1	月末存款	¥-2,500	
2	存款年利率	4.25%	
3	存款时间（年）	2	
4	存款总额	¥62,508.42	

图 4-2-10 学习费用积攒结果

【例 4 - 2 - 11 解答】

① 准备数据。在 B1～B3 单元格中分别输入每月存款额、存款年利率、存款期限。

② 计算两年后账户存款额。在 B4 单元格输入公式: ＝FV(B2/12, B3 * 12, B1)。

说明:

（1）在日常工作与生活中,经常会遇到要计算某项投资未来值的情况,此时可利用 Excel 函数 FV,计算和分析一些有计划、有目的、有效益的投资。

（2）FV(rate, nper, pmt, [pv], [type]) 函数基于固定利率及等额分期付款方式,返回某项投资的未来值。各参数的涵义与 PMT 函数参数类似: rate 为存款利率;nper 为年金的付款总期数;pmt 为各期所应支付的金额,其数值在整个年金期间保持不变(注意,如果省略 pmt,则必须包括 pv 参数);pv(可选)为现值,或一系列未来付款的当前值的累积和(注意,如果省略 pv,则假设其值为 0,并且必须包括 pmt 参数);type(可选)取值数字 0 或 1,用以指定各期的付款时间是在期初(1)还是期末(0),缺省为 0。

7. 查找与引用函数

Excel 查找与引用函数用于在数据清单或表格中查找特定数值,或者需要查找某一单元格的引用。例如,如果需要在表格中查找与第一列中的值相匹配的数据,可以使用 VLOOKUP 函数。如果需要确定数据清单中数值的位置,可以使用 MATCH 函数。

【例 4 - 2 - 12】 查找与引用函数(CHOOSE、VLOOKUP、INDIRECT)、文本函数(TEXT)、数学函数(ROUND)、日期与时间函数(WEEKDAY)应用示例。在"L4 - 2 - 12 职工加班补贴信息.xlsx"中,存放着职工 6 月份的加班情况。

(1) 请尝试分别使用 TEXT 函数和 CHOOSE 函数两种不同的方法,判断加班日期所对应的星期名称。

(2) 利用 VLOOKUP 函数,根据表格中的加班工资标准,计算职工的加班工资。

(3) 分别利用 VLOOKUP 函数和 INDIRECT 函数,根据不同职称的补贴比例(薪酬的百分比),计算职工的补贴(四舍五入到整数部分),结果分别置于 I3:I15(补贴 1)和 J3:J15(补贴 2)。

最终结果如图 4-2-11 所示,结果保存为 L4 - 2 - 12 职工加班补贴信息 JG.xlsx。

姓名	职称	薪酬	加班日	星期(1)	星期(2)	加班时长	加班工资	补贴1	补贴2		加班工资(元/小时)	
											时长	单价
	中级	¥6,075	2014/6/2	星期一	星期一	2	¥ 20	¥ 608	¥ 608			
	高级	¥8,621	2014/6/28	星期六	星期六	1	¥ 5	¥ 1,293	¥ 1,293	0	2小时以下	5
	初级	¥4,998	2014/6/14	星期六	星期六	7	¥ 84	¥ 250	¥ 250	2	2~5小时	10
	中级	¥7,890	2014/6/24	星期二	星期二	12	¥ 240	¥ 789	¥ 789	6	6~8小时	12
	高级	¥8,481	2014/6/25	星期三	星期三	6	¥ 72	¥ 1,272	¥ 1,272	8	8~10小时	15
	中级	¥6,896	2014/6/2	星期一	星期一	10	¥ 200	¥ 690	¥ 690	10	10小时以上	20
	初级	¥4,542	2014/6/13	星期五	星期五	4	¥ 40	¥ 227	¥ 227			
	高级	¥5,071	2014/6/3	星期二	星期二	5	¥ 50	¥ 761	761		补贴对照表	
	高级	¥9,519	2014/6/13	星期五	星期五	11	¥ 220	¥ 1,428	¥ 1,428		职称	补贴比例
	初级	¥8,403	2014/6/23	星期一	星期一	3	¥ 30	420	420		初级	5%
	中级	¥5,481	2014/6/6	星期五	星期五	8	¥ 120	¥ 548	548		中级	10%
	高级	¥9,092	2014/6/23	星期一	星期一	3	¥ 30	¥ 1,364	¥ 1,364		高级	15%
	高级	¥8,474	2014/6/12	星期四	星期四	9	¥ 135	¥ 1,271	¥ 1,271			

图 4-2-11 职工加班补贴统计结果

【例 4 - 2 - 12 解答】

① 利用 TEXT 函数判断加班日期所对应的星期名称。在 E3 单元格输入公式:=TEXT(D3,"aaaa"),并填充至 E15 单元格。

② 利用 CHOOSE 函数判断加班日期所对应的星期名称。在 F3 单元格输入公式:=CHOOSE(WEEKDAY(D3),"星期日","星期一","星期二","星期三","星期四","星期五","星期六"),并填充至 F15 单元格。

③ 重新整理加班工资标准。为了使用 VLOOKUP 函数搜索不同加班时长所对应的加班工资单价信息,在 L4:L8 数据区域输入整理后的加班时长。

④ 利用 VLOOKUP 函数计算职工加班工资。选择数据区域 H3:H15,然后在编辑栏中输入公式:=VLOOKUP(G3:G15,\$L\$4:\$N\$8,3)*G3:G15,按〈Ctrl〉+〈Shift〉+〈Enter〉组合键锁定数组公式。

⑤ 利用 VLOOKUP 函数计算职工补贴(保留到整数部分)。在 I3 单元格输入公式:=ROUND(C3 * VLOOKUP(B3,\$M\$12:\$N\$14,2,FALSE),0),并填充至 I15 单元格。

⑥ 为了利用 INDIRECT 函数查询不同职称的补贴比例,请分别将 N12、N13、N14 单元格命名为其所对应的职称"初级"、"中级"、"高级"。

⑦ 利用 INDIRECT 函数计算职工补贴(保留到整数部分)。在 J3 单元格输入公式:=

ROUND(C3 * INDIRECT(B3),0),并填充至 J15 单元格。

说明:

（1）函数 CHOOSE(index_num，value1，[value2]，…，[valuen])使用 index_num 返回数值参数列表 value1～valuen 中的数值:如果 index_num 为 1,则返回 value1;如果为 2,则返回 value2,以此类推。

（2）函数 VLOOKUP(lookup_value，table_array，col_index_num，[range_lookup])有以下两种语法和用途:

① 当 range_lookup 为 TRUE 或被省略时:在单元格区域 table_array 的第一列搜索小于或等于 lookup_value 的最大值,然后返回 table_array 区域与该最大值同一行的第 col_index_num 列单元格中的值。

② 当 range_lookup 为 FALSE 时:在单元格区域 table_array 的第一列搜索等于 lookup_value 的那个值(精确匹配),然后返回 table_array 区域与该值同一行的第 col_index_num 列单元格中的值。

（3）注意,如果 VLOOKUP 函数的 range_lookup 为 TRUE 或被省略,则必须按升序排列 table_array 第一列中的值。

（4）当比较值位于查找数据区域的首列,并且要返回给定列中的数据时,可以使用 VLOOKUP(V 表示垂直方向(Vertical))函数。当比较值位于查找数据区域的首行,并且要返回给定行中的数据时,则使用函数 HLOOKUP(H 表示水平方向(Horizontal))函数。

（5）在 Excel 中,如果需要更改公式中对单元格的引用,而不是更改公式本身,一般可使用 INDIRECT 函数。函数 INDIRECT(ref_text，[a1])返回引用 ref_text 所对应的内容。其中,ref_text 是对单元格的引用,a1 用于指定引用类型:其值为 TRUE 或省略,ref_text 被解释为 A1 样式的引用;其值为 FALSE,则将 ref_text 解释为 R1C1 样式的引用。

思考

如果日期的星期序号(1 对应星期一、2 对应星期二、…、7 对应星期日),则本例使用 CHOOSE 函数判断加班日期所对应的星期名称需要做哪些调整?

【例 4－2－13】查找与引用函数(ROW、INDIRECT 等)、统计函数(LARGE、SMALL 等)、数学函数(ROUND)以及数组公式和数组常量应用示例。在"L4－2－13 成绩信息. xlsx"中,存放着 15 名学生 3 门主课(语数英)的成绩。

（1）请利用数组公式和数组常量,并根据两种方案调整成绩:

① 语文、数学、英语分别增加 1 分、2 分、3 分,调整后的成绩存放于数据区域 F2:H16 中。

② 语文、数学、英语分别增加 3%、1%、2%,调整后的成绩(保留整数部分)存放于数据区域 I2:K16 中。

（2）利用 LARGE 函数以及数组公式和数组常量,统计调整前语数英前 3 名学生的成绩,存放于数据区域 C18:E20 中.

（3）利用 SMALL 函数以及 ROW 和 INDIRECT 函数,统计调整前语数英后 3 名学生的成绩,存放于数据区域 C21:E23 中。

结果如图 4-2-12 所示,结果保存为 L4－2－13 成绩信息 JG. xlsx。

学号	姓名	语文	数学	英语	语文New1	数学New1	英语New1	语文New2	数学New2	英语New2
B13121501		87	90	91	88	92	94	90	91	93
B13121502		91	87	90	92	89	93	94	88	92
B13121503		53	67	92	54	69	95	55	68	94
B13121504		92	89	78	93	91	81	95	90	80
B13121505		87	74	84	88	76	87	90	75	86
B13121506		91	74	70	92	76	73	94	75	71
B13121507		58	55	67	59	57	70	60	56	68
B13121508		78	77	55	79	79	58	80	78	56
B13121509		69	96	91	70	98	94	71	97	93
B13121510		90	94	88	91	96	91	93	95	90
B13121511		79	86	89	80	88	92	81	87	91
B13121512		51	41	50	52	43	53	53	41	51
B13121513		93	90	94	94	92	97	96	91	96
B13121514		89	80	76	90	82	79	92	81	78
B13121515		95	86	88	96	88	91	98	87	90
前三名成绩		95	96	94						
		93	94	92						
		92	90	91						
倒数三名成绩		51	41	50						
		53	55	55						
		58	67	67						

图 4-2-12　3 门主课分数信息

【例 4－2－13 解答】

① 利用数组公式和数组常量调整成绩(方案 1)。选择数据区域 F2：H16,然后在编辑栏中输入以下公式：＝C2：E16＋{1, 2, 3},按〈Ctrl〉＋〈Shift〉＋〈Enter〉组合键锁定数组公式。

② 利用数组公式和数组常量调整成绩(方案 2)。选择数据区域 I2：K16,然后在编辑栏中输入以下公式：＝ROUND(C2：E16 * {1.03, 1.01, 1.02},0),按〈Ctrl〉＋〈Shift〉＋〈Enter〉组合键锁定数组公式。

③ 利用 LARGE 函数以及数组公式和数组常量,统计 3 门主课前 3 名学生的成绩。选择数据区域 C18：C20,然后在编辑栏中输入以下公式：＝LARGE(C2：C16, {1；2；3}),按〈Ctrl〉＋〈Shift〉＋〈Enter〉组合键锁定数组公式。将公式填充至 E20 单元格。

④ 利用 SMALL 函数以及 ROW 和 INDIRECT 函数,统计 3 门主课倒数 3 名学生的成绩。选择数据区域 C21：C23,然后在编辑栏中输入以下公式：＝SMALL(C2：C16, ROW(INDIRECT("1：3"))),按〈Ctrl〉＋〈Shift〉＋〈Enter〉组合键锁定数组公式。将公式填充至 E23 单元格。

拓展

请读者思考,本例解答步骤(4)中利用查找与引用函数 ROW 和 INDIRECT 函数,统计 3 门主课倒数 3 名学生的成绩时,可否参照解答步骤(3),利用 SMALL 函数实现? 提示：可利用数组公式"{＝SMALL(C2：C16, {1；2；3})}"实现。

【例 4－2－14】查找与引用函数(LOOKUP、INDEX、MATCH 等)、日期与时间函数(WEEKDAY)以及命名数组应用示例。在"L4－2－14 日期星期.xlsx"中,存放着日期 2014/1/1～2014/1/16。

(1) 根据日期判断星期：使用 WEEKDAY 函数,判别日期的星期序号(1 对应星期日、2

对应星期一、…、7 对应星期六)。

(2) 根据星期序号,分别利用 LOOKUP 函数(向量形式和数组形式)以及 INDEX 函数结合 MATCH 函数,确定对应的星期名称。

结果如图 4-2-13 所示,保存为 L4-2-14 日期星期 JG.xlsx。

	A	B	C	D	E	F	G	H
1	日期	星期序号	星期名称1	星期名称2	星期名称3		星期序号	星期名称
2	2014/1/1	4	星期三	星期三	星期三		1	星期日
3	2014/1/2	5	星期四	星期四	星期四		2	星期一
4	2014/1/3	6	星期五	星期五	星期五		3	星期二
5	2014/1/4	7	星期六	星期六	星期六		4	星期三
6	2014/1/5	1	星期日	星期日	星期日		5	星期四
7	2014/1/6	2	星期一	星期一	星期一		6	星期五
8	2014/1/7	3	星期二	星期二	星期二		7	星期六
9	2014/1/8	4	星期三	星期三	星期三			
10	2014/1/9	5	星期四	星期四	星期四			
11	2014/1/10	6	星期五	星期五	星期五			
12	2014/1/11	7	星期六	星期六	星期六			
13	2014/1/12	1	星期日	星期日	星期日			
14	2014/1/13	2	星期一	星期一	星期一			
15	2014/1/14	3	星期二	星期二	星期二			
16	2014/1/15	4	星期三	星期三	星期三			
17	2014/1/16	5	星期四	星期四	星期四			

图 4-2-13　根据日期计算星期

【例 4-2-14 解答】

① 输入星期序号公式。在 B2 单元格输入公式: =WEEKDAY(A2),并填充至 B17 单元格。

② 利用 LOOKUP 函数(向量形式)确定星期名称。在 C2 单元格输入公式: =LOOKUP(B2, $G$2: $G$8, $H$2: $H$8),并填充至 C17 单元格。

③ 利用 LOOKUP 函数(数组形式)确定星期名称。

• 命名数组。单击"公式"选项卡,执行其"定义的名称"组中"定义名称"命令。在弹出的"编辑名称"对话框中,"名称"处输入"星期对照","引用位置"处输入"={1,"星期日";2,"星期一";3,"星期二";4,"星期三";5,"星期四";6,"星期五";7,"星期六"}",如图 4-2-14 所示,单击"确定"命令按钮。

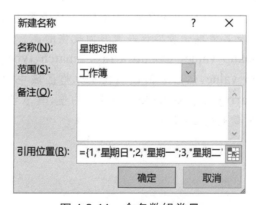

图 4-2-14　命名数组常量

• 在 D2 单元格输入公式：＝LOOKUP(B2,星期对照)，并填充至 D17 单元格。

④ 利用 INDEX 和 MATCH 函数确定星期名称。在 E2 单元格输入公式：＝INDEX（$H$2：$H$8, MATCH(B2, $G$2：$G$8, 1))，并填充至 E17 单元格。

思考

本例解答步骤(3)中利用 LOOKUP 函数的数组形式来确定星期名称时,可否直接使用数组常量实现? 提示:可利用公式"＝LOOKUP(B2,{1,"星期日";2,"星期一";3,"星期二";4,"星期三";5,"星期四";6,"星期五";7,"星期六"})"实现。

说明：

(1) 使用数组常量的最佳方式是对其进行命名。命名的数组常量更易于使用,并且对于其他人来说,它们可以降低数组公式的复杂性。

(2) LOOKUP 函数具有两种语法形式：向量形式和数组形式。

（向量形式 LOOKUP(lookup_value, lookup_vector, [result_vector])

在单行或单列区域(向量)lookup_vector 中搜索值 lookup_value,然后返回单行或单列区域 result_vector 中相同位置的值。例如本例中的"＝LOOKUP(B2, $G$2：$G$8, $H$2：$H$8)"。

② 数组形式 LOOKUP(lookup_value, array)

在数组 array 的第一行或第一列中查找指定的值 lookup_value,并返回数组最后一行或最后一列内同一位置的值。例如：示例"＝LOOKUP(95, {0, 60, 70, 80, 90;"不及格","及格","中","良","优"})",确定 95 分为"优";以及本例中的公式"＝LOOKUP(B2,星期对照)"。

(3) LOOKUP 的数组形式与 HLOOKUP 和 VLOOKUP 函数非常相似。区别在于：HLOOKUP 在第一行中搜索 lookup_value 的值,VLOOKUP 在第一列中搜索,而 LOOKUP 根据数组维度进行搜索。

(4) 使用 HLOOKUP 和 VLOOKUP 函数,可以通过索引以向下或遍历的方式搜索并返回指定行或列的值,而 LOOKUP 始终返回行或列中的最后一个值。

(5) 为了使 LOOKUP 函数能够正常运行,必须按升序排列查询的数据。如果无法使用升序排列数据,则考虑使用 VLOOKUP、HLOOKUP 或 MATCH 函数。

(6) 一般情况下,最好使用 HLOOKUP 或 VLOOKUP 函数而不是 LOOKUP 的数组形式。LOOKUP 函数是为了与其他电子表格程序兼容而提供的。

(7) 函数 MATCH(lookup_value, lookup_array, [match_type])在单元格区域 lookup_array 中搜索指定项 lookup_value,然后返回该项在单元格区域中的相对位置。match_type 指定 Excel 如何在 lookup_array 中查找 lookup_value 的值,其取值为—1、0 或 1,默认值为 1。match_type 参数的意义参见表 4-2-3 所示。

表 4-2-3　match_type 参数的意义

值	意 义
1	默认值。查找小于或等于 lookup_value 的最大值。lookup_array 中的值必须按升序排列
0	查找等于 lookup_value 的第一个值。lookup_array 中的值可以按任何顺序排列
−1	查找大于或等于 lookup_value 的最小值。lookup_array 中的值必须按降序排列

假设图 4-2-15 中存放学生的语文和数学成绩信息,注意语文成绩特意降序排列,数学成绩特意升序排列。

	A	B	C
1	姓名	语文	数学
2	John	100	85
3	Mary	95	90
4	Bob	80	96

图 4-2-15　学生成绩信息

对于语文成绩:

① 公式"=MATCH(90, B2: B4, −1)"在 B2: B4 区域查找≥90 的最小值 95 的相对位置,返回 2。

② 公式"=MATCH(90, B2: B4, 0)"报错♯N/A,因为 B2: B4 区域中无 90 分的语文成绩。

③ 公式"=MATCH(80, B2: B4, 0)"返回 80 分在 B2: B4 区域中的相对位置 3。

④ 公式"=MATCH(90, B2: B4, 1)"也报错♯N/A,因为 B2: B4 区域降序排列。

对于数学成绩:

① 公式"=MATCH(95, C2: C4, 1)"在 C2: C4 区域查找≤95 的最大值 90 的相对位置,返回 2。

② 公式"=MATCH(95, C2: C4, 0)"报错♯N/A,因为 C2: C4 区域中无 95 分的数学成绩。

③ 公式"=MATCH(85, C2: C4, 0)"返回 85 分在 C2: C4 区域中的相对位置 1。

④ 公式"=MATCH(95, C2: C4, −1)"也报错♯N/A,因为 C2: C4 区域升序排列。

(8) 如果需要获得单元格区域中某个项目的位置而不是项目本身的内容,则应该使用 MATCH 函数而不是某个 LOOKUP 函数。本例使用 MATCH 函数为 INDEX 函数的参数 row_num 和 column_num 提供具体的行列信息。

(9) INDEX 函数具有两种语法形式:数组形式和引用形式。

① 数组形式 INDEX(array, row_num, [column_num])。

当函数 INDEX 的第一个参数为数组时,使用此形式,用以返回单元格区域或数组 array 中由行号 row_num 和列号 column_num 所指定的元素值。例如公式"=INDEX(A1: B3, 3, 2)"返回 B3 单元格的值。

② 引用形式 INDEX(reference, row_num, [column_num], [area_num])。

返回一个或多个单元格区域引用 reference 中,指定的行 row_num 与列 column_num 交叉处的单元格引用。如果引用 reference 由不连续的选定区域组成,可以由 area_num 指定引用区域。区域序号为 1、2……,缺省为 1。

假设图 4-2-16 中存放产品的单价和库存信息。

	A	B	C
1	产品名称	单价	库存量
2	苹果汁	¥18.00	39
3	牛奶	¥19.00	17
4			
5	蕃茄酱	¥10.00	13
6	盐	¥22.00	53

图 4-2-16 产品的单价和库存信息

公式"=INDEX((A1:C3,A5:C6),2,2,2)"返回第二个区域 A5:C6 中第 2 行和第 2 列的交叉处,即单元格 B6 的内容(盐的单价 22)。而公式"=SUM(INDEX(A2:C6,0,3,1))"或"=SUM(INDEX(A2:C6,0,3))"则对第 1 个区域 A2:C6 中的第 3 列(库存量)求和,即对 C2:C6 求和,结果为 122。

8. 工程函数

Excel 工程函数用于工程分析,包括对复数进行处理的函数、在不同的数字系统(如十进制系统、十六进制系统、八进制系统和二进制系统)间进行数值转换的函数、在不同的度量系统中进行数值转换的函数等。

9. 数据库函数

当需要对数据清单中的数值进行分析时,可以使用 Excel 数据库函数。Excel 数据库函数以 D 字母开始,也称为 D 函数。

10. 信息函数

Excel 信息函数用于确定存储在单元格或区域中数据的类型信息、数据错误信息、操作环境参数等属性信息,常用的包括:

(1) ISBLANK 函数判断指定值是否为空。

(2) ISERR 函数判断指定值是否为除♯N/A 以外的任何错误值。

(3) ISERROR 函数判断指定值是否为任意错误值(♯N/A、♯VALUE!、♯REF!、♯DIV/0!、♯NUM!、♯NAME? 或♯NULL!)。

(4) ISEVEN 函数判断指定值是否为偶数。

(5) ISLOGICAL 函数判断指定值是否为逻辑值。

(6) ISNA 函数判断指定值是否为错误值♯N/A(值不存在)。

(7) ISNUMBER 函数判断指定值是否为数字。

(8) ISODD 函数判断指定值是否为奇数。

(9) ISTEXT 函数判断指定值是否为文本。

(10) ISNONTEXT 函数判断指定值是否不为文本(注意,此函数在值为空单元格时返回

TRUE)。

(11) ISREF 函数判断指定值是否为引用。

(12) CELL 函数返回单元格的格式、位置或内容的信息。例如：

① 如果在对单元格执行计算之前,验证其所包含的内容是数值而不是文本,则对于公式"＝IF(CELL("type", A1)＝"v", A1＊2, 0)",仅当单元格 A1 包含数值时,此公式才计算A1＊2;如果 A1 包含文本或为空,则此公式将返回 0。其中,"type"表示与单元格中的数据类型相对应的文本值:空则返回"b";文本常量返回"l";其他内容回"v"。

② 公式"＝CELL("row")"返回当前单元格所在的行号,而公式"＝CELL("row", A20)"返回指定单元格 A20 所在的行号 20。

【例 4 - 2 - 15】信息函数(ISBLANK、ISNUMBER、ISERROR)、逻辑函数(IF、ISERROR)、查找与引用函数(VLOOKUP)应用示例。在"L4 - 2 - 15 学生成绩表.xlsx"中,存放着 15 名学生的语文成绩。

(1) 请分别使用 IF 函数和 ISBLANK 或者 ISNUMBER 函数,根据 C 列中课程成绩是否为空,判断考试状态是"正常"还是"缺考"。

(2) 分别使用 IF、ISERROR、VLOOKUP 函数以及 IFERROR、VLOOKUP 函数设计学生成绩查询器:输入学生的学号,查询相应的语文成绩,如果学号不存在,不是显示错误信息"♯N/A"而是显示"查无此人"。

结果如图 4-2-17 所示,保存为 L4 - 2 - 15 学生成绩表 JG.xlsx。

	A	B	C	D	E	F	G	H	I
1	学号	姓名	语文	状态1	状态2		学生成绩查询器1		
2	S501		87	正常	正常		请输入学号：		S501
3	S502			缺考	缺考		该生的成绩：		87
4	S503		53	正常	正常				
5	S504		95	正常	正常				
6	S505		87	正常	正常		学生成绩查询器2		
7	S506		91	正常	正常		请输入学号：		A501
8	S507		58	正常	正常		该生的成绩：		查无此人
9	S508			缺考	缺考				
10	S509		69	正常	正常				
11	S510		93	正常	正常				
12	S511		79	正常	正常				
13	S512		51	正常	正常				
14	S513		93	正常	正常				
15	S514		89	正常	正常				
16	S515			缺考	缺考				

图 4-2-17　学生考试状态以及成绩查询

【例 4 - 2 - 15 解答】

① 使用 IF 函数和 ISBLANK 函数,判断考试状态。在 D2 单元格输入公式：＝IF(ISBLANK(C2),"缺考","正常"),并填充至 D16 单元格。

② 使用 IF 函数和 ISNUMBER 函数,判断考试状态。在 E2 单元格输入公式：＝IF(ISNUMBER(C2),"正常","缺考"),并填充至 E16 单元格。

③ 使用 IF、ISERROR、VLOOKUP 函数设计学生成绩查询器。在 I3 单元格输入公式：

=IF(ISERROR(VLOOKUP(I2，$A$2：$C$16，3))，"查无此人"，VLOOKUP(I2，$A$2：$C$16，3))。

④ 使用 IFERROR、VLOOKUP 函数设计学生成绩查询器。在 I8 单元格输入公式：＝IFERROR(VLOOKUP(I7，$A$2：$C$16，3)，"查无此人")。

【提示】

IFERROR 函数基于 IF 函数并且使用相同的错误消息，但具有较少的参数。函数 IFERROR(A，B)功能上等价于 IF(ISERROR(A)，B，A)，但是书写更简洁。

11. 用户自定义函数

如果要在公式或计算中使用特别复杂的计算，而 Excel 预定义的内置函数又无法满足需要，则可以使用 Visual Basic for Applications 创建用户自定义函数。

4.2.2　数据的输出与显示

在 Excel 中完成了数据的输入、计算和分析后，将结果以合适的方式呈现出来也很重要，适当的格式能够清晰地表达数据要反映的意图。Excel 本身提供了不少格式化的方法，如基本的自动套用格式、单元格常用的格式化命令等。除此之外，Excel 还提供了自定义输出和显示格式、设置条件格式以突出重要数据等功能。

1. 自定义格式

利用自定义格式的方法，可以编制独特的数字目录、电话号码、产品编号等内容，使它们以非常规的数据形式显示出来。借助于自定义格式，还可以完成快速输入、自动输入数据单位和根据条件自动调整格式输入。图 4-2-18 所示为设置了自定义格式的表格，当在 A、B 列输入正数时，会自动显示黑色的"应发："，输入负数时，会显示红色的"应付："，C 列中是 A 列减 B 列数据的结果，也会根据正负自动调节显示方式和显示颜色，并在 D 列显示账户状态。

	A	B	C	D
1	A账户	B账户	AB合计	账户状态
2	应发：$32.00	应付：$2.00	应发：$30.00	正常账户
3	应发：$2.00	应付：$35.00	应付：$33.00	异常账户
4	应发：$345.00	应付：$3.00	应发：$342.00	正常账户
5	应发：$4.00	应付：$101.00	应付：$97.00	异常账户
6	应发：$5.00	应付：$134.00	应付：$129.00	异常账户
7	应发：$6.00	应付：$34.00	应付：$28.00	异常账户
8	应发：$7.00	应付：$200.00	应付：$193.00	异常账户
9	应发：$8.00	应付：$5.00	应发：$3.00	正常账户
10	应发：$450.00	应付：$266.00	应发：$184.00	正常账户
11	应发：$222.00	应付：$122.00	应发：$100.00	正常账户
12	应发：$11.00	应付：$11.00	收支平衡0	正常账户
13	应发：$12.00	应付：$27.00	应付：$15.00	异常账户

图 4-2-18　自定义格式效果举例

　　数据分析与大数据实践

（1）自定义格式的编码组成。

自定义格式编码最多由四个区段组成：正数格式码、负数格式码、0 的格式码和文本的格式码，它们之间用半角分号隔开，它们分别定义了数据在正数、负数、零和文本时的显示方式。如图 4-2-19 所示，说明了应用图中自定义的四个区段的格式后，单元格中数据的显示方式。

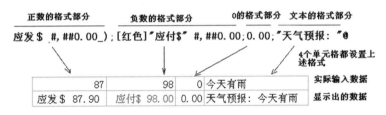

图 4-2-19　自定义格式说明和举例

自定义格式时，会用到多种代码，常用的格式代码及其含义请读者自己查阅帮助。

（2）自定义格式的设置与应用。

在选定单元格后，利用格式对话框设置自定义格式，则单元格中的数据将用自定义格式显示。

【例 4-2-16】请将 L4-2-16 自定义格式.xlsx 表格中的数据格式化成为如图 4-2-20 所示的 10 种样子。

	A	B	C	D	E	F	G	H	I	J	K
	数据	定义1	定义2	定义3	定义4	定义5	定义6	定义7	定义8	定义9	定义10
1											
2	-3	4是数值	-3	3小于0	3	3小于0	3	3小于0	3	-3	3
3	0	0是数值	0	0大于或等于0	0	0等于0	0	0等于0	0	0	0
4	25	25是数值	25	25大于或等于0	25	25大于0	25	25大于0	25	25	25
5	ab	ab	ab	ab	ab	ab	ab	ab是文本	ab	abab	1
6	-5	-5是数值	-5	5小于0	5	5小于0	5	5小于0	5	-5	-5
7	汉字	汉字	汉字	汉字	汉字	汉字	汉字	汉字是文本	汉字	汉字汉字	15

图 4-2-20　自定义格式的十种运用

具体要求为：

定义 1：在数值的后面显示"是数值"。

定义 2：数值都用红色显示。

定义 3：在正数和 0 的后面显示"大于或等于 0"，在负数后面显示"小于 0"。

定义 4：正数和 0 用蓝色显示，负数用红色显示。

定义 5：在正数后面显示"大于 0"，在负数后面显示"小于 0"，在 0 的后面显示"等于 0"。

定义 6：正数用蓝色显示，负数用红色显示，0 用蓝绿色显示。

定义 7：在正数后面显示"大于 0"，在负数后面显示"小于 0"，在 0 的后面显示"等于 0"，文本的后面显示"是文本"。

定义 8：正数用蓝色显示，负数用红色显示，0 用绿色显示，文字用洋红色显示。

定义 9：使文本能重复 1 次显示。

定义 10：如果数据大于 10，用红色显示，小于 2 用蓝色显示，其他用绿色显示。

【例 4-2-16 解答】

① 选定需要设置格式的区域，这里"定义 1"到"定义 10"都针对其下面的数据，所以每组格式设置都针对其下方 2 到 7 行的一批数据。

② 选择"开始"选项卡中,"数字"区域的"数字格式"下拉列表,选择"其他数字格式",打开"设置单元格格式"对话框,选择"数字"选项卡中的"自定义"后,在右边的"类型"文本框中输入需要设置的格式,如图 4-2-21 所示,为"定义 1"的格式设置。

图 4-2-21　自定义格式的设置方法

这 10 种定义的自定义格式类型分别是:

定义 1:0"是数值"

定义 2:[红色]0

定义 3:0"大于或等于 0";0"小于 0"

定义 4:[蓝色]0;[红色]0

定义 5:0"大于 0";0"小于 0";0"等于 0"

定义 6:[蓝色]0;[红色]0;[蓝绿色]0

定义 7:0"大于 0";0"小于 0";0"等于 0";@"是文本"

定义 8:[蓝色]0;[红色]0;[绿色]0;[洋红]@

定义 9:@@

定义 10:[红色][>10]G/通用格式;[蓝色][<2]G/通用格式;[绿色]G/通用格式

注意:格式定义中的所有符号都应该是半角才能起作用。

【例 4-2-17】请将 L4-2-17 自定义格式综合.xlsx 中的创建日期列定义为中文格式,将最后一列价格汇总,定义为大于 5000 元时蓝色显示,小于 500 元时红色显示,数字前面显示"人民币",后面显示"元",整数部分千分位方式显示,小数保留 2 位,在 500—5000 之间时,元前面有一个空格,效果如图 4-2-22 所示。

【例 4-2-17 解答】

① 选定 C2:C29 区域,在"开始"选项卡"单元格"组中的"格式"下拉列表中选择"设置单元格格式"命令,打开"设置单元格格式"对话框。

数据分析与大数据实践

	A	B	C	D	E	F	G	H
1	产品 ID ▼	采购订单 ▼	创建日期 ▼	数量 ▼	单位成本 ▼	事务 ▼	公司名 ▼	价格汇总 ▼
2	19	92	二〇〇六年一月二十二日	20	7	采购	康富食品	人民币5,370.00元
3	56	93	二〇〇六年一月二十二日	120	28	采购	日正	人民币4,950.00 元
4	52	93	二〇〇六年一月二十二日	100	5	采购	日正	人民币14,060.00元
5	51	92	二〇〇六年一月二十二日	40	40	采购	康富食品	人民币5,060.00元
6	48	92	二〇〇六年一月二十二日	100	10	采购	康富食品	人民币1,040.00 元
7	43	90	二〇〇六年一月二十二日	100	34	采购	佳佳乐	人民币225.00元
8	41	92	二〇〇六年一月二十二日	40	7	采购	康富食品	人民币1,000.00 元
9	40	92	二〇〇六年一月二十二日	120	14	采购	康富食品	人民币210.00 元
10	34	90	二〇〇六年一月二十二日	60	10	采购	佳佳乐	人民币1,400.00 元
11	1	90	二〇〇六年一月二十二日	40	14	采购	佳佳乐	人民币10,200.00元
12	20	92	二〇〇六年一月二十二日	40	61	采购	康富食品	人民币1,040.00元
13	66	91	二〇〇六年一月二十二日	80	13	采购	妙生	人民币400.00元

图 4-2-22　日期和价格汇总的自定义格式效果

② 选择"数字"选项卡中的"日期",并在右边选择合适的格式,如图 4-2-23 所示。

图 4-2-23　在"设置单元格格式"对话框中设置日期格式

③ 使用自定义格式设置价格汇总,在自定义类型文本框中输入:[红色][<500]"人民币"0.00"元";[蓝色][>5000]"人民币"#,##0.00"元";"人民币"#,##0.00_)"元"。

在格式码中指定的字符被用来作为占位符或格式指示符。0 作为一个占位符,它在没有任何数字被显示的位置上显示一个 0。符号"_)"在一个表示正数的节中代表空格,以保证这个正数中可以留下一个空格,空格的宽度与圆括号")"的宽度一致。正数、负数和 0 靠单元格的右边线对齐。

提示:当单元格格式变化宽度不够全部显示时,单元格内容会以一串"#"的方式显示,调整单元格宽度,使内容可以完全显示时,便可以看到格式化后的完整结果。

① 如果要将上例中的数据格式更改为如图 4-2-24 所示的样张,自定义格式对话框的文本框中应输入什么?

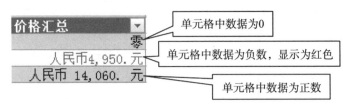

图 4-2-24　更改自定义格式后的显示

② 在定义了正数、负数、零的自定义格式的单元格中输入文本,结果会怎样? 在自定义格式的某个节中不作定义,仅用分号与下一节隔开,结果会怎样?

③ 通过选择特殊中的格式,可以将数字变成汉字的形式显示。尝试将 L4-2-17 自定义格式综合.xlsx 表格中的"数量"设置为中文大写数字的格式该怎么设置?

2. 条件格式

所谓条件格式,是通过设定在某种条件下能起作用的格式,方便轻松区分不同数据、公式运算结果。在数据变化时,无需另外设定格式,就可以看到符合条件的数据格式的自动变化。

通过设置带有逻辑值结果的条件,当逻辑运算结果为 True 时,条件成立,所设定了条件格式的区域便以某种格式显示。

【例 4-2-18】L4-2-18 条件格式.xlsx 表格中的内容已进行了部分格式化,现在需要根据以下要求设置条件格式:

(1) 将一季度中大于 10 的单元格设置为黄色填充效果;

(2) 将二季度中低于平均值的单元格图案颜色设置为红色,图案样式设置为 25% 灰色;

(3) 将三季度中重复值单元格设置为蓝色填充效果;

(4) 将合计列利用自动求和功能求得各个产品的年度销售合计,格式设置为蓝色数据条和三色交通灯图标集,并添加人民币符号、保留两位小数;

(5) 将 G 列数据设置为 F 列数字的中文大写。

【例 4-2-18 解答】

① 选定 B3:B13 区域,选择"开始"选项卡"样式"组中的"条件格式/突出显示单元格规则/大于"命令,如图 4-2-25 所示。

② 在出现的"大于"对话框中,输入 10,并在"设置为"下拉框中选择"自定义格式"打开"设置单元格格式"对话框,在"填充"选项卡中选择黄色,如图 4-2-26 所示。

③ 选定 C3:C13 区域后,选择"条件格式/项目选取规则/低于平均值"命令,打开如图 4-2-27 所示的"低于平均值"对话框,通过自定义格式设置单元格填充颜色。

④ 选定 D3:D13 区域后,单击"条件格式/新建规则"命令,打开"新建格式规则"对话框,如图 4-2-28 所示,选择新规则类型为"仅对唯一值或重复值设置格式",在编辑规则说明中选

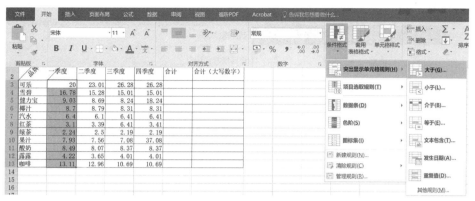

图 4-2-25　条件格式设置命令

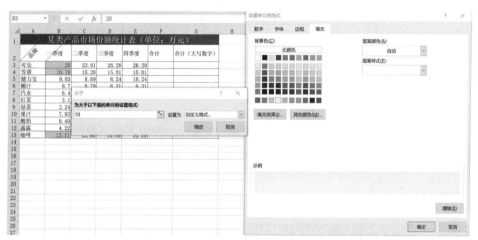

图 4-2-26　设置 B3：B13 数据大于 10 时黄色底纹的条件格式

某类产品市场份额统计表（单位：万元）						
品牌	一季度	二季度	三季度	四季度	合计	合计（大写数字）
可乐	20	23.01	26.28	26.28		
雪碧	16.78	15.28	15.01	15.01		
健力宝	9.03	8.69				
椰汁	8.7	8.79				
汽水	6.4	6.1				
红茶	3.1	3.39				
绿茶	2.24	2.5				
果汁	7.93	7.56				
酸奶	8.49	8.07				
露露	4.22	3.65	4.01	4.01		
咖啡	13.11	12.96	10.69	10.69		

低于平均值　？　×

为低于平均值的单元格设置格式：

针对选定区域，设置为　浅红填充色深红色文本

浅红填充色深红色文本
黄填充色深黄色文本
绿填充色深绿色文本
浅红色填充
红色文本
红色边框
自定义格式...

图 4-2-27　"低于平均值"对话框

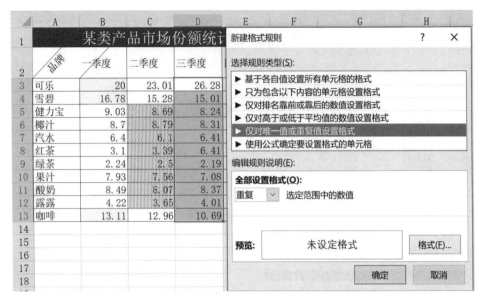

图 4-2-28　条件格式中的"新建格式规则"

择"重复",单击"格式"按钮设置蓝色背景格式。

⑤ 利用"自动求和"按钮,完成 F3:F13 求和结果输入,设置人民币符号并保留 2 位小数。

⑥ 保持 F3:F13 区域处于选定状态,在"条件格式"下拉列表中分别选择"数据条"和"图标集"命令中的子命令,如图 4-2-29 所示,便可看到合计列数据中出现了与数据大小相关的数据条和图标指示。

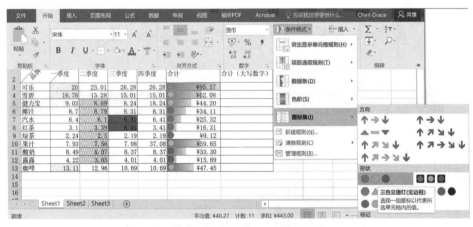

图 4-2-29　设置"数据条"和"图标集"条件格式

⑦ 在 G3 单元格中输入公式:=F3 * 10000,并复制公式到 G13,回车确定后,选定 G3:G13,设置单元格格式,数字格式选择"特殊",类型格式为"中文大写数字",最后结果如图 4-2-30 所示。

说明:

(1) 在"新建格式规则"对话框中选择"基于各自值设置所有单元格的格式"的规则类型,可以设置多个条件格式,格式样式包括双色或三色刻度、数据条或图标集。

	A	B	C	D	E	F	G
1	某类产品市场份额统计表（单位：万元）						
2	品牌	一季度	二季度	三季度	四季度	合计	合计（大写数字）
3	可乐	20	23.01	26.28	26.28	￥95.57	玖拾伍万伍仟柒佰
4	雪碧	16.78	15.28	15.01	15.01	￥62.08	陆拾贰万零捌佰
5	健力宝	9.03	8.69	8.24	18.24	￥44.20	肆拾肆万贰仟
6	椰汁	8.7	8.79	8.31	8.31	￥34.11	叁拾肆万壹仟壹佰
7	汽水	6.4	6.1	6.41	6.41	￥25.32	贰拾伍万叁仟贰佰
8	红茶	3.1	3.39	6.41	3.41	￥16.31	壹拾陆万叁仟壹佰
9	绿茶	2.24	2.5	2.19	2.19	￥9.12	玖万壹仟贰佰
10	果汁	7.93	7.56	7.08	37.08	￥59.65	伍拾玖万陆仟伍佰
11	酸奶	8.49	8.07	8.37	8.37	￥33.30	叁拾叁万叁仟
12	露露	4.22	3.65	4.01	4.01	￥15.89	壹拾伍万捌仟玖佰
13	咖啡	13.11	12.96	10.69	10.69	￥47.45	肆拾柒万肆仟伍佰

图 4-2-30　设置条件格式后的数据

（2）选定表格区域 B3：G13，利用"条件格式"下拉列表中的"管理规则"命令，可以打开如图 4-2-31 所示的"条件格式规则管理器"对话框，可以更改和删除规则，或者单击"删除规则"按钮右边的箭头，来移动条件，从而改变设置条件的优先级。

图 4-2-31　"条件格式规则管理器"对话框

拓展

　　在本例中，如果要将三季度与四季度中数据不一致单元格的图案颜色设置为黑色，图案样式为 50% 灰色，该如何设置？

　　使用交通灯方式设置数据条件格式时，默认有三色交通灯对应的数据范围，尝试修改这个默认的范围。

　　除了系统默认在"条件格式"下拉列表中给出的基本条件格式设置之外，通过添加公式，可以更灵活地完成条件格式的设置。用于条件格式的公式运算只能得到逻辑值 True 或者 False

才行,当公式运算结果是 True 时,设定的格式会起作用。

【例 4 - 2 - 19】L4 - 2 - 19 高级条件格式.xlsx 表格中有两张工作表,在"高级条件格式引用"工作表中,从上到下有 4 张表,表的标题写出了需要对表中数据设置条件格式的要求,请使用带公式的条件格式设置方法完成设置要求,具体要求如下:

(1) 为 B3:G8 区域小于 60 分的成绩标蓝色底纹效果,如图 4-2-32 所示。

	A	B	C	D	E	F	G
1	小于60分的所有成绩						
2	学号	语文	数学	外语	生物	物理	化学
3	20180301	96	93	94	50	96	82
4	20180302	77	83	69	56	77	55
5	20180303	66	87	82	70	66	89
6	20180304	83	98	52	79	83	70
7	20180305	77	51	70	81	77	56
8	20180306	91	89	84	72	91	63

图 4-2-32　要求(1)设置效果

(2) 为 B12:G17 区域中外语小于 60 分的学生的所有成绩标蓝色底纹效果,如图 4-2-33 所示。

	A	B	C	D	E	F	G
10	外语小于60分的记录						
11	学号	语文	数学	外语	生物	物理	化学
12	20180301	96	93	94	50	96	82
13	20180302	77	83	69	56	77	55
14	20180303	66	87	82	70	66	89
15	20180304	83	98	52	79	83	70
16	20180305	77	51	70	81	77	56
17	20180306	91	89	84	72	91	63

图 4-2-33　要求(2)设置效果

(3) 为 B21:G26 区域中至少 2 科小于 60 分的学生的所有成绩标蓝色底纹效果,如图 4-2-34 所示。

	A	B	C	D	E	F	G
19	至少2科小于60分的记录						
20	学号	语文	数学	外语	生物	物理	化学
21	20180301	96	93	94	50	96	82
22	20180302	77	83	69	56	77	55
23	20180303	66	87	82	70	66	89
24	20180304	83	98	52	79	83	70
25	20180305	77	51	70	81	77	56
26	20180306	91	89	84	72	91	63

图 4-2-34　要求(3)设置效果

（4）为 B30：G35 区域中至少 2 科小于 60 分的学生的成绩标蓝色底纹效果,如图 4-2-35 所示。

	A	B	C	D	E	F	G
28		至少2科小于60分的每条记录的成绩					
29	学号	语文	数学	外语	生物	物理	化学
30	20180301	96	93	94	50	96	82
31	20180302	77	83	69	56	77	55
32	20180303	66	87	82	70	66	89
33	20180304	83	98	52	79	83	70
34	20180305	77	51	70	81	77	56
35	20180306	91	89	84	72	91	63

图 4-2-35　要求（4）设置效果

（5）在"自动框线举例"工作表中,为 A2：G10 区域设置自动框线,当在该区域的第 1 列任何一个单元格中输入内容时,对应行便会出现相应的框线,如图 4-2-36 所示。

	A	B	C	D	E	F	G
1	学号	语文	数学	外语	生物	物理	化学
2	11						
3	22						
4							
5							
6	33						
7							
8	55						
9							
10	66						

图 4-2-36　利用条件格式设置自动出现的边框

【例 4－2－19 解答】

① 选定 B3：G8 区域,选择"开始"选项卡"样式"组中的"条件格式/新建规则"命令,打开如图 4-2-37 所示的"新建格式规则"对话框,选择"使用公式确定要设置格式的单元格",并在"编辑规则说明"下方的文本框中输入公式＝B3＜60;单击"格式"按钮设置蓝色底纹。

② 选定 B12：G17 区域,使用公式设置条件格式,输入的公式为：＝ $D12＜60,设置蓝色底纹。

③ 选定 B21：G26 区域,使用公式设置条件格式,输入的公式为：＝COUNTIF($B21：$G21,"＜60")＞1,设置蓝色底纹。

④ 选定 B30：G35 区域,使用公式设置条件格式,输入的公式为：＝(COUNTIF($B30：$G30,"＜60")＞1)＊(B30＜60),设置蓝色底纹。

⑤ 选择"自动框线举例"工作表,选定 A2：G10 区域,使用公式设置条件格式,输入的公式为：＝ $A2＜＞"",在格式对话框中设置内外细边框格式。

说明：

（1）条件格式中的公式也是从半角"＝"开始输入,等号后面的表达式的运算结果只能是 True 或 False,如 B3＜60 是比较运算,结果是逻辑值。

（2）可以在条件格式的设置公式中使用单元格引用,选定区域的左上角单元格的相对引

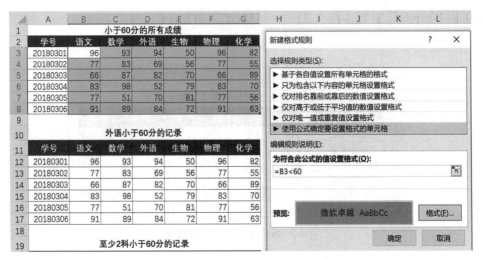

图 4-2-37 使用公式设置条件格式

用方式,可以代表区域中所有行列中的单元格,如本例中,用 B3 来代表 B3:G8 区域的所有单元格与 60 相比较,小于 60 就设置蓝色底纹。

(3) 当使用混合引用时,可以用选定区域最上面的单元格代表其下方的单元格,如 $D12,代表 D 列第 12 行到 17 行各单元格与 60 相比较,小于 60,就把选定区域对应的行设置为蓝色底纹;$B21:$G21 代表 B 列到 G 列区域中 21 行以下各行的单元格,同一行的单元格数据小于 60 作为统计依据。

(4) 解答④中,使用"*"表示 2 个条件同时满足时,条件才满足,是逻辑"与"的表示方式之一。

【例 4-2-20】请对 L4-2-20 复合条件格式.xlsx 中的表格数据使用公式设置如图 4-2-38 所示的条件格式,将库存量低于平均库存量的数据设置为红色加粗,将订购量和再订购量总数大于库存量的行填充橙色。

	产品ID	产品名称	供应商	类别	单位数量	单价	库存量	订购量	再订购量	中止
1	产品ID	产品名称	供应商	类别	单位数量	单价	库存量	订购量	再订购量	中止
2	1	牛奶	佳佳乐	饮料	每箱24瓶	¥19.00	17	40	25	No
3	2	苹果汁	佳佳乐	饮料	每箱24瓶	¥18.00	39	0	10	Yes
4	3	蕃茄酱	佳佳乐	调味品	每箱12瓶	¥10.00	13	70	25	No
5	4	盐	康富食品	调味品	每箱12瓶	¥22.00	53	0	0	No
6	5	麻油	康富食品	调味品	每箱12瓶	¥21.35	0	0	0	Yes
7	6	酱油	妙生	调味品	每箱12瓶	¥25.00	120	0	25	No
8	7	海鲜粉	妙生	特制品	每箱30盒	¥30.00	15	0	10	No
9	8	胡椒粉	妙生	调味品	每箱30盒	¥40.00	6	0	0	No
10	9	鸡	为全	肉/家禽	每袋500克	¥97.00	29	0	0	Yes
11	10	蟹	为全	海鲜	每袋500克	¥31.00	31	0	0	No
12	11	民众奶酪	日正	日用品	每袋6包	¥21.00	22	30	30	No
13	12	德国奶酪	日正	日用品	每箱12瓶	¥38.00	86	0	0	No
14	13	龙虾	德昌	海鲜	每袋500克	¥6.00	24	0	5	No
15	14	沙茶	德昌	特制品	每箱12瓶	¥23.25	35	0	0	No

图 4-2-38 两种公式设置条件格式的共存

【例 4-2-20 解答】

① 选定 G2:G78 区域,选择"开始"选项卡"样式"组中的"条件格式/新建规则"命令,在

"新建格式规则"对话框,选择"使用公式确定要设置格式的单元格",并在"编辑规则说明"下方的文本框中输入公式＝ \$G2＜AVERAGE(\$G\$2：\$G\$78);单击"格式"按钮设置字体为红色加粗。

②选定 A2：J78 区域,选择"开始"选项卡"样式"组中的"条件格式/新建规则"命令,在"新建格式规则"对话框,选择"使用公式确定要设置格式的单元格",并在"编辑规则说明"下方的文本框中输入公式＝ \$H2＋\$I2＞\$G2;单击"格式"按钮设置字体为橙色底纹。

说明:

(1)在一个表格中设置了多个条件格式后如果需要编辑修改,可以重新选定表格中需要更改格式的区域,如本例中,重新选定 G2：G78,通过执行"开始/条件格式/管理规则"命令,打开如图 4-2-39 所示的"条件格式规则管理器"对话框,选择需要编辑的条件格式后,单击"编辑规则",再次打开设置格式的对话框。

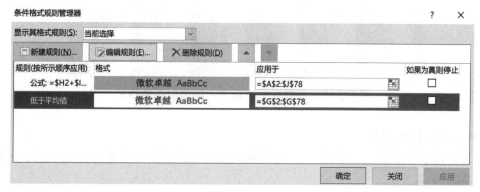

图 4-2-39　条件格式的编辑

(2)本例中,库存量低于平均库存量设置文字红色加粗的要求,也可以不输入公式,直接使用对话框进行设置。通过编辑规则,打开如图 4-2-40 所示的对话框进行设置。

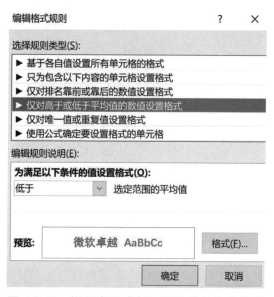

图 4-2-40　设置高于或低于平均值的条件格式

【例 4 – 2 – 21】请对 L4 – 2 – 21 带公式条件格式. xlsx 中的表格数据设置为如图 4-2-41 所示效果,无论插入还是删除列,偶数列的数据都会以绿色底纹显示。

	数据1	数据2	数据3	数据4	数据5	数据6	数据7	数据8	数据9	数据10	数据11	数据12
2	80	81	32	81	67	89	50	26	41	44	88	52
3	31	20	30	72	60	39	34	40	95	78	46	62
4	73	43	57	72	32	47	87	25	68	77	57	78
5	33	61	72	54	94	100	41	51	49	40	100	48
6	78	95	47	47	61	43	33	46	58	47	60	91
7	36	41	56	85	81	68	95	96	36	57	54	88
8	70	71	87	78	29	49	74	23	44	97	59	28
9	34	88	24	45	80	92	43	96	47	96	68	86
10	41	21	55	71	27	36	72	35	48	74	77	75
11	42	28	39	60	77	36	77	91	94	30	23	59
12	58	90	97	69	64	31	75	56	55	87	95	60
13	98	92	82	58	22	66	21	62	67	76	24	59
14	70	31	29	96	20	88	82	21	41	71	83	55
15	94	58	72	83	78	83	53	40	53	73	98	27
16	78	21	27	35	49	21	20	59	30	57	65	44
17	54	20	95	95	53	70	73	69	85	60	58	21
18	92	87	70	85	20	70	62	33	56	97	76	43
19	28	55	63	86	85	85	87	93	20	82	57	47
20	63	33	75	80	72	20	39	38	54	47	74	55
21	81	61	80	50	54	37	87	100	100	97	25	72
22	20	46	49	66	78	41	27	70	72	90	44	40

图 4-2-41　设置高于或低于平均值的条件格式

【例 4 – 2 – 21 解答】

使用公式条件格式进行设置,在"新建格式规则"对话框中所输入的公式为: ＝MOD(COLUMN( ),2)＝0。

4.3 时间序列预测分析

4.3.1 预测分析概述

预测(Forecast)是指用科学的方法预计、推断事物发展的必然性或可能性,即根据过去和现在预计未来。预测分析是一种常见的数据分析方法,可以根据历史数据(包括过去的和现在的),建立预测模型,应用预测分析工具,对预测对象的未来结果或趋势进行预测,从而减少对未来事物认识的不确定性,帮助人们制定决策。

预测分析和数学、统计学、经济学和计算机技术等都有密切的关系,据不完全统计,现在的预测分析方法有上百种之多。预测分析方法按照预测长度不同,分为短期预测(天、月、季度、年)、中期预测(3—5 年)以及长期预测(5—10 年或以上)。按照所使用的技术,可以分为统计型和非统计型。统计型预测分析方法主要应用数学统计分析相关方法,比如移动平均、指数平滑、回归预测、马尔可夫预测等。非统计型预测分析方法包含的种类更多样,包括决策树技术、数据挖掘、机器学习、神经网络等,这些方法现在已用于多种预测分析工具。

预测分析技术广泛应用于社会的方方面面,为金融、电信、医疗、零售业、制造业等众多领域的决策者提供决策支持。例如,在金融领域,人们使用预测分析技术预测金融市场趋势;零售业使用预测分析技术来预测库存数量,为优化管理库存提供帮助;在制造业领域,企业使用预测分析技术预测生产需求,从而控制成本、增加利润。

4.3.2 时间序列预测分析概述

时间序列是指同一变量按事件发生的先后顺序排列起来的一组观察值或记录值。时间序列的构成要素有两个:一是时间,二是与时间相对应的变量。一般认为,事物的过去趋势会延伸到未来,数据的时间序列可以反映变量在一定时期内的发展变化趋势与规律,因此可以从时间序列中找出变量变化的特征、趋势以及发展规律,从而对变量的未来变化进行有效的预测。例如,企业记录了某商品第一个月,第二个月,…,第 N 个月的销售量,利用时间序列分析方法,可以对未来各月的销售量进行预测。

时间序列预测分析利用历史观察值形成的时间序列,对预测目标未来状态和发展趋势作出定量判断。该方法有以下三个基本特点:

- 假设事物发展趋势会延伸到未来;
- 预测所依据的数据具有不规则性;
- 不考虑事物发展之间的因果关系。

时间序列预测分析是根据已有的历史数据对未来进行预测,一般来说,时间序列中的数据点越多,所产生的预测就越准确。时间序列含有不同的成分,如趋势、季节性、周期性和随机性。时间序列中的时间可以是年份、季度、月份或其他时间形式。

- 趋势(Trend):时间序列在长时期内呈现出来的某种持续上升或持续下降的变动,也称长期趋势。时间序列中的趋势可以是线性和非线性,图 4-3-1 为线性趋势例图。

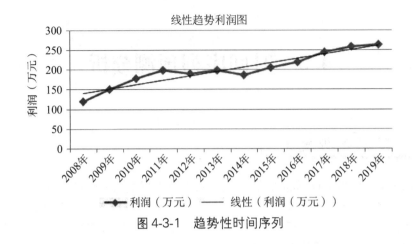

图 4-3-1　趋势性时间序列

● 季节性(Seasonality)：时间序列在一年内重复出现的周期波动。季节,并不是指一年中的四季,而是指任何一种周期性的变化。比如,销售旺季,销售淡季,旅游旺季、旅游淡季。含有季节成分的序列可能含有趋势,也可能不含有趋势,图 4-3-2 是一个含有季节成分的利润案例图。

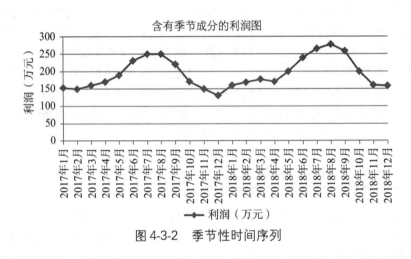

图 4-3-2　季节性时间序列

● 周期性(Cyclicity)：时间序列中呈现出来的围绕长期趋势的一种波浪形或振荡式波动。周期性是因商业和经济活动所处的经济环境变化引起的,不同于趋势,趋势是朝着单一方向的持续变化,而是周期性是涨落相间的交替波动;周期性也不同于季节性,季节性有比较固定的规律,周期性无固定规律,且周期长短不一。

一般来说,任何时间序列都会有不规则成分存在,一般的时间序列预测通常不考虑周期性,只考虑趋势成分和季节成分。除此之外,还有偶然性因素对时间序列产生影响,致使时间序列呈现出某种随机波动。时间序列除去趋势、周期性和季节性后的偶然性波动,称为随机性(Random)。

时间序列预测的步骤如下：

(1) 确定时间序列所包含的成分,确定时间序列的类型。

首先,根据历史数据绘制图,看时间序列是否存在趋势,以及存在趋势是线性还是非线性,一般用折线图更容易观察时间序列的趋势。其次,确定季节成分是否存在,一般至少需要两个季节周期(年、季度、月份等)的数据才可以进行预测。

（2）根据时间序列的特点,选择合适的预测方法。

利用时间序列数据进行预测,通常假定过去的变化趋势会延续到未来,这样就可以根据过去已有的形态或模式,选择合适的方法进行预测。

（3）对预测方法进行评估,以确定最佳预测方案。

在选择某种特定的方法进行预测时,需要评价该方法的预测效果或准确性。评价方法是找出预测值与实际值的差距,即预测误差。最优的预测方法就是预测误差达到最小的方法。预测误差计算包括:平均误差,平均绝对误差、均方误差、平均百分比误差、平均绝对百分比误差。方法的选择取决于预测者对目标和方法的熟悉程度。

（4）利用最佳预测方案进行预测。

对最优预测方案建立预测模型,并根据模型预测进行结果分析和评价。

4.3.3　指数平滑预测模型

常用的时间序列预测的主要方法有:移动平均法、指数平滑预测法、季节变动预测法、自回归移动平均等。在 Excel 和 Tableau 等数据分析软件中都集成了指数平滑模型,可以对数据进行时间序列预测分析。

指数平滑由布朗(Robert G.. Brown)提出,他认为时间序列的态势具有稳定性或规则性,所以时间序列可被合理地顺势推延;最近的过去态势,在某种程度上会持续到未来,并且近期数据比远期数据更重要。

指数平滑法是一种常用的时间序列预测分析法,是在移动平均法基础上发展起来的。它是通过计算指数平滑值,配合预测模型对未来进行预测,其原理是任一期的指数平滑值都是本期实际观察值与前一期指数平滑值的加权平均。移动平均法用一组最近的实际数据值来预测未来,但是并不考虑较远期的数据,在实际应用中可能不能客观地反应预测结果;而指数平滑法并不舍弃过去的数据,对不同的历史数据给予不同的权重值,即离预测期较近的历史数据的权重值较大,离预测期较远的历史数据的权重值较小。指数平滑法常用于中短期的企业生产、经济发展等趋势预测。

指数平滑法的优点:

- 对不同时间数据的非等权处理较符合实际情况。
- 实用中仅需选择一个模型参数 a 即可进行预测,简便易行。
- 具有适应性,也就是说预测模型能自动识别数据模式的变化而加以调整。

指数平滑法的缺点:

- 对数据的转折点缺乏鉴别能力,但这一点可通过调查预测法或专家预测法加以弥补。
- 长期预测的效果较差,故多用于短期预测。

根据平滑次数不同,指数平滑法分为一次指数平滑法、二次指数平滑法和三次指数平滑法等。但它们的基本思想都是:预测值是以前观测值的加权和,且对不同的数据给予不同的权数,新数据给予较大的权数,旧数据给予较小的权数。

1.　一次指数平滑

一次指数平滑预测应用于时间数列无明显的趋势变化,一次指数平滑值计算公式为:

$$S_t^1 = \alpha y_t + (1-\alpha) S_{t-1}^1$$

根据指数平滑值进行预测,一次指数平滑预测公式为:

$$y_{t+1}^1 = \alpha y_t + (1-\alpha)y_t^1$$

变量和参数说明:

- y_t:第 t 期的实际值。

- S_t^1:第 t 期的一次指数平滑值。

- S_{t-1}^1:第 t−1 期的一次指数平滑值。初始值 S_0^1 的设定需要从时间序列的项数来考虑:当数据较多的时候,初始值的影响可以逐步平滑而降低到最小,此时可以用第一个数据作为初始值。数据较少时,初始值的影响较大,可以取最初几个实际值的平均值作为初始值。

- y_{t+1}^1:第 t+1 期的预测值。

- y_t^1:第 t 期的预测值,即一次指数平滑值 S_t^1。

- α:平滑系数($0 \leqslant \alpha \leqslant 1$),是第 t 期实际值和预测值的比例分配。用指数平滑法时,确定一个合适的平滑系数非常重要,不同的平滑系数对预测结果产生不同的影响。平滑系数为 0,预测值仅仅是重复上一期的预测结果;平滑系数为 1,预测值就是上一期的实际值;越接近 1,模型对时间序列变化的反应就越及时,因为平滑系数给当前的实际值赋予了比预测值更大的权数;越接近 0,给当前的预测值赋予了更大的权数,模型对时间序列变化的反应就越慢。当时间序列有较大随机波动时,平滑系数应设置较大,以便能很快跟上近期的变化;当时间序列比较平稳时,平滑系数应设置较小。在实际预测中,可以选取不同的平滑系数进行预测并比较预测结果,然后根据结果选择更符合实际的平滑系数值。一般情况下,α 的取值可以参考以下经验:当时间序列呈稳定的水平趋势时,α 应取较小值,如 0.1~0.3;当时间序列具有明显的上升或下降趋势时,α 应取较大值,如 0.3~0.7。

在一次指数平滑模型中,第 t+1 期的预测值可以根据第 t 期的实际值和预测值计算得到。例如,某种产品销售量的平滑系数为 0.4,2017 年实际销售量为 50 万件,2017 年的预测值为 52 万件,那么 2018 年的预测销售量:50 万件×0.4+52 万件×(1−0.4)=51.2 万件。

【例 4-3-1】表 4-3-1 是某商品近 12 年的销售量,根据表中数据应用一次指数平滑法预测下一年商品的销量。

表 4-3-1　商品销售量

年份	2008	2009	2010	2011	2012	2013	2014	2015	2016	2017	2018	2019
销售量（万个）	100	113	124	156	178	210	227	237	255	260	273	289

(1)为了分析平滑系数 α 不同取值的特点,分别取 $\alpha=0.1$,$\alpha=0.3$,$\alpha=0.5$ 计算一次指数平滑值(在 Excel 中应用公式和函数计算),设置初始值 $S_0^1=100$,计算如表 4-3-2 所示。

表 4-3-2　不同平滑系数的一次指数平滑预测值

年份	2008	2009	2010	2011	2012	2013	2014	2015	2016	2017	2018	2019
销售量	100	113	124	156	178	210	227	237	255	260	273	289
$y_t^1(\alpha=0.1)$	100	101	103	108	115	125	135	145	156	166	177	188
$y_t^1(\alpha=0.3)$	100	104	110	124	140	161	181	198	215	229	242	256
$y_t^1(\alpha=0.5)$	100	107	116	136	157	184	206	222	239	250	262	276

(2) 根据 2019 年的预测值可以预测下一年的销售量,以 $\alpha=0.5$ 为例,$y^1_{2019+1}=\alpha y_{2019}+(1-\alpha)y^1_{2019}=0.5\times289+0.5\times276=283$,2020 年预测销量为 283 万个。

指数平滑法对实际序列具有平滑作用,从表 4-3-2 可以看出,平滑系数越小,平滑作用越强,但对实际数据的变动反映较迟缓;在实际序列的线性变动部分,指数平滑值序列出现一定的滞后偏差的程度随着平滑系数增大而减少;但当时间序列的变动出现线性趋势时,用一次指数平滑法来进行预测将存在着明显的滞后偏差。因此,需要对一次指数平滑进行修正。

2. 二次指数平滑

一次指数平滑法只适用于水平型历史数据的预测,不适用于呈斜坡型线性趋势历史数据的预测。修正的方法是在一次指数平滑的基础上再进行二次指数平滑,利用滞后偏差的规律找出曲线的发展方向和发展趋势,然后建立线性趋势预测模型,称为二次指数平滑法。二次指数平滑是对一次指数平滑的再平滑,它适用于具有线性趋势的时间数列,计算公式如下:

$$S^1_t=ay_t+(1-a)S^1_{t-1}$$
$$S^2_t=\alpha S^1_t+(1-\alpha)S^2_{t-1}$$

变量和参数说明:
- y_t:第 t 期的实际值。
- S^1_t:第 t 期的一次指数平滑值。
- S^2_t:第 t 期的二次指数平滑值。
- S^1_{t-1}:第 t-1 期的一次指数平滑值。
- α:平滑系数。
- S^2_{t-1}:第 t-1 期的二次指数平滑值。

和一次指数平滑预测方法不同,二次指数平滑值并不用于直接预测,只是用来求出线性预测模型的参数,从而建立预测的数学模型,然后运用数学模型确定预测值。二次指数平滑的数学模型如下:

$$Y_{t+T}=a+bT$$
$$a=2S^1_t-S^2_t$$
$$b=\frac{\alpha}{1-\alpha}(S^1_t-S^2_t)$$

【例 4-3-2】根据表 4-3-1 中数据应用二次指数平滑法预测未来三年商品的销量。

(1) 由表 4-3-1 中数据可以看出商品近 12 年的销售量呈线性增长趋势,因此应该对一次平滑指数值进行修正,应用二次指数平滑法进行预测。

(2) 设置 $S^1_0=100$,$\alpha=0.5$,根据表 4-3-2 中已计算的一次平滑指数计算二次平滑指数值如表 4-3-3 所示:

表 4-3-3　二次指数平滑预测值

年份	2008	2009	2010	2011	2012	2013	2014	2015	2016	2017	2018	2019
时间序号	1	2	3	4	5	6	7	8	9	10	11	12
销售量	100	113	124	156	178	210	227	237	255	260	273	289
S^1_t	100	107	116	136	157	184	206	222	239	250	262	276
S^2_t	100	104	110	123	140	162	184	203	221	236	249	263

(3) 建立二次指数平滑的数学模型,计算参数如下:

$a=2\times276-263=289$,$b=\dfrac{0.5}{1-0.5}(276-263)=13$,预测模型公式为:$Y_{t+T}=289+13T$,由此可计算出:$Y_{2019+1}=289+13=302$,$Y_{2019+2}=289+13\times2=315$,$Y_{2019+3}=289+13\times3=328$。未来三年销售分别是 302 万个、315 万个以及 328 万个。

(4) 可以将 α 设置为不同的值,对不同平滑系数,利用二次指数平滑模型对未来三年销售量进行预测并进行对比。

3. 三次指数平滑

三次指数平滑预测是二次指数平滑基础上的再进行一次平滑。若时间序列的变动呈现出二次曲线趋势,则需要采用三次指数平滑法进行预测,计算公式如下:

$$S_t^3=\alpha S_t^2+(1-\alpha)S_{t-1}^3$$

变量和参数说明:

- S_t^3: 第 t 期的三次指数平滑值
- S_t^2: 第 t 期的二次指数平滑值
- α: 平滑系数
- S_{t-1}^3: 第 t−1 期的三次指数平滑值

三次指数平滑法的数学模型

$$Y_{t+T}=a+bT+cT^2$$
$$a=3S_t^1-3S_t^2+S_t^3$$
$$b=\frac{\alpha}{2(1-\alpha)^2}\left[(6-5\alpha)S_t^1-2(5-4\alpha)S_t^2+(4-3\alpha)S_t^3\right]$$
$$c=\frac{\alpha^2}{2(1-\alpha)^2}(S_t^1-2S_t^2+S_t^3)$$

4.3.4　时间序列预测分析实例

1. Excel 中进行时间序列预测分析

Excel 的数据分析功能包括指数平滑分析,可以应用其进行时间序列预测分析。

【例 4-3-3】打开素材文件"指数平滑实例 1. xlsx",在工作表"数据分析"中,根据表中 2008 年到 2019 年商品的销量数据预测未来三年商品的销量。

(1) 根据表中的数据,可以发现销量数据呈线性趋势(可以建立图表观察数据变化趋势),因此可以应用二次指数平滑方法对未来三年销量进行短期预测。

(2) 打开"数据"选项卡,选择"数据分析",在数据分析列表中选择"指数平滑",分别设置输入区域、阻尼系数(即平滑系数 α)、输出区域等参数,如图 4-3-3 所示,得到一次平滑指数值。将 C3 单元格中的内容改为"一次指数平滑",将 C14 单元格公式复制到 C15,得到 2019 年的一次平滑指数值。

(3) 操作参考步骤(2),设置参数如图 4-3-4 所示,得到二次指数平滑值及图表输出,如图

图 4-3-3　一次指数平滑参数设置　　　　图 4-3-4　二次指数平滑参数设置

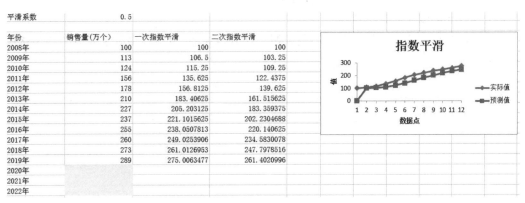

平滑系数	0.5		
年份	销售量(万个)	一次指数平滑	二次指数平滑
2008年	100	100	100
2009年	113	106.5	103.25
2010年	124	115.25	109.25
2011年	156	135.625	122.4375
2012年	178	156.8125	139.625
2013年	210	183.40625	161.515625
2014年	227	205.203125	183.359375
2015年	237	221.1015625	202.2304688
2016年	255	238.0507813	220.140625
2017年	260	249.0253906	234.5830078
2018年	273	261.0126953	247.7978516
2019年	289	275.0063477	261.4020996
2020年			
2021年			
2022年			

图 4-3-5　二次指数平滑

4-3-5 所示。

（4）从图 4-3-5 中可以看出,通过 Excel 的二次指数平滑分析结果和表 4-3-3 中计算的二次指数平滑结果一样。按照例 4-3-2 中的步骤(3)可以建立二次平滑指数预测模型公式,并计算出未来三年预测值填入"指数平滑实例 1.xlsx"中的 B16、B17 和 B18 单元格中。

2. Tableau 中进行时间序列预测分析

Tableau 的预测分析也使用了指数平滑模型,Tableau 可以自动在多个指数平滑模型(除了一次指数平滑、二次指数平滑、三次指数平滑以外,还包括霍尔特-温特斯指数平滑模型等)中根据数据特点自动选择最佳模型进行预测,并优化模型的平滑参数。

当 Tableau 的视图中至少有一个日期维度和一个度量时,可以向视图中添加时间序列预测。Tableau 的指数平滑模型可以分析数据的演变趋势或季节性,并对未来进行预测。在 Tableau 中进行预测是全自动的过程,但是也可以进行参数的设置。当预测显示时,度量的未来值显示在实际值的旁边。

Tableau 可以为以下视图添加预测:

• 要预测的字段位于"行"功能区上,一个连续日期字段位于"列"功能区上。

• 要预测的字段位于"列"功能区上,一个连续日期字段位于"行"功能区上。

• 要预测的字段位于"行"或"列"功能区上,离散日期位于"行"或"列"功能区上。至少有一个包含的日期级别必须是"年"。

- 要预测的字段位于"标记"卡上,一个连续日期或离散日期位于"行"、"列"或"标记"上。

在使用 Tableau 进行预测时,需要注意以下几点:

- 不支持对多维数据源进行预测。

- 如果视图包含任何以下内容,则无法向视图中添加预测:
  - 表计算
  - 解聚的度量
  - 百分比计算
  - 总计或小计
  - 使用聚合的日期值设置精确日期

【例 4 - 3 - 4】利用 Tableau 中的预测分析,根据"指数平滑实例 2. xlsx"表中 2008 年到 2019 年商品的销量数据预测未来三年商品的销量。

(1) 在 Tableau 中打开数据源。

打开 Tableau,在"连接到文件"中点击"Microsoft Excel",打开"指数平滑实例 2. xlsx",如图 4-3-6 所示。

图 4-3-6 指数平滑分析数据源连接

(2) 绘制折线图。

将"工作表 1"重命名为"销量预测"(右击"工作表 1"选择重命名或双击"工作表 1"),在"维度"中选择"日期"拖入列中,在"度量"中选择"销售量(万个)"拖入行,在"标记"中图型类型下拉列表中选择"线"把视图表修改为折线图,如图 4-3-7 所示。

(3) 预测分析。

点击"分析"选择卡,在"模型"中选择"预测"并把其拖入到销量预测图中,除了实际的历史记录值外,Tableau 还将显示该度量的未来预测值。可以通过修改预测选项改变预测值:在预测线上右击,在弹出菜单中选择"预测"——"预测选项",或者选择"分析"＞"预测"＞"预测选项"打开"预测选项"对话框,设置参数如图 4-3-8 所示。在图 4-3-9 的销售量预测图中,可以看到预测值显示的颜色比历史数据的颜色更浅,将鼠标移动到预测值上,可以显示预测日期和预测值。

对比 Excel 和 Tableau 的预测结果,虽然两个数据分析工具都使用了指数平滑方法,但是,预测结果并不一样。这是因为 Excel 使用了基本的指数平滑模型,而 Tableau 中使用了改

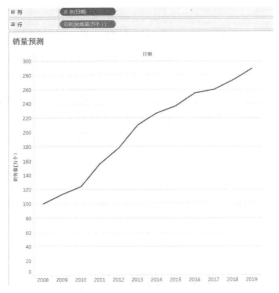

图 4-3-7 各年销售量折线图

图 4-3-8 Tableau 预测选项设置

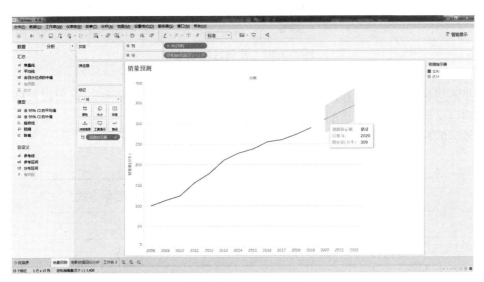

图 4-3-9 销量预测图

进的霍尔特-温特斯指数平滑模型,并对模型参数进行了优化。

预测分析选项说明如下:

• 预测长度:确定预测所跨越的未来时间长度。"自动"是 Tableau 基于数据自动确定预测长度;"精确"是将预测扩展指定数量的单位;"直至"是将预测扩展到未来的指定时间点。

• 聚合方式:指定时间序列的时间粒度。使用默认值("自动")时,Tableau 将选择最佳粒度进行估算。此粒度通常与可视化项的时间粒度(即预测所采用的日期维度)匹配。

• 忽略最后:指定历史数据末尾的周期数,这些周期在估算预测模型时应忽略。对于这些时间周期,将使用预测数据而非实际数据。使用这一功能可以修剪掉可能会误导预测的不可靠或部分末端周期。本例中,因为所有数据都参与预测,因此不忽略数据。

• 用零填充缺少值:如果用于预测的历史数据缺少值,可以指定 Tableau 使用零来填充这些缺少的值。

• 模型类型：选择 Tableau 用于预测的模型类型。对于大多数视图，"自动"设置通常是最佳设置。如果选择"自定义"，则可以单独指定趋势和季节特征，选择"无"、"累加"或"累乘"。当要预测的度量在进行预测的时间段内呈现出趋势或季节性时，带趋势或季节组件的指数平滑模型十分有效。趋势就是数据随时间增加或减小的趋势。季节性是指值的重复和可预测的变化，例如，每年中各季节的温度波动。累加模型是对各模型组件的贡献求和，而累乘模型是至少将一些组件的贡献相乘。当趋势或季节性受数据级别（数量）影响时，累乘模式可以大幅改善数据预测质量。"自动"设置可以自动确定累乘预测是否适合。但是，当要预测的度量包含一个或多个小于或等于零的值时，将无法计算累乘模型。

• 预测区间：图中的阴影区域显示预测的 95% 预测区间，即该模型已确定销售量将于预测周期的阴影区域内的可能性为 95%。可以使用"预测选项"对话框中的"显示预测区间"设置为预测区间，以及是否在预测中包含预测区间，如图 4-3-10 所示。

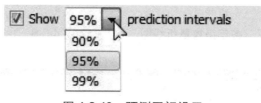

图 4-3-10　预测区间设置

如果不想在预测中显示预测区间，可以清除该复选框。要设置预测区间，可以选择一个值或输入自定义值。可信度设置的百分位越低，预测区间越窄。

预测区间显示方式取决于预测标记的标记类型，如表 4-3-4 所示。

表 4-3-4　预测标记类型及预测区域显示方式

预测标记类型	预测区域显示方式
线	区间
形状、正方形、圆形、条形或饼形	须线

（4）查看预测描述信息。

选择菜单中的"分析/预测/描述预测"，可以查看预测的摘要信息和模型信息，如图 4-3-11 所示。"描述预测"对话框中的信息是只读的，可以单击"复制到剪贴板"，然后将对话框内容粘贴到文档中。"描述预测"对话框有两个选项卡："摘要"选项卡和"模型"选项卡。"摘要"选项卡描述了更详尽的统计信息以及 Tableau 在数据中发现的一般模式。"模型"选项卡描述了Tableau 已创建的预测模型以及霍尔特-温特斯指数平滑模型的平滑系数值。

描述预测主要参数说明如下：

• 初始：第一个预测周期的值和预测间隔。

• 相对于初始值的变化：第一个和最后一个预测值之间的差值。

• 季节影响：针对具有季节性（随时间变化的重复模式）的模型，显示实际值和预测值的合并时间序列中上一个完整季节周期的季节组件的高值和低值。

• 贡献：趋势和季节性对预测的贡献程度，以百分比形式表示，且总和为 100%。

图 4-3-11　描述预测

● 质量：预测与实际数据的相符程度,显示为好、确定或差。质量好或差的判断是与自然预测相比较,例如,"确定"表示相比自然预测,预测误差更小;"好"表示预测误差比自然预测小一半以上;而"差"则表示预测误差比自然预测的误差更大。自然预测是指下一周期的值估计与当前周期的值相同。本例中,预测质量确定,表示相比自然预测,预测误差更小。

● 模型：指定"级别"、"趋势"或"季节"组件是否是预测模型的一部分。每个组件的值为以下值之一：

■ 无-模型中没有该组件。

■ 累加-该组件存在,并且已添加到其他组件中以便创建整体预测值。

■ 累乘-该组件存在,并且已与其他组件相乘以便创建整体预测值。

● 质量指标：这组值提供有关模型质量的统计信息。

值	定　义
RMSE：均方误差	$\sqrt{\left(\dfrac{1}{n}\right)e(t)^2}$
MAE：平均绝对误差	$\dfrac{1}{n}\sum \mid e(t)\mid$
MASE：平均绝对标度误差。 MASE 测量误差量级与向前一期天真预测的误差量级的比率。天真预测法假定不管今天是什么值,明天都将是相同的值。因此,MASE 为 0.5 意味着预测的误差可能是天真预测误差的一半,这要优于 MASE 1.0,MASE 1.0 意味着预测并不比天真预测准确。由于这是为所有值定义的规范化统计数字并平均地衡量误差,因此是比较不同预测方法的质量的理想指标。 与更常用的 MAPE 指标相比,MASE 的优点在于：MASE 为包含零的时间系列定义的,MAPE 则不是。此外,MASE 为误差赋予相等的权重,而 MAPE 为正误差和/或极值误差赋予更多权重	$\dfrac{\dfrac{1}{n}\sum \mid e(t)\mid}{\dfrac{1}{(n-1)}\sum_{2}^{n} \mid Y(t)-Y(t-1)\mid}$

值	定　义
MAPE：平均绝对百分比误差。 MAPE 测量误差量级与数据量级的百分比。因此，20% 的 MAPE 要优于 60% 的 MAPE。误差是模型估计的响应值与数据中每个说明性值的实际响应值之间的差异。由于这是一种规范化统计数据，因此可用于比较 Tableau 中计算的不同模型的质量。但是，对于某些比较，它可能不可靠，因为它对某些种类的误差设置的权重要大于其他误差。此外，对于包含零值的数据，其效果也不明确	$100 \frac{1}{n} \sum \left| \frac{e(t)}{A(t)} \right|$
AIC：Akaike 信息准则。 AIC 是一个模型质量度量，由 Hirotugu Akaike 开发，可对复杂模型进行罚分以防止过度拟合。在该定义中，k 是估计参数的数量，包括初始状态，SSE 是误差平方和	$nlog\left(\frac{SSE}{n}\right) + 2(k+1)$

在上面的定义中，用到的变量如下：

变量	含　义
t	时间系列中的周期的索引
n	时间系列长度
m	一个季节/循环中的周期数
A(t)	周期为 t 时的时间系列的实际值
F(t)	周期为 t 时的拟合值或预测值

• 平滑系数：根据数据的级别、趋势或季节组件的演变速率对平滑系数进行优化，使得较新数据值的权重大于较早数据值，这样就会将样本内向前一步预测误差最小化。Alpha 是级别平滑系数，Beta 是趋势平滑系数，Gamma 是季节平滑系数。平滑系数越接近 1.00，执行的平滑越少，从而可实现快速组件变化且对最新数据具有较大依赖性。平滑系数越接近 0.00，执行的平滑越多，从而可实现逐渐组件变化且对最新数据具有较小依赖性。

4.4　回归分析

4.4.1　回归分析概述

除了时间序列预测分析,回归分析也是一种常见的预测分析方法。回归(Regression)一词是由英国著名生物学家兼统计学家 Galton 在研究人类遗传问题时提出的。为了研究父代身高与子代身高的关系,Galton 收集了上千对父亲及其子女的身高数据。经过对数据的深入分析,发现了两者之间存在着一定的关系,Galton 把这种关系称为回归。在实际问题中,多个变量经常是相互影响、相互制约,比如人的身高和体重,企业的成本缩减、广告投入与利润的增减。回归分析就是为了寻找这些变量间相关关系的一种方法。它通过对变量数据的分析,去寻找隐藏在数据背后的相关关系,并用数学模型来描述这种关系,以便对未来进行预测。

回归分析利用数据统计方法对数据进行处理,确定因变量(响应变量)与自变量(回归变量)之间的关系,建立变量之间的函数表达式,即回归方程,并将回归方程作为预测模型,根据未来自变量的变化预测因变量。例如,在产品的销售中,产品的质量、价格、售后服务都会影响用户满意度,可以建立用户满意度与产品的质量、价格以及售后服务之间的回归模型,对用户的满意度进行预测,其中产品的质量、价格、售后服务都是自变量,用户满意度是因变量。回归分析广泛应用于存在因果关系的各种预测问题。例如,回归分析可帮助用户根据历史收益率和多种投资风险因素来预测未来投资收益;在电影票房预测中,可以利用回归分析对影响电影票房的多个因素进行分析,比如题材、内容、导演、演员、影评数据、预售数据等,从而对电影票房进行预测。

回归分析一般有两种分类方法:

(1) 根据自变量的个数不同分为:

• 一元回归分析:自变量只有一个。

• 多元回归分析:自变量有两个或两个以上。

(2) 根据因变量和自变量的相关关系不同分为:

• 线性回归分析:自变量和因变量是线性关系。

• 非线性回归分析:自变量和因变量是非线性关系。

回归分析的主要步骤如下:

(1) 根据预测目标,确定自变量和因变量。

明确预测的具体目标,即因变量。例如,预测目标是下一年度的销售量,那么销售量 Y 就是因变量。寻找与预测目标的相关影响因素,即自变量,并从中选出主要的影响因素,例如,影响销售量的主要因素有产品价格、产品质量、产品服务等。

(2) 建立回归预测模型。

依据自变量和因变量的历史数据进行计算,在此基础上建立回归分析方程,即回归分析预测模型。

(3) 进行相关分析,确定相关系数。

回归分析是对具有因果关系的自变量和因变量所进行的数理统计分析处理。只有自变量与因变量确实存在某种关系时,建立的回归方程才有意义。因此,作为自变量的因素与作为因变量的预测对象是否有关,相关程度如何,以及判断这种相关程度的可靠性多高,是进行回归分析必须要解决的问题。进行相关分析,一般要求出相关关系,以相关系数的大小来判断自变量和因变量的相关的程度。

(4) 检验回归预测模型,计算预测误差。

回归预测模型是否可用于实际预测,取决于对回归预测模型的检验和对预测误差的计算。回归方程只有通过各种检验,且预测误差较小,才能将回归方程作为预测模型进行预测。

(5) 计算并确定预测值。

利用回归预测模型计算预测值,并对预测值进行分析,确定最后的预测值,并计算预测值的置信区间。

4.4.2 回归分析模型

回归分析模型描述了自变量(X)与因变量(Y)之间的关系,可以表示为:

$$Y = f(X) + e$$

其中 f(X) 是自变量 X(一个或多个)的函数,e 是随机误差变量,表示其他未知的因素或随机因素对因变量 Y 产生的影响。本节只讨论自变量为一个的一元回归分析模型。

根据 f(X) 不同,回归分析模型主要可以分为线性回归、对数回归、指数回归、幂次回归和多项式回归。

1. 线性回归

线性回归是最常用的回归模型。在线性回归中,因变量是连续的,自变量可以是连续的也可以是离散的,回归线是线性的。线性回归使用最佳的拟合直线(也就是回归线)在因变量 Y 和自变量 X 之间建立一种关系,表示如下:

$$Y = b_0 + b_1 X + e$$

参数说明:

• b_0、b_1:回归系数。对于线性回归线来说,b_0 表示直线的截距,b_1 表示直线的斜率。

• e:误差项。

如何获得最佳的回归线(即求解 b_0 和 b_1 的值)呢?最小二乘法是用于拟合回归线最常用的方法。对于样本数据,最小二乘法通过最小化每个数据点到线的垂直偏差平方和来计算最佳拟合线,如图 4-4-1 所示。

假设现有 n 个数据点 (x_1, y_1), (x_2, y_2), …, (x_i, y_i), …, (x_n, y_n),对这些数据点应用最小二乘法拟合回归线的公式如下:

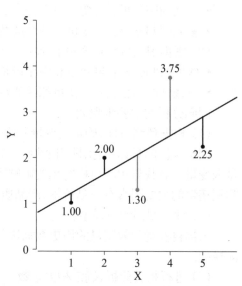

图 4-4-1 最小二乘法拟合回归线

$$b_1 = \frac{\sum_{i=1}^{n}(x_i - \bar{x})(y_i - \bar{y})}{\sum_{i=1}^{n}(x_i - \bar{x})^2} = \frac{\sum_{i=1}^{n}(x_i y_i - \bar{x} y_i - x_i \bar{y} + \bar{x}\,\bar{y})}{\sum_{i=1}^{n}(x_i^2 - 2\bar{x} x_i + \bar{x}^2)}$$

$$= \frac{\sum_{i=1}^{n} x_i y_i - n\bar{x}\,\bar{y} - n\bar{x}\,\bar{y} + n\bar{x}\,\bar{y}}{\sum_{i=1}^{n} x_i^2 - 2n\bar{x}^2 + n\bar{x}^2} = \frac{\sum_{i=1}^{n} x_i y_i - n\bar{x}\,\bar{y}}{\sum_{i=1}^{n} x_i^2 - n\bar{x}^2}$$

$$b_0 = \bar{y} - b_1 \bar{x}$$

其中：

$$\bar{x} = \frac{x_1 + x_2 + \cdots + x_n}{n}$$

$$\bar{y} = \frac{y_1 + y_2 + \cdots + y_n}{n}$$

$$\bar{x}^2 = \bar{x}\,\bar{x} = \left(\frac{x_1 + x_2 + \cdots + x_n}{n}\right)\left(\frac{x_1 + x_2 + \cdots + x_n}{n}\right)$$

2. 多项式回归

对于一个回归方程,如果自变量的指数大于 1,那么它就是多项式回归,表示如下:

$$Y = b_0 + b_1 X + b_2 X^2 + \cdots + b_n X^n + e$$

在多项式回归中,最佳拟合线不是直线,而是一条曲线,图 4-4-2 给出了一个数据点拟合的多项式回归方程。

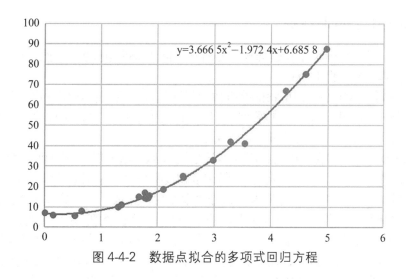

图 4-4-2　数据点拟合的多项式回归方程

在多项式回归方程中,n($n \geqslant 2$)的取值不同,曲线的形状不同。一般来说,多项式回归曲线具有 n−1 个弯曲(即 n−1 个极值),如图 4-4-3 所示,图(a)描述了一个一元二次多项式回归曲线,图(b)描述了一个一元三次多项式回归曲线:

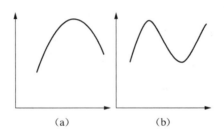

(a)   (b)

图 4-4-3 多项式回归曲线

3. 其他回归模型

除了线性回归和多项式回归,还可以建立其他的回归模型,如表 4-4-1 所示:

表 4-4-1 回归模型

回归模型	模型表示
对数回归	$Y = b_0 + b_1 \ln(X) + e$
指数回归	$Y = b_0 \exp(b_1 X) + e$
幂次回归	$Y = b_0 X^{b_1} + e$

4.4.3 回归分析实例

1. Excel 中进行回归分析

在 Excel 中,可以给图表添加趋势线进行回归分析,Excel 中提供了线性、多项式、对数、指数、幂次等多种趋势线(即回归线)。

【例 4-4-1】客服中心客户电话的接听数量与回访数量之间存在着一定关系,根据"客服中心接听与回访数据.xlsx"文件中的数据,在 Excel 中通过回归分析,生成接听量与回访量之间的回归方程,根据接听量对回访量进行预测。

(1) 在 Excel 中打开"客服中心接听与回访数据.xlsx",选中接听量和回访量两列数据,插入散点图,如图 4-4-4 所示,从图可以看出,回访量和接听量之间呈明显的线性关系。

(2) 在"图表工具"的"设计"选项卡中,选择"添加图表元素"—"趋势线"—"其他趋势线选项",在"设置趋势线格式"窗口中可以设置趋势预测/回归分析类型、趋势线名称、趋势预测周期、截距、显示公式、显示 R 平方值。R 平方值反映了回归线的估计值与对应的实际数据之间的拟合程度,可以作为模型拟合度优劣的度量,用于评价模型的可靠性,取值范围为 0—1。本例中选择"线性"回归分析,并选中"显示公式"、"显示 R 平方值"如图 4-4-5 所示。在回访量散点图中添加线性趋势线,如图 4-4-6 所示。由图可知,回访量与接听量间的线性回归方程为:$y = 0.8966x - 1.0161$,x 表示接听量,y 表示回访量。R 平方值为 0.9748,表示数据拟合程度达到 97.48%,拟合程度高,说明接听量与回访量之间存在着线性关系,可以通过回归方程根据接听量预测回访量。例如,如果客服人员接听量为 50 个,那么预测回访量为 44 个。如果

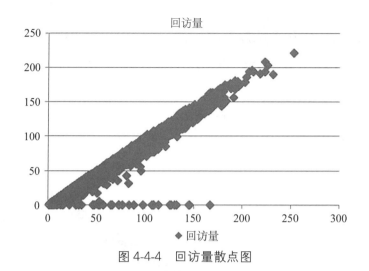

图 4-4-4　回访量散点图

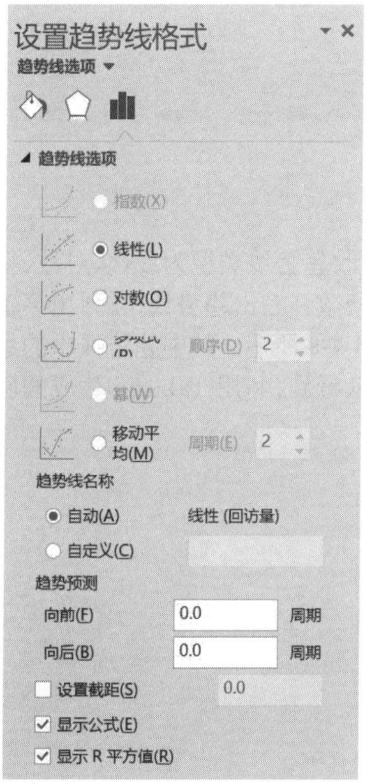

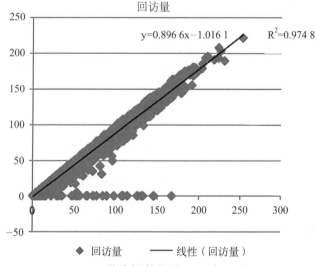

图 4-4-5　设置趋势线格式

图 4-4-6　带线性趋势线的回访量散点图

回访量低于 44,说明回访量没有达标。

2. Tableau 中进行回归分析

Tableau 的数据分析功能提供了趋势线工具,可以为线性、对数、指数、多项式或幂次模型添加趋势线进行回归分析。向视图添加趋势线时,行和列中必须包含一个数字字段。

【**例 4 - 4 - 2**】利用"客服中心接听与回访数据.xlsx"中的数据,应用 Tableau 进行回归分析,根据接听量对回访量进行预测。

(1) 在 Tableau 中连接数据源文件"客服中心接听与回访数据.xlsx",将"接听量"拖入列,"回访量"拖入行,打开"分析"窗口,选择"趋势线"拖入视图中,默认建立线性趋势线,如图 4-4-7 所示。

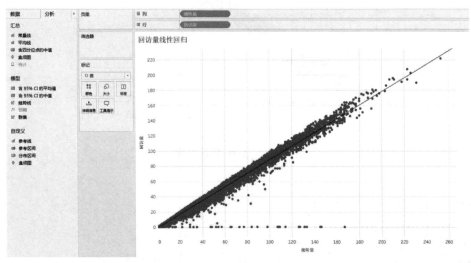

图 4-4-7　回访量线性回归图

(2) 右击趋势线,在弹出菜单中选择"编辑趋势线"可以修改趋势线类型为线性、对数、指数、幂以及多项式,如图 4-4-8 所示。本例为线性回归,不需要修改。右击趋势线,在弹出菜单中选择"描述趋势模型",可以查看回归模型的描述信息,如图 4-4-9 所示。其中趋势线中的系数值表示 b_0 和 b_1,本例中,$b_0 = 0.896634$,$b_1 = -1.0161$,可以看到,利用 Tableau 生成的回归方程和例 4 - 4 - 1 中 Excel 的回归方程一样。

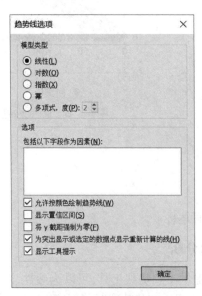

图 4-4-8　趋势线选项

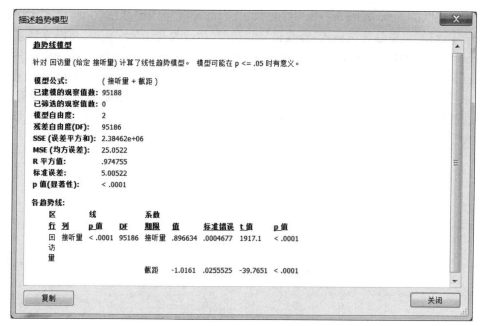

图 4-4-9　回访量线性回归描述趋势模型

描述趋势模型主要参数说明如下：

- 模型公式：趋势线模型的公式。
- 已建模的观察值数：视图中使用的数据行数。
- 已筛选的观察值数：从模型中排除的观察值数。
- 模型自由度：模型所需的参数个数。例如，线性回归模型有 b_0 和 b_1 两个参数，模型自由度是 2。线性、对数和指数趋势的模型自由度为 2。多项式趋势的模型自由度为 1 加上多项式的次数。例如，三次回归线的自由度为 4。
- 残差自由度（DF）：对于固定模型，此值定义为观察数目减去模型自由度。
- SSE（误差平方和）：误差是观察值与模型预测值间的差值。
- MSE（均方误差）：指"均方误差"，即 SSE 值除以残差自由度。
- R 平方值：模型错误的方差（或未解释的方差）与数据总方差的比率，取值范围为 0—1，和 Excel 回归分析中的 R 平方值的含义相同。本例中，R 平方值为 0.974755，表示数据拟合程度达到 97.4755%，拟合程度较高。
- 标准误差：完整模型的 MSE 的平方根。
- p 值（显著性）：p 值越小，表示回归模型的显著性越高（即回归系数显著），也就是响应变量 Y 受回归变量 X 影响显著。p 值小于 0.0001 说明回归模型具有统计显著性。如果 p 值大于 0.05 则说明该回归分析中的响应变量 Y 和回归变量 X 无关。本例中，$p < 0.0001$，说明回访量受接听量影响显著。

【例 4-4-3】文件"电影数据回归分析.xlsx"中记录了某电影论坛中用户对电影的评分和评论量数据，请分别利用 Excel 和 Tableau 数据分析工具，找到电影评分和评论量之间是否存在相关关系。

（1）在 Excel 中打开"电影数据回归分析.xlsx"，选中评分和评论数两列数据，插入散点图，并为散点图添加趋势线。通过显示 R 平方值，可以看到线性回归线并不能较好地描述评分和评论数之间的关系,如图 4-4-10 中(a)所示,因此需要更改趋势线类型。右击回归线,在弹出菜单中选择"设置趋势线格式"修改趋势线类型,通过改变趋势线类型,可以发现多项式趋势线可以显著提高 R 平方值,如图 4-4-10 中(b)所示。改变多项式项数(取值范围 2—6 的整数),通过调整多项数项式,可以提高 R 平方值,从而提高数据拟合程度,如图 4-4-10 中(c)和(d)所示,当多项式项数为 4 时,达到 0.9046,多项式项数为 6 时,R 平方值达到最高值为 0.9108,此时拟合程度最好。由此可知,电影评分和评论数之间存在着多项式关系,多项式方程项数大于等于 4 时,R 平方值达到 0.9 以上,拟合程度较高。

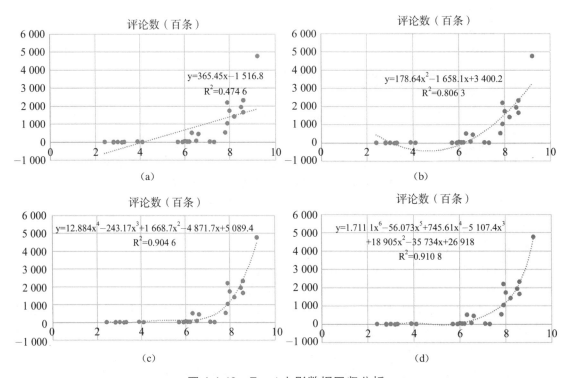

图 4-4-10 Excel 电影数据回归分析

(2) 在 Tableau 中连接数据源文件"电影数据回归分析. xlsx",将"评分"拖入列,"评论数(百条)"拖入行,打开"分析"窗口,选择"趋势线"拖入视图中,注意在拖入趋势线时,将趋势线拖入到"多项式"图标上,如图 4-4-11 所示,Tableau 自动选择合适的多项式方程生成趋势线,如图 4-4-12 所示。将鼠标移动到趋势线上可以查看多项式回归方程,右击趋势线,查看描述趋势模型如图 4-4-13 所示,本例中,Tableau 自动建立的回归方程,多项式项数为 3,R 平方值为 0.884915,p<0.0001,说明该方程拟合程度较高,电影评论数受电影评分影响显著。如果需要改变趋势线模型,可以右击趋势线,选择"编辑趋势线"修改,其中多项式的度(即项数)取值范围为 2—8 的整数。

图 4-4-11 添加多项式趋势线

数据分析与大数据实践

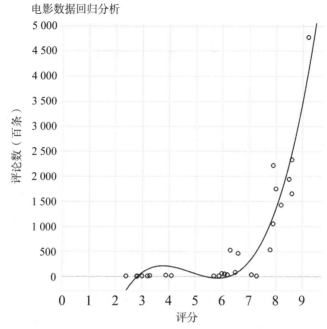

图 4-4-12　Tableau 电影数据回归分析

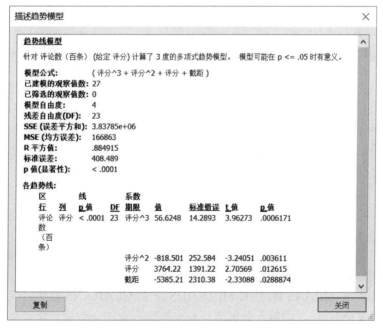

图 4-4-13　电影数据回归分析描述趋势模型

4.5 聚类分析

4.5.1 聚类分析概述

俗话说,"人以群分,物以类聚",聚类分析(Cluster Analysis)就是根据"物以类聚"的道理,对样本进行分类的一种数据分析方法。聚类分析的原理是把特征相近的样本归为一类,而把特征差别大的样本归为不同的类,同类对象有很大的相似性,而不同类的对象有很大的相异性。图4-5-1描述了两种不同的聚类。聚类和分类不同,聚类分析事先并不知道样本的类别,而是通过分析样本特征为样本指定类别;而分类是事先已知样本的类别,然后分析各个类别的特征,用类别特征为新的未知对象进行分类。聚类分析可以应用于很多方面,例如,帮助企业将客户分为不同的群体,并且通过客户特点、购买行为等刻画不同客户群的特征,为不同群体的客户进行针对性营销,提供个性化服务;在生物学上,可以根据动植物的基因数据进行聚类,从而获取不同生物种群的特征和结构。

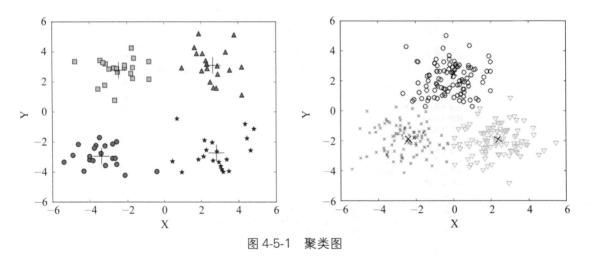

图 4-5-1 聚类图

常用的聚类分析方法包括以下四类:

• 划分聚类法(K-MEANS 算法、K-MEDOIDS 算法、CLARANS 算法):划分聚类法首先为聚类样本构建 k 个分区,其中每个分区表示一个类别。大部分划分方法是基于距离的,给定要构建的 k 个分区数,首先创建一个初始划分,然后使用一种迭代的重定位技术将各个样本重定位,直到满足条件为止。

• 层次聚类法(BIRCH 算法、CURE 算法、CHAMELEON 算法):层次聚类可以分为凝聚和分裂两种方法。凝聚也称为自底向上法,开始将每个对象单独划为一个类别,然后逐次合并相近的对象,直到所有类别被合并为一个类别或者达到迭代停止条件为止。分裂也称自顶向下法,开始将所有样本当成一个类别,然后迭代分解成更小的类别。

• 基于密度的聚类法(如 DBSCAN 算法、OPTICS 算法、DENCLUE 算法):基于密度聚类的主要原理是只要一个区域中的点的密度(对象或数据点的数目)超过某个阈值,就把它加到与之相近的类别中去。

• 基于网格的聚类法(如 STING 算法、CLIQUE 算法、WAVE-CLUSTER 算法):基于网格的聚类将对象空间划分为有限个单元,形成一个网格结构,再利用网格结构完成聚类。

4.5.2 K-Means 算法

K-Means 算法(K 均值聚类算法)是一种广泛使用的聚类分析方法,具有简单、易实现且效率高等优点,是许多其他聚类方法的基础。

K-Means 算法给定一个数据点集合和类别数目 K,算法根据距离最近原则,随机选取 K 个对象作为初始的聚类中心,然后计算每个对象与各个聚类中心之间的距离,把每个对象分配给距离它最近的聚类中心。聚类中心以及分配给它们的对象就代表一个聚类。每分配一个样本,聚类中心会根据该聚类中现有的对象被重新计算。这个过程将不断重复直到满足某个终止条件。终止条件可以设置为聚类中心不再发生变化或者没有(或最小数目)对象被重新分配给不同的聚类。

图 4-5-2 描述了 K-Means 算法的聚类过程。假定输入 m 个样本: $S = X_1, X_2, \cdots\cdots,$ X_m,如图 4-5-2 中的图 a 所示。K-Means 算法步骤如下:

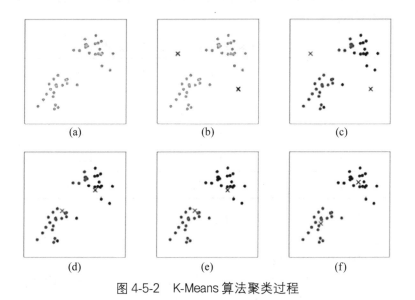

图 4-5-2　K-Means 算法聚类过程

(1) 设置聚类数目 K 和算法终止阈值 ρ,随机选择初始的 K 个聚类中心 $C_1, C_2, \cdots\cdots,$ C_K,如图 4-5-2 中的图 b 所示,聚类中心有两个,用"×"表示。

(2) 对于每个样本 X_i,计算 X_i 与每个聚类中心 C_j 的距离,距离计算一般采用欧式距离。假设样本 $X = (x_1, x_2, \cdots, x_n)$,聚类中心 $C = (c_1, c_2, \cdots, c_n)$,X 和 C 之间的距离表示为: $dist(X, C) = \sqrt{\sum_{i=1}^{n}(x_i - c_i)^2}$。$X_i$ 和哪个聚类中心距离最近,就标记 X_i 和这个距离最近的聚类中心属于同一个类别,如图 4-5-2 中的图 c 所示,样本被分为两类,用不同颜色表示。

(3) 对于新标记好的每个类别,计算出每个类别新的聚类中心,新聚类中心就是该类别中所有样本的平均值,如图 4-5-2 中的图 d 所示,"×"表示新的聚类中心。

(4) 如果新的聚类中心和原来的聚类中心之间的距离大于阈值 ρ,则转到步骤 2 重复执行聚类过程；如果聚类中心的变化小于阈值 ρ，则算法终止，如图 4-5-2 中的图 e、f 所示。

【例 4 - 5 - 1】利用 K-Means 聚类算法，将表 4-5-1 中的 6 个样本 P1、P2、P3、P4、P5、P6 分为两类。

表 4-5-1　样本表

样本	坐标 X	坐标 Y
P1	1	2
P2	2	2.5
P3	3.7	4
P4	8.7	9.8
P5	9.5	11.2
P6	10	8

设置聚类数目 K＝2，随机选择 P1 和 P2 分别为第一类和第二类的初始聚类中心。

（1）因为 P1 和 P2 是聚类中心，所以只需要计算 P3、P4、P5、P6 和聚类中心 P1、P2 的距离即可，如表 4-5-2 所示：

表 4-5-2　样本和聚类中心 P1、P2 的距离表

	P1	P2
P3	3.36	2.27
P4	10.96	9.91
P5	12.53	11.49
P6	10.82	9.71

从表 4-5-2 中可知，所有的样本都距离 P2 更近，所以新的聚类结果如下：

• 第一类：P1
• 第二类：P2、P3、P4、P5、P6

（2）根据新的聚类结果，对同类样本坐标求平均值，计算出新的聚类中心：第一类聚类中心仍然是 P1(1, 2)，第二类聚类中心 P_{n1}(6.78, 7.1)。

（3）参考步骤 2，分别计算 P2、P3、P4、P5、P6 和聚类中心 P1 和 P_{n1} 的距离，如表 4-5-3 所示：

表 4-5-3　样本和聚类中心 P1、P_{n1} 的距离表

	P1	P_{n1}
P2	1.12	6.63
P3	3.36	4.37
P4	10.96	3.31

	P1	P$_{n1}$
P5	12.53	4.92
P6	10.82	3.34

从表 4-5-3 中距离可得出新的聚类结果如下：

- 第一类：P1、P2、P3
- 第二类：P4、P5、P6

（4）参考步骤 3，计算出新的聚类中心：第一类聚类中心 P$_{n2}$(2.23, 2.83)，第二类聚类中心 P$_{n3}$(9.4, 9.67)。

（5）参考步骤 2，分别计算 P1、P2、P3、P4、P5、P6 和聚类中心 P$_{n2}$ 和 P$_{n3}$ 的距离，如表 4-5-4 所示：

表 4-5-4　样本和聚类中心 P1、P$_{n1}$ 的距离表

	P$_{n2}$	P$_{n3}$
P1	1.48	11.37
P2	0.4	10.3
P3	1.88	8.04
P4	9.51	0.71
P5	11.09	1.53
P6	9.33	1.77

从表 4-5-4 中距离可得出新的聚类结果如下：

- 第一类：P1、P2、P3
- 第二类：P4、P5、P6

该次聚类结果和上次聚类结果没有变化，说明算法已收收敛，聚类结束。

（6）将表 4-5-1 中的坐标点在图中表示如图 4-5-2 所示，可以看到应用 K-Means 算法的聚类结果与实际的分类结果是一致的。

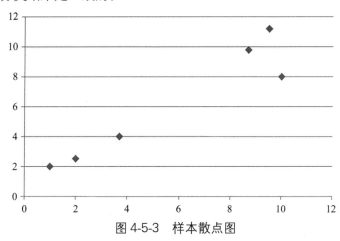

图 4-5-3　样本散点图

4.5.3 聚类分析实例

聚类分析广泛应用于图像处理、模式识别等方面,比如著名的鸢尾花识别就是典型的聚类分析实例。

鸢尾花属于鸢尾科,其中山鸢尾(Setosa),变色鸢尾(Versicolour)和维吉尼亚鸢尾(Virginica)是鸢尾花的三个著名品种,如图4-5-4所示。

山鸢尾(setosa)　　　　　　　变色鸢尾(versicolour)　　　　　　维吉尼亚鸢尾(virginica)

图 4-5-4　鸢尾花品种

1935年,植物学家安德森对加拿大加斯帕半岛上的鸢尾属花朵进行了测量,并提取出了鸢尾花的特征数据,并在统计学上形成了一类多重变量分析的鸢尾花数据集(Anderson's Iris data set,简称 Iris 数据集)。Iris 数据集包含150个数据项,分为3类,每类50个数据,每个数据包含4个属性,分别是花萼长度(Sepal Length)、花萼宽度(Sepal Width)、花瓣长度(Petal Length)以及花瓣宽度(Petal Width),根据这四个属性特征可以判别鸢尾花属于山鸢尾,变色鸢尾以及维吉尼亚鸢尾三个种类中的哪一类,这是一个典型的聚类问题。图4-5-5给出了 Iris 数据集的部分数据。

花萼长度	花萼宽度	花瓣长度	花瓣宽度	类别
5.1	3.5	1.4	0.2	Iris-setosa
4.9	3	1.4	0.2	Iris-setosa
7	3.2	4.7	1.4	Iris-versicolor
6.4	3.2	4.5	1.5	Iris-versicolor
6.3	3.3	6	2.5	Iris-virginica
5.8	2.7	5.1	1.9	Iris-virginica

图 4-5-5　Iris 数据集部分数据示例

【例4-5-2】利用 Tableau 中的群集功能,对"iris 数据集.xls"中的数据进行聚类,并将聚类结果和实际类别进行比较分析。

(1) 打开 Tableau,在"连接到文件"中点击"Microsoft Excel",打开"iris 数据集.xls"。Iris 数据集给出的数据按照顺序排列,前50个是山鸢尾,51—100是变色鸢尾,101~150是维吉尼亚鸢尾。打开新的工作表并命名为"鸢尾花自动聚类"。

（2）为了更全面地观察鸢尾花聚类，可以选择四个特征两两组合建立聚类分析图。在"度量"中选择"花瓣长度"和"花瓣宽度"拖入列，"花萼长度"和"花萼宽度"拖入行，打开"分析"菜单取消"聚合度量"（注意，聚类分析不能使用聚合度量）。

（3）打开"分析"窗口，从中选择"群集"拖入到视图中，Tableau 自动把数据集分为三类。在"标记"中修改图表形状为圆。右击"花萼长度"坐标轴，更改坐轴范围 4—9。右击"花萼宽度"坐标轴，更改坐轴范围 1—5，如图 4-5-6 所示，Tableau 已经将数据分为三个群集，即三类不同的鸢尾花品种。根据 Iris 数据集中记录的类别标记，可以知道群集 1 是山鸢尾，群集 2 是维吉尼亚鸢尾，群集 3 是变色鸢尾。从鸢尾花的聚类分析图中可以清晰地看到山鸢尾的特征和另外两个品种相差较大，而变色鸢尾和维吉尼亚鸢尾两个品种的特征虽然也存在差异，但差异相对较小，并且一些样本存在一定的特征重叠。

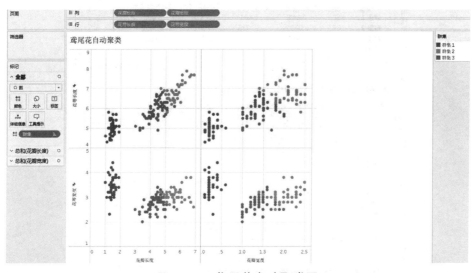

图 4-5-6　鸢尾花自动聚类图

（4）查看聚类分析摘要和模型：在"标记"中点击"群集"最右侧的按钮，在弹出的菜单中选择"描述群集"，在打开的"描述群集"对话框中可以查看鸢尾花聚类分析的群集聚类中心以及模型方差分析，如图 4-5-7 所示。根据"描述群集"中三个群集的中心 C1、C2、C3，可以判断未知的鸢尾花属于哪个鸢尾花品种。首先测量出未知鸢尾花的特征数据（即花萼长度、花萼宽度、花瓣长度和花瓣宽度），然后分别计算出特征数据同 C1、C2、C3 的距离，找出距离最小的群集中心，即可判断出该未知鸢尾花属于的群集。另外，根据三个群集的项数可知，山鸢尾为 50 个，维吉尼亚鸢尾为 39 个，变色鸢尾为 61 个，但是 Iris 数据集中每种鸢尾花都是 50 个样本数据，因此可知，50 个山鸢尾数据都聚类成功，但是变色鸢尾和维吉尼亚鸢中有部分样本并没有聚类成功，被错误的判断为了其他类别，也说明了这两种鸢尾花的特征对于一些样本较难区分。

描述群集参数说明如下：

• 组间平方值总和：每个群集的中心（即群集内样本的平均值）与数据集中心之间的平方距离总和。该值越大，群集之间的间隔就越好。

• 组内平方值总和：每个群集的中心与群集中每个样本之间的平方距离总和。值越小，群集的内聚性就越高。

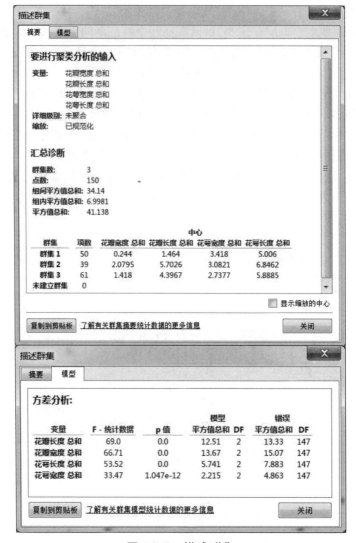

图 4-5-7　描述群集

• 平方值总和：计算组间平方和与组内平方和的总和。(组间平方和)/(总平方和)的比率是模型的差值百分比,值介于 0 和 1 之间。该值越大,通常表明模型越好。

• F-统计数据：组间方差与总方差的比率。F-统计数据越大,在群集之间就能更好地区分。

• p 值：F-统计数据所有可能值的 F 分布的值大于变量实际 F-统计数据的概率。该值越低,对应变量的元素的预期值在群集之间的区别就越大。

• 模型平方值总和及自由度 DF：平方值和是组间平方和与模型自由度的比率。组间平方值总和是对群集均值之间差值的度量。如果群集均值彼此很接近(因此与总均值也很接近),则值将很小。模型的自由度 DF 为 k−1,其中 k 为群集数。

• 误差平方值总和及自由度 DF：误差平方和是组内平方和与误差自由度的比率。组内平方和测量每个群集内的观察值之间的差值。误差的自由度为 N−k,其中 N 是已建立群集的总观察值数(行数),k 为群集数。可以将误差平方和看作是总体均方误差,并假定每个群集中心都表示每个群集的"真实值"。

(4) 修改群集名称：Tableau 自动为群集命名为"群集 1"、"群集 2"和"群集 3"，显示在图表最右侧。但是自动命名的群名并不具有实际意义，需要利用 Tableau 的组功能对群集进行重命名。

首先将"标记"卡中的群集字段拖到"数据"窗格的维度中，并将其另存为组"鸢尾花聚类组"，如图 4-5-8 所示。

维度　　　　　　　　　▦　⌕　｜　▾

Abc　类别

🌢　鸢尾花聚类组

Abc　度量名称

图 4-5-8　建立鸢尾花聚类组

点击"鸢尾花聚类组"右侧的倒三角按钮，在弹出菜单中选择"编辑组"。选择"群集 1"，点击"重命名"按钮，将群集 1 修改为山鸢尾（Setosa）。同样操作将群集 2 修改为变色鸢尾（Versicolour），将群集 3 修改为维吉尼亚鸢尾（Virginica），如图 4-5-9 所示。利用群集创建组后，该组和原始群集将会分离。编辑群集不会影响组，而编辑组也不会影响群集结果。

图 4-5-9　重命名群组

(5) 建立新的工作表"鸢尾花群组聚类"，重复步骤 2 生成散点图。在"维度"中选择"鸢尾花聚类组"拖入图表中，并修改群组颜色如图 4-5-10 所示。从图 4-5-9 和图 4-5-10 可以看出，创建组并重命名组后，使用组进行聚类和 Tableau 中自动聚类的结果一样。

(6) 对 Tableau 的自动聚类结果与 Iris 数据集的分类结果进行对比：新建工作表并命名为"鸢尾花分类"。在"度量"中选择"花瓣长度"和"花瓣宽度"拖入列，"花萼长度"和"花萼宽度"拖入行，打开"分析"菜单取消"聚合度量"。在"维度"中选择"类别"拖入"标记"中的"颜色"，如图 4-5-11 所示。

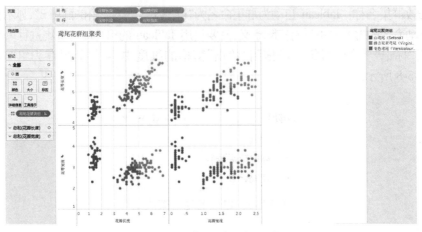

图 4-5-10   鸢尾花群组聚类图

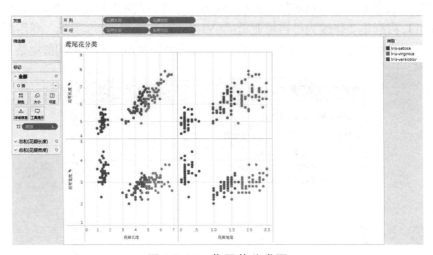

图 4-5-11   鸢尾花分类图

(6) 建立仪表板,将"鸢尾花群组聚类"和"鸢尾花分类"工作表拖入仪表板进行对比,如图 4-5-12 所示,可以看出使用 Tableau 群组聚类分析和 Iris 数据集中标识的分类结果基本相同: 对于山鸢尾的聚类和 Iris 数据集中结果完全一样,但是在变色鸢尾和维吉尼亚鸢尾的聚类中, 有个别样本的分类和 Iris 数据集中结果不一样。

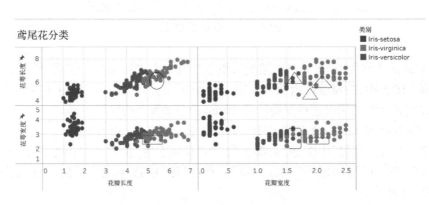

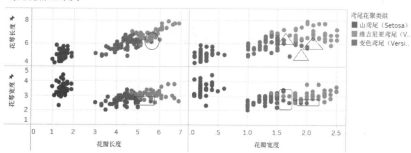

鸢尾花群组聚类

图 4-5-12　仪表板对比

4.6 综合练习

1. 在 EXCEL 的某一单元格中输入的公式中引用了不存在的名称,产生的错误信息是_____。

   A. ♯NAME?   B. ♯REF!

   C. ♯VALUE!   D. ♯DIV/0!

2. 如果要绘制正弦曲线,可以在一个单元格中输入角度,在另一个单元格中利用 SIN 函数计算该角度对应弧度的正弦值,再利用这些数据绘制_____图。

   A. 带数据标志的折线   B. 雷达图

   C. 带直线和数据标记的散点   D. 带数据标记的堆积折线图

3. 可以对工作薄中的公式进行重新计算的功能键是_____。

   A. F1   B. F5

   C. F9   D. F10

4. 在 Excel 中,如果将 A2 单元格中的公式"＝A2＋B5＊$C4"复制 D6 单元格中,该单元格公式是＝_____。

   A. D5＋E9＊$C4   B. D6＋E9＊$C8

   C. A2＋B5＊$C4   D. D6＋B5＊$C4

5. 在 Excel 中,假定贷款总额 20 万,年利率为 5.8%,贷款期限为 10 年,则月偿还额的计算公式为_____。

   A. ＝PMT(5.8%/12, 10＊12, 200000)

   B. ＝PMT(5.8%/12, 10, 200000)

   C. ＝PMT(5.8%, 10, 200000)

   D. ＝PMT(5.8%/, 10＊12, 200000)

6. 在 Excel 中有学生成绩表,如果要在每位学生对应的成绩单元格中输入数值后自动显示:成绩 XX(XX 表示输入的分数),并能使用公式求出全班平均分,则应使用_____的方式设置。

   A. 输入"成绩 XX"(XX 表示具体分数)

   B. 将格式定义为"[成绩]♯"

   C. 将格式定义为"成绩@"

   D. 将格式定义为""成绩"♯"

7. 如果要将一个日期变成星期数,应选择_____函数。

   A. DATEDIF   B. WEEKDAY

   C. WEEKNUM   D. WEEK

8. 以下函数中,必须使用数组公式输入的是_____。

   A. SUBTOTAL   B. PERCENTRANK

C. DATEDIF   D. FREQUENCY

9. 关于数组常数的输入方法中,以下说法正确的是_____。

   A. 数组常数需要自己输入{}

   B. 用逗号表示列,用分号表示行

   C. 用分号表示列,用逗号表示行

   D. 既有行又有列的数组常数必须使用函数输入

10. 以下不属于 SUBTOTAL 函数功能的是_____。

   A. 求和   B. 求平均

   C. 求最大值   D. 求中间值

11. 以下关于时间序列预测分析描述正确的是_____。

   A. 时间序列中的数据点多少不会影响预测结果

   B. 时间序列可以包括趋势性、季节性、周期性因素

   C. 周期性是指一段时间内重复出现的周期

   D. Tableau 中可以进行多维度数据的时间序列预测

12. 以下关于数据分析描述不正确的是_____。

   A. 在聚类分析中,不需要知道样本的类别

   B. 回归分析是研究变量之间关系的一种分析方法

   C. 时间序列中的数据点越多,预测结果越准确

   D. 回归分析不能用来进行预测

13. 回归分析是研究回归变量和_____的相关关系。

   A. 自变量   B. 可变变量

   C. 目标变量   D. 响应变量

14. 在疲劳驾驶中,司机连续开车时间和车祸发生率之间存在着某种关系,其中司机连续开车时间是_____。

   A. 自变量   B. 因变量

   C. 目标变量   D. 变量

15. 下列方法中不属于聚类分析方法的是_____。

   A. K-Means 算法   B. 层次聚类法

   C. 关联聚类法   D. 网格聚类法

16. 回归分析中可以衡量回归模型优劣的度量是_____。

   A. 回归方程   B. 趋势线

   C. R 平方值   D. 回归系数

17. Tableau 不可以进行的数据分析是_____。

   A. 预测分析   B. 回归分析

   C. 聚类   D. 分类

4.6.2 填空题

1. INT(−3.5)的结果是_____。

2. 在 Excel 中,要引用列 A 到 C 中的全部单元格,采用的引用方式是_____。

3. 利用 VLOOKUP 函数查找文本时,第四个参数应该是_____。

4. 如果要确定某个数据在一列数据中的第几个,应使用_____函数。

5. 要判断某个单元格是否为空,可以使用_____函数。

6. 预测分析方法按照预测周期不同,可以分为短期预测、_____和_____。

7. 预测分析方法按照技术不同,可以分为_____和_____。

8. K-Means 聚类法中一般采用的距离计算方法采用_____计算法。

9. 指数平滑模型中,影响预测结果的参数是_____。

第 5 章

数据可视化

本 章 概 要

　　数据可视化是指可视化技术在数据方面的应用,将数据信息转化为视觉形式的过程,以此增强数据呈现的效果。用户可以通过更加直观的、交互的方式进行数据观察和分析,从而发现数据之间的关联性。本章主要介绍数据可视化的基本概念、分类、优势、应用领域以及大数据可视化带来的挑战;常用的可视化的表现形式(图表);三种数据可视化工具:Excel、PowerBI 和 Tableau,其中重点介绍了 Power BI;采用同一个数据源分别用三种软件进行可视化,借此比较三种可视化工具的特点。

学 习 目 标

通过本章学习,要求达到以下目标:

1. 掌握数据可视化概念及主要类型、常用的数据可视化图表的使用方法。

2. 掌握 Excel、Power BI 和 Tableau 数据可视化工具的使用方法。

3. 对于一个数据源,可以任意选择 Excel、Power BI 和 Tableau 三种可视化工具的一种实现完整的数据可视化过程,培养数据展示和数据分析的能力。

5.1 数据可视化基础

可视化作为大数据产业链的最后一公里,是让数据真正可知、可感的最后一环,帮助管理者发现关系,了解规律,洞悉未来。对于把握全局的领导——决策者来说,前期的数据采集、数据存储、数据清洗、数据分析等工作,都是在雾里看花中感知数据,可视化让数据突破了时空的约束,将整个苍穹尽收眼底,真正做到通过眼睛看懂数据、了解数据并发现数据的奥秘。

什么是数据可视化?针对不同的数据,人们在可视化的时候是如何进行选择的或者说喜欢用哪些图表来可视化不同种类的数据?数据可视化有哪些应用?这些应用有什么优势,在实现的过程中又面临哪些挑战?本节将初步回答这些问题。

5.1.1 可视化的意义

1. 数据可视化概念

随着计算机技术、物联网技术以及现代各种智能终端技术的发展,大数据时代已经到来。大到企业、政府、媒体部门,小到个人每天都在进行着"读数"。各种纷繁复杂的数据信息充斥着人们的眼球。这就要求需要一种有效的方法将有用的信息从海量信息中提取出来,并能即时生成某种关联结果,以供决策者作出正确的决策。

数据可视化是指可视化技术在数据方面的应用,将数据信息转化为视觉形式的过程,以此增强数据呈现的效果。用户可以以更加直观的交互方式进行数据观察和分析,从而发现数据之间的关联性。

数据可视化的目的是直观地展现数据,例如让花费数小时甚至更久才能归纳的数据量,转化成一眼就能读懂的指标;通过加减乘除、各类公式权衡计算得到的两组数据差异,使用不同的颜色和长短大小立即可以形成鲜明对比。所以数据可视化是一个沟通复杂信息的强大武器。通过可视化数据,人们的大脑能够更好地抓取和保存有效信息,增加信息的印象;但如果数据可视化做的较弱,有时反而会带来负面效果。也就是说错误的表达往往会损害数据的展示,所以更需要多维度全方位的展现数据。

一般人们认为,数据可视化是创造性设计美学和严谨的工程科学的卓越产物。数据可视化是利用计算机图形学和图像处理技术,将数据转换成图形或图像在屏幕上显示出来,并进行交互处理的理论、方法和技术。它涉及到计算机图形学、图像处理、计算机视觉、计算机辅助设计等多个领域,成为研究数据表示、数据处理、决策分析等一系列问题的综合技术。简言之,数据可视化就是信息和数据的图形表示。

数据是大数据时代的核心生产力,挖掘并发现数据的价值对推动社会的智能化发展具有重要的意义。数据可视化提供了丰富的数据呈现方式和便捷的数据分析途径,帮助我们从信息中提取知识,从知识中获取价值。

2. 数据可视化分类

马里兰大学教授本·施奈德曼(Ben Shneiderman)把数据分成以下七类:一维数据(1-

D)、二维数据（2－D）、三维数据（3－D）、多维数据（Multidimen-sional）、时态数据（Temporal）、层次数据(Tree)和网络数据(Network)。随着大数据的兴起与发展,互联网、社交网络、地理信息系统、企业商业智能、社会公共服务等主流应用领域使得文本数据可视化、多维数据可视化、网络可视化、时空可视化技术成为数据可视化研究的热点领域。

（1）文本数据可视化。

文本是人类信息交流的主要传媒之一,几乎无处不在,如新闻、邮件、微博、小说和书籍等。如今,面向海量涌现的电子文档和类文本信息,利用传统的阅读方式已不能满足大家的高效要求。因而,利用和交互的方式生动体现大量文本信息中隐藏的内容和关系。是提升理解速度、挖掘潜在词义的必要途径之一。

图 5-1-1　典型的词云图

文本数据可视化的核心思想是针对大规模的文本数据,最大程度的实现信息归纳和信息提取,将文本信息中隐藏的知识呈现给用户。因此文本数据可视化不仅是将文字转换成几个简单的图形、图表,更大的作用在于发现文本信息潜在的主题和隐含的特征、关系等。如图 5-1-1 所示的词云图。

（2）多维数据可视化。

多维数据中的信息数据具有三个以上的维度属性。在现实生活中,多维数据随处可见,如金融数据、统计数据、气象数据、医疗数据等。多维数据可视化的核心是解决多维数据的转换问题,将多维数据映射到可视化结构中,转换为更加容易采用可视化视图展示的二维或三维空间中。常见的多维信息可视化技术有平行坐标技术（Parallel Coordinates）、雷达图技术（Radar Chart）、散点图矩阵技术（Scatterplot matrices)等。图 5-1-2 显示了散点图矩阵和平行坐标图。

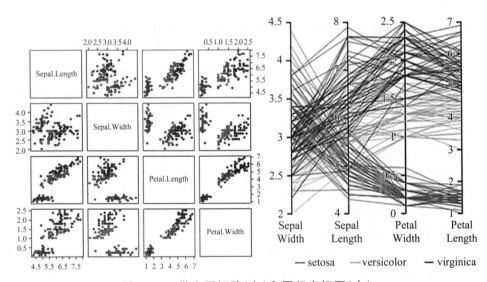

图 5-1-2　散点图矩阵(左)和平行坐标图(右)

（3）网络(图)可视化。

网络关联关系是大数据中最常见的关系,如互联网与社交网络。基于网络节点和连接的拓扑关系,直观地展示网络中潜在的模式关系,如图 5-1-3 所示。对于具有海量节点和边的大

　　　数据分析与大数据实践

规模网络,如何在有限的屏幕空间中进行可视化,将是大数据时代面临的难点和重点。除了对静态的网络拓扑关系进行可视化,大数据相关的网络往往具有动态演化性,因此,如何对动态网络的特征进行可视化,也是不可或缺的研究内容。

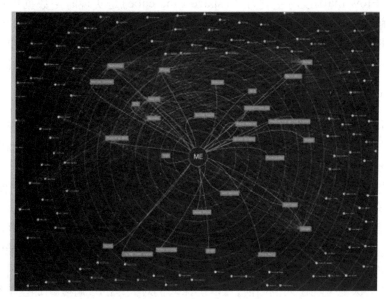

图 5-1-3　节点连接图

层次结构数据也属于网络信息的一种特殊情况。层次数据是一种常见的数据类型,用来描述具有等级或层级关系的数据对象,而抽象信息之间最普遍的一种关系就是层次关系。层次信息可以用来描述一系列具有层次结构关系的数据信息,例如家族的族谱,机构的上下级关系等。如下图 GeneaQuilts 家谱树图描述了希腊神话中众神的家谱(局部),其中字母 F 表示一个由父母(在字母 F 之上的黑色圆点)和子女(在字母 F 之下的黑色圆点)组成的家庭

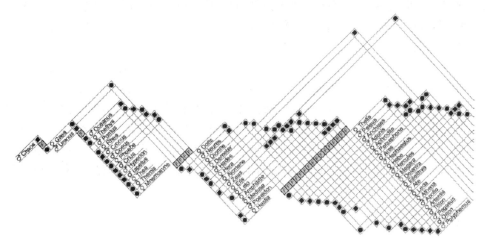

图 5-1-4　GeneaQuilts 家谱树

(4) 时空数据可视化。

时空数据是指带有地理位置与时间标签的数据。传感器与移动终端的迅速普及,使得时

空数据成为大数据时代典型的数据类型。时空数据可视化与地理制图学相结合,重点对时间与空间维度以及与之相关的信息对象属性建立可视化表征,对与时间和空间密切相关的模式及规律进行展示。大数据环境下时空数据的高维性、实时性等特点,也是时空数据可视化的重点。流式地图(Flow map)及时空立方体(space-time cube)是实现时空数据可视化的主要技术手段。为了解决传统 Flow map 在大数据下面临大量的图元交叉、覆盖等问题,常采用边捆绑技术的流式地图或结合了密度图技术的流式地图。同样,可以结合散点图和密度图技术或融合多维数据可视化技术,解决时空立方体面临的大规模数据造成的密集杂乱问题。

3. 数据可视化优势

数据可视化的本质就是将技术与艺术完美结合,借助图形化的手段,清晰有效地传达与沟通信息,也就是与视觉进行对话。与视觉对话的好处就是方便人们更好地了解和分析数据,并从中获取更有价值的信息。

一方面,数据赋予可视化以价值;另一方面,可视化增加数据的灵性,两者相辅相成。数据可视化主要具有以下优势:

(1) 传递信息速度更快:众所周知,人们从图片中获得信息比文字中获得信息更快。例如同样的风景用一段话来描述要花很长时间,但如果直接看照片,别人瞬间就能明白你所表达的意思。这是因为人脑对视觉信息的处理要比书面信息容易得多,所以使用图表来总结复杂的数据,让数据更快地呈现在人们面前,可以确保人们对关系的理解要比那些单纯的文字报告或电子表格更快。

数据可视化提供了一种非常清晰的沟通方式,使领导或者客户能够更快地理解和处理他们的信息。而且大数据可视化工具可以提供实时信息,使利益相关的人能够更容易对整个企业进行评估。

(2) 展示数据更全面:一般的数据可视化工具都可以将数据多维度展示,这样就可以看到表示对象或事件的数据的多个属性或变量。可视化工具提供的交互性可以让人们更加容易了解数据的变化,便于决策者做出更明智的抉择。

(3) 获得信息更直观:大数据可视化报告可以用一些简单的图形就能体现那些复杂信息,甚至单个图形也能做到。这样人们就可以轻松地了解数据,发现问题所在,并根据数据制定相应的未来计划。

(4) 更便于大脑记忆:很多研究已表明,在进行理解和学习任务的时候,图文结合能够帮助读者更好地了解所要学习的内容,图像更容易理解,更有趣,也更容易让人们记住。

除此之外,数据可视化还有潜在的可观的经济效益和社会效益,并且能促进其他相关学科的发展和技术的进步。可视化技术使人能够直接对具有形体的信息进行操作,和计算机直接交流。这种技术已经把人和机器的力量以一种直觉而自然的方式加以统一,这种革命性的变化无疑将极大地提高人们的工作效率,用以前不可想象的手段来获取信息或发挥自己创造性的思维。

4. 数据可视化应用

随着科技的蓬勃发展,可视化技术的应用领域越来越广阔。从政府机构到金融机构,从工业到农业,从医学到教育,以及交通运输业、电子商务行业中都有数据可视化的身影。

第一,政府机构。我国"十三五"规划纲要中明确指出,要实施国家大数据战略,这充分体现政府对大数据的重视。该战略不仅推动了大数据发展,而且有利于推动政府治理创新,顺应了时代发展要求,提高产业竞争力。而数据可视化的应用,可以让政府实现科学决策和高效治理。通过应用数据可视化,政府能够借助数据在短时间内,制定及时、高效、准确的治理手段和决策管理,进行多方位布局和监管。

第二,金融业。在当今互联网金融激烈的竞争下,市场形势瞬息万变,金融行业面临诸多挑战。通过引入数据可视化可以对企业各地日常业务动态实时掌控,对客户数量和借贷金额等数据进行有效监管,帮助企业实现数据实时监控,加强对市场的监督和管理;通过对核心数据多维度的分析和对比,指导公司科学调整运营策略,制定发展方向,不断提高公司风控管理能力和竞争力。

第三,工业生产。数据可视化在工业生产中有着重要的应用,如可视化智能硬件的生产与使用。可视化智能硬件通过软硬件结合的方式,让设备拥有智能化的功能,并对硬件采集来的数据进行可视化的呈现。因此,在智能化之后,硬件就具备了大数据等附加价值。随着可视化技术的不断发展,今后智能硬件从可穿戴设备延伸到智能电视、智能家居、智能汽车、医疗健康、智能玩具、智能机器人、智能交通、智能教育等各个不同的领域。

目前,数据可视化技术已经用于人们生活的方方面面,从人们的日常生活社交(如一些交友软件)到人们的教育发展(如一些学习网站和学习移动终端的产生),再到天气、建筑、航天、金融等等。已经被广泛应用的这些可视化技术基本上可以分为三大类:数据分析、趋势预测以及工业生产。

(1)数据分析可视化:数据分析可视化广泛用于政府、企业经营分析,包括企业的财务分析、供应链分析、销售生产分析、客户关系分析等,将企业经营所产生的所有有价值数据集中在一个系统里集中体现,可用于商业智能、政府决策、公众服务、市场营销等领域。

通过采集相关数据,进行加工并从中提取有商业价值的信息,服务于管理层、业务层,指导经营决策。数据分析可视化负责直接与决策者进行交互,是一个实现了数据的浏览和分析等操作的可视化、交互式的应用。它对于决策人获取决策依据、进行科学的数据分析、辅助决策人员进行科学决策显得十分重要。因此,数据分析可视化对于提升组织决策的判断力、整合优化企业信息资源和服务、提高决策人员的工作效率等具有显著的意义。

(2)趋势预测可视化:趋势可视化是在特定环境中,对随时间推移而不断动作并变化的目标实体进行觉察、认知、理解,最终展示整体态势。此类大数据可视化应用通过建立复杂的仿真环境,通过大量数据多维度的积累,可以直观、灵活、逼真地展示宏观态势,从而让决策者很快掌握某一领域的整体态势、特征,从而做出科学判断和决策。

趋势可视化可应用于卫星运行监测、航班运行情况、气候天气、股票交易、交通监控、用电情况等众多领域。例如:卫星可视化可以通过将太空内所有卫星的运行数据进行可视化展示,大众可以一目了然卫星运行。气候天气可视化可以将该地区的大气气象数据进行展示,让用户清楚看到天气变化。

(3)工业生产可视化:工业企业中生产线处于高速运转,由工业设备所产生、采集和处理的数据量远大于企业中计算机和人工产生的数据,生产线的高速运转则对数据的实时性要求也更高。破解这些大数据就是企业在新一轮制造革命中赢得竞争力的钥匙。因此,工业生产可视化系统是工业制造业的最佳选择。

工业生产可视化是将虚拟现实技术有机融入了工业监控系统,系统展现界面以生产厂房的仿真场景为基础,对各个工段、重要设备的形态都进行复原,作业流转状态可以在厂房视图当中直接显示。在单体设备视图中,机械设备的运行模式直接以仿真动画的形式展现,通过图像、三维动画以及计算机程控技术与实体模型相融合,实现对设备的可视化表达,使管理者对其所管理的设备有形象具体的概念。同时,对设备运行中产生的所有参数一目了然,从而大大减少管理者的劳动强度,提高管理效率和管理水平。

5. 数据可视化挑战

当今所处的时代是一个数据种类多样、数据规模急剧膨胀、数据量急剧增加、数据就是能量的 4V(大数据)时代。这里所说的数据可视化的挑战,也就是指大数据可视化所面临的挑战。

大数据时代数据的多样性和异构性(结构化、半结构化和非结构化)是一个大问题。可视化系统必须与非结构化的数据形式(如图表、表格、文本、树状图还有其他的元数据等)相抗衡,而大数据通常是以非结构化形式出现的。由于大数据的容量问题,大规模并行化成为可视化过程的一个挑战。而并行可视化算法的难点则是如何将一个问题分解为多个可同时运行的独立的任务。

大数据时代数据可视化的高效性也是数据可视化过程中重要的一环。为了提高可视化的效率,必须对高维数据进行降维,但并不总是能找到适用的降维方法。

大规模数据和高维度数据对可视化应用程序也是一个很大的挑战,这会造成应用程序在功能和响应时间上表现非常糟糕,同时数据的不确定性也是应用程序极大的挑战。

数据时代带来数据优势的同时,也给传统数据可视化方法、可视化工具及可视化技术提出了前所未有的挑战。

(1) 大数据对可视化工具集成接口的挑战。

数据可视化与可视分析所依赖的基础是数据。传统业务数据随时间演变已拥有标准的格式,能够被标准商业智能软件识别。而大数据时代数据的多源性、异构性造成数据的完整性、一致性及准确性难以保证,数据质量的不确定问题将直接影响可视分析的科学性和准确性。同时一些可视化软件的数据接口不能支持大数据的结构多样性,因此大数据的集成和接口问题将是大数据可视分析面临的第一个挑战。

(2) 大数据对可视化能力的挑战。

大数据的数据规模呈现爆炸式增长,数据量的加速积累与数据的持续演化,导致普通计算机的处理能力难以达到理想的范围。大量在较小的数据规模下可行的可视化技术在面临极端大规模数据时将无能为力。因此,未来如何对超高维数据降维以降低数据规模、如何结合大规模并行处理方法与超级计算机、如何将目前有价值的可视化算法和人机交互技术提升和拓展到大数据领域,是大数据可视分析系统面临的严峻挑战。

(3) 数据变化对可视化过程的挑战。

传统数据可视化过程仅将数据加以组合,通过不同的展现方式提供给用户,用于发现数据之间的关联关系。近年来,随着云计算和大数据的发展,数据可视化过程已经不再满足于使用传统的可视化方法对数据仓库中的数据抽取、归纳并简单的展现。新型数据可视化产品必须满足大数据的可视化需求,实现信息的快速收集、筛选、分析、归纳及展示,并根据新增数据实时更新。

(4) 以用户为中心的要求对可视化体系的挑战。

随着互联网、物联网、云计算的迅猛发展,数据随处可见、触手可及,每个人日常生活的衣食住行都与大数据息息相关。"人人都懂大数据、人人都能可视化"将是可视化体系的发展目标之一。传统的可视化领域缺乏简单易行的系统设计与开发方法,使得用户难以掌握。针对只提出问题需求或提供大数据的用户,构建快捷方便、功能强大、满足个性化需求的可视化体系将是大数据可视分析走向大范围应用并充分发挥价值的关键。

5.1.2 可视化表现形式

数据可视化在计算机辅助下,用交互的、可视化的方式对抽象数据进行展示,以达到对数据认知的放大,旨在借助于图形化手段,清晰有效地传达与沟通信息。常用的可视化图表有很多,这里选择几种有代表性并且用得比较多的图表进行介绍。

1. 柱形图与条形图

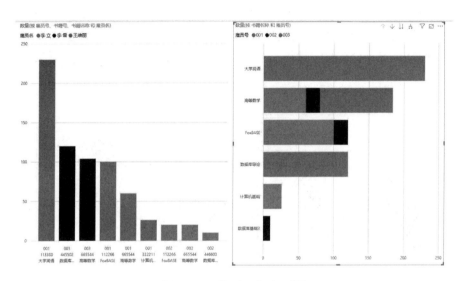

图 5-1-5　柱形图与条形图

柱形图与条形图适合于二维数据集,每个数据点包括两个值即坐标(x, y),柱形图的纵轴为可量化的变量,条形图的横轴为可量化的变量。这两类图表都能够比较清晰的区分个体数据的大小,一般情况下用于分析个体间变量的差异情况。所以这两类图表常用于比较和排序。这两类图表的局限性在于只适用于小规模的数据集,当数据较多的时候,就不易分辨。

2. 折线图

折线图是用直线段将各数据点连接起来而组成的图形,如图 5-1-6 所示。适合显示随时

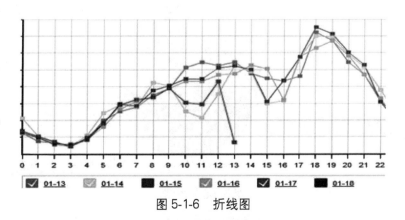

图 5-1-6　折线图

间(根据常用比例设置)变化的连续数据,因此非常适用于显示在相等时间间隔下数据的趋势。在折线图中,类别数据沿水平轴均匀分布,所有值数据沿垂直轴均匀分布。如果分类标签是文本并且代表均匀分布的数值(如月、季度或财政年度),或者有多个系列时,尤其适合使用折线图。

3. 散点图与气泡图

散点图是用一系列散点来描述数据,主要用于描述数据之间的关系。可使用不同颜色的数据点区分不同分类。散点图适用于三维数据集,但其中只有两维需要比较。

气泡图是散点图的一个演变,如图 5-1-7 所示。数据气泡中,三个维度均为可量化变量。气泡图将散点图的数据点变为气泡,通过气泡面积大小反应第三维度变量值。

气泡图(bubble chart)在绘制时将一个变量放在横轴,另一个变量放在纵轴,而第三个变量则用气泡的大小来表示。

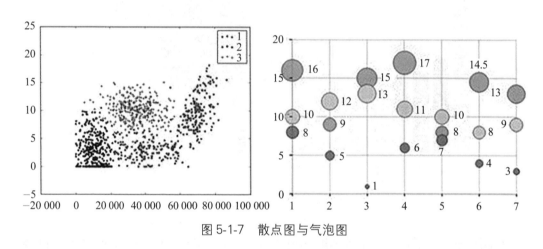

图 5-1-7　散点图与气泡图

4. 饼图

适用于二维数据集。反应部分占整体比重的情况下适合选用饼形图。仅排列在工作表的一列或一行中的数据可以绘制到饼图中,如图 5-1-8 所示。

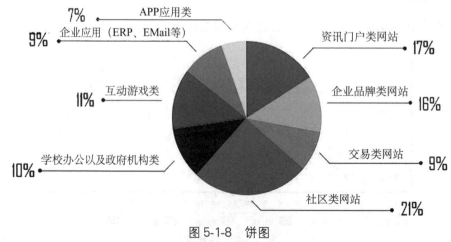

图 5-1-8　饼图

5. 雷达图

雷达图用于显示数值相对于中心点的变化情况,如图 5-1-9 所示。雷达图适用于多维数据(四维以上),且每个维度必须可以排序。不同维度上的数值单位可以不同,但需要按照同样比例进行分布。一般雷达图解读较为复杂,使用雷达图时建议添加文字说明。

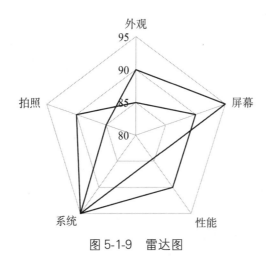

图 5-1-9　雷达图

6. 词云图

词云图,也叫文字云,如图 5-1-10 所示。概念由美国西北大学新闻学里奇·戈登(Rich Gordon)提出。戈登曾担任迈阿密先驱报(Miami Herald)新媒体版的主任。他一直很关注网络内容发布的最新形式——即那些只有互联网可以采用而报纸、广播、电视等其他媒体都望尘莫及的传播方式。通常,这些最新的、最适合网络的传播方式,也是最好的传播方式。"词云"对文本中出现频率较高的"关键词"予以视觉上的突出,形成"关键词云层"或"关键词渲染",从而过滤掉大量的文本信息,使浏览网页者只要一眼扫过文本就可以领略文本的主旨。

图 5-1-10　词云图

除上面介绍的可视化图表以外,还有很多可视化图表,比如矩形树图、漏斗图、热力图、箱线图、旋风图、小提琴图等,使用时要根据实际情况进行选择,从需求和目标出发来设计图表的展示,有时候需要结合某两种图或者某三种图,能让使用者在最短时间内了解到数据所带来的信息。在设计的时候我们要尽量避免使用过多的颜色和形状,以免造成最终的可视化效果过于繁杂。

在进行数据可视化创作的时候,一般按照下述步骤操作。若想创建出色的效果(如图 5-1-11 两种不同可视化效果的对比),第一步是知道自己想要表达什么内容,也就是有明确的可视化目标。

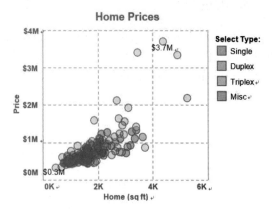

图 5-1-11　两种不同可视化效果

明确了可视化目标后,接下来进入第二步:选择正确的可视化图表。

选择正确的图表类型后,进入第三步:创建有效的工作表(也称为视图)。创建有效的视图需要付出努力、良好的直觉、注重细节和反复试验。

第三步完成后,进入最后的环节:设计整体仪表板。

最后,整体完善作品,以达到最好的可视化效果。

5.1.3 可视化艺术

远古时期,人类甚至没有发明文字的时候就已经开始使用可视化的形式传递着信息与美。如今艺术家们利用图形、图像处理、计算机视觉以及用户界面,对数据加以可视化解释。数据可视化,不仅是一种科学更是一种艺术,下面介绍几个把数据可视化与艺术结合的实例。

1. Archive Dreaming 沉浸式艺术装置

在土耳其伊斯坦布尔的 SALT Galata 艺术馆中,展出着一件由 Google 艺术家和机器智能程序的驻地艺术家 Refik Anadol 打造的沉浸式艺术装置 Archive Dreaming。Archive Dreaming 是一个 6 米宽的圆形装置,这件作品算得上是一件震撼人心的数据可视化作品,它也是欧盟"文化计划"中的一部分。通过它可以对 SALT Galata 艺术馆内的 170 万个文档进行搜索和分类。它可以实时渲染 170 万张图像。创作者通过数据可视化的设计,对庞大的文件进行管理,并用图像识别网络为每张图片提供信息,打造出了震撼的沉浸式空间,让人们体验被图书包围的感觉。并且可以与这些视觉资料元素进行实时互动。

Archive Dreaming 既呈现了艺术与科技的无穷魅力,也映现了历史文化的浩瀚沧桑。这个沉浸式的数字环境让观者在倍感震撼的同时,也感慨万千。

2. 回声 LED 雕塑

马德里的艺术家 Daniel Canogar 在 2016 年创作的一个展览中,展示了一系列抽象的 LED 雕塑。这些雕塑全由扭曲的金属薄片组成,有着"类似生物"的外观,摆着不同的姿势,身上的数据线也像尾巴一样拖着。Canogar 用两年时间找到了能够适应这种扭曲变形金属板的磁性 LED 贴片。这些 LED 贴片能够根据 Canogar 通过计算机算法在各种科学网站上提取

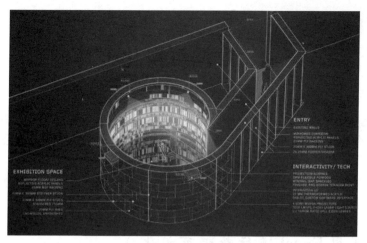

图 5-1-12　Archive Dreaming

的实时数据表达出不同的亮点和图案。来看看这个被称为"回声"的五个雕塑：

空气质量指示：橙色越多，空气污染越严重；蓝色越多，污染越少。这些信息每 5 秒钟会更新一次。

火灾指示：数据来自最近 3500 起火灾（全球范围）。火越旺，动画变化得也越快。

降雨量显示：数据取自全球 195 个城市的降雨量。降雨量小，图案移动较慢；降雨量大，图案移动较快。

火山喷发：这块 LED 雕塑上显示的图案是由来自世界各地 600 多个火山活动的数据绘制出来的。火山活动的等级介于 1（休眠）到 5（完全爆发）之间。每当火山改变它的等级时，面板上的灯就会随之改变。

城市风速：阵风面上的 LED 灯反映了从预选城市收集的风速数据。

马德里艺术家 Daniel Canogar 最新的展览 Echo（回声），结合了抽象雕塑与 LED 技术，将他们和全球环境正在发生的实时变化联系起来，创作了 5 件作品。每一件作品都反映了一个地球上正在发生的变化，包括空气质量、火山活跃度、火灾发生、风速变化、降雨量等。

3. Twitter Hearta 灯光雕塑

Twitter（一家美国社交网络）委托 Sosolimited 团队设计了一个数据可视化的灯光雕塑作品。这件八英尺高的心形装置，由发光的半透明玻璃棒组成。参观者可以使用平板电脑选择 8 个热点话题中的任意一个，来观看这个话题当前在 Twitter 上的热点度。谈论这个话题的人越多、越激烈，装置上的灯光闪烁的频率越高，"心跳"越快。在展馆墙面上的显示屏上，一颗由粒子组成的心正在跳动着。这些粒子代表着 Twitter 用户，表示着来自各地的人们汇聚在 Twitter 上，组成了一颗心。这两项装置都安装在了旧金山的 Twitter HQ，迅速成为了人们自拍的热点。

图 5-1-13　Twitter Hearta 心跳

由前面的几个实例可以得出，理想的可视化内容是科学和艺术的完美结合。

5.2　数据可视化工具

数据可视化主要是借助于图形化手段,清晰、有效地传达与沟通信息。在数据可视化方面,如今有大量的工具可供选择使用,但哪一种工具最适合,这取决于数据以及可视化的目的。有些场合下,将几种工具可视化的结果组合起来才是最合适的。

这里介绍几种学习成本较低、使用者可以快速上手的可视化工具。该特点对日渐追求高效率和成本控制的企业和个人来说无疑具有巨大的吸引力。

5.2.1　利用 Excel 进行数据可视化

Excel 是大家熟知的电子表格软件,工作于 Windows 平台,具有 Windows 环境软件的所有优点。而在图形用户界面、表格处理、数据分析、图表制作和网络信息共享等方面具有更突出的特色,已经被广泛应用了二十多年,如今甚至有很多数据只能以 Excel 表格的形式获取到。Excel 不仅是完成数据记录、整理、分析的办公自动化软件,还是数据可视化的优秀工具。

1. 强大的数据处理功能

Excel 的特点是采用表格方式管理数据,所有的数据、信息都以二维表格形式(工作表)管理,单元格中数据间的相互关系一目了然,从而使数据的处理和管理更直观、更方便、更易于理解。

除了能够方便地进行各种表格处理以外,Excel 具有一般电子表格软件所不具备的强大的数据处理和数据分析功能。它提供了包括财务、日期与时间、数学与三角函数、统计、查找与引用、数据库、文本、逻辑和信息等九大类几百个内置函数,可以满足许多领域的数据处理与分析的要求。如果内置函数不能满足需要,还可以使用 Excel 内置的 Visual Basic for Appication(也称作 VBA)建立自定义函数。详情参见本书 4.1、4.2 节。

2. 丰富的可视化图表

图表是提交数据处理结果的最佳形式之一。通过图表,可以直观地显示出数据的众多特征,例如数据的最大值、最小值、发展变化趋势、集中程度和离散程度等都可以在图表中直接反映出来。

Excel 具有很强的图表处理功能,可以方便地将工作表中的有关数据制作成专业化的图表。Excel 提供的图表类型有条形图、柱形图、折线图、散点图、股价图以及多种复合图表和三维图表,可以对图表的标题、数值、坐标以及图例等各项目分别进行编辑,从而获得最佳的外观效果。Excel 还能够自动建立数据与图表的联系,当数据增加或删除时,图表可以随数据变化而方便地更新。

Excel 还可以制作会变化的动态图表,根据数据源的情况不同,可以采用数据透视图加切片器或者函数公式加名称管理器来实现。如图 5-2-1 所示,通过选择复选框可以更改图表显示内容。

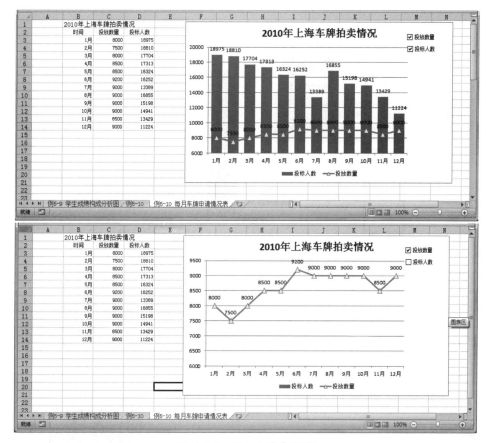

图 5-2-1　Excel 动态图表

5.2.2　利用 Power BI 进行数据可视化

Power BI 是微软公司的可视化工具,是一套商业分析工具,可以连接多种数据源、简化数据准备并提供即席(Ad Hoc)查询,也就是用户根据自己的需求灵活选择查询条件,系统能够根据用户的选择生成相应的统计报表。即席查询与普通应用查询最大的不同是普通的应用查询是定制开发的,而即席查询是由用户自定义查询条件的。如图 5-2-2 所示,Power BI 包含三部分: Windows 桌面应用程序(称为 Power BI Desktop)、联机 SaaS(软件即服务)服务(称为 Power BI 服务)及移动 Power BI 应用(可在 Windows 手机和平板电脑及 iOS 和 Android 设备上使用)。

使用 PowerBI 可视化的一般流程如下:

- 将数据导入 Power BI Desktop,并创建报表。
- 发布到 Power BI 服务,可在该服务中创建新的可视化效果或构建仪表板。
- 与他人共享所创建的仪表板。
- 在 Power BI Mobile 应用中查看或使用共享仪表板和报表。

1. Power BI Desktop 简介

Power BI Desktop 是一款可在本地计算机上安装的免费应用程序。借助 Power BI

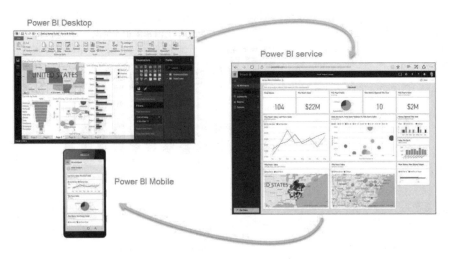

图 5-2-2　Power BI 的组成

Desktop,可以连接到多个不同数据源并将它们(通常称为"建模")合并到数据模型中,该模型允许用户生成可作为报表与组织内的其他人共享的视觉对象和视觉对象集合。

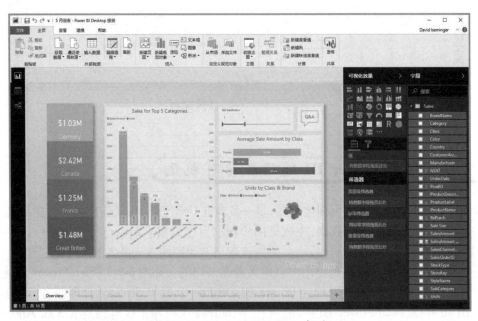

图 5-2-3　Power BI Desktop 报表

Power BI Desktop 提供如下功能:

- 连接到数据。
- 转换或清洗该数据,以创建数据模型。
- 创建视觉对象:用于可视化的图表或图形。
- 在一个或多个报表页上创建作为视觉对象集合的报表。
- 使用 Power BI 服务与其他人共享报表。

Power BI Desktop 中有三个视图,它们显示在画布的左侧。分别是报表视图、数据视图和模型视图。

- 报表视图-可以在其中创建报表和视觉对象,并花费大部分时间执行创建操作。
- 数据视图-在此处可以查看与报表关联的数据模型中使用的表、度量值和其他数据,并转换数据以便在报表的模型中充分利用。
- 模型视图-获取已在数据模型中建立的关系的图形表示,并根据需要进行管理和修改。

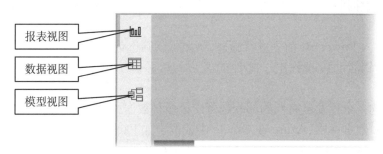

图 5-2-4 Power BI Desktop 的三种视图

2. Power BI 的构建基块

在 Power BI 中执行的所有操作可以分解为几个基本构建基块。了解这些构建基块后,可以对其中每个基块进行展开并开始创建详细且复杂的报表。

Power BI 中的基本构建基块有:可视化效果(视觉对象)、数据集、报表、仪表板和磁贴。

(1) 可视化效果。

可视化效果(也称为视觉对象)是数据的可视化表示形式,例如图表、图形、彩色编码的地图或其他可创建用以直观呈现数据的有趣事物。Power BI 有各种不同的可视化效果类型,并且随时在增加。图 5-2-5 显示了在 Power BI 服务中创建的不同可视化效果的集合。

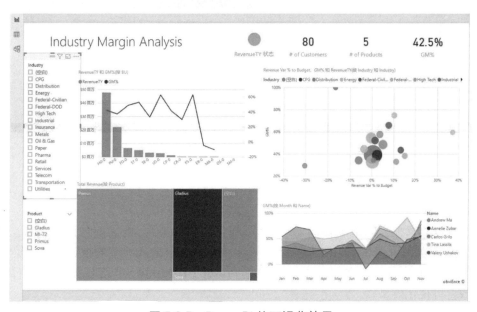

图 5-2-5 Power BI 的可视化效果

可视化效果可以很简单,如一个表示重要内容的数字;也可以在视觉上很复杂,如一个颜色渐变图,表明人们对特定社交问题或顾虑的情绪。可视化效果的目标是以图形的方式展示数据,便于人们理解接受数据所要传达的信息。

(2) 数据集。

所谓数据集是 Power BI 用来创建其可视化效果的数据集合。数据集可以是一个文件,也可以是许多不同数据源的组合,你可以筛选和组合以提供一个用在 Power BI 中的唯一集合数据(数据集)。

在将数据导入 Power BI 前先进行筛选,例如可以筛选你的联系人数据库,使该数据集中仅包含从市场营销活动接收到电子邮件的客户。然后基于该子集(已筛选集合)创建视觉对象。

Power BI 的一个重要且有利的部分是可连接多种数据源。无论所需的数据是位于 Excel 中还是位于 SQL 数据库中、Azure 或 Oracle 中或位于如 Facebook、Salesforce 或 MailChimp 之类的服务中,Power BI 的内置数据连接器都可以连接到该数据,并将其导入。

有了数据集后,可以开始创建以不同方式显示该数据集的不同的可视化效果。

(3) 报表。

在 Power BI 中,报表是一起显示在一个或多个页面的可视化效果集合。下图显示了一个 Power BI Desktop 中的报表,这是第 1 页(共三页的报表)。

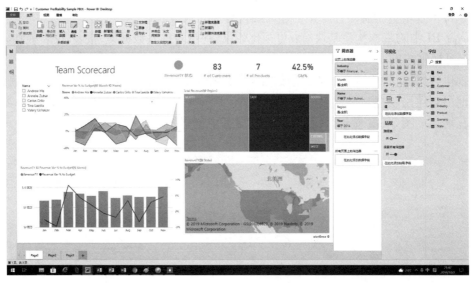

图 5-2-6　Power BI Desktop 创建的多页报表

使用报表可以在多个不同页面创建多个可视化效果。

(4) 仪表板。

如果打算共享报表的单个页面,或共享可视化效果的集合,则需要创建仪表板。Power BI 仪表板非常类似于汽车中的仪表板,是单个页面中可与其他人共享的视觉对象的集合。仪表板必须位于单个页面,通常称为画布(画布是 Power BI Desktop 或该服务中的空白背景,可在其中放置可视化效果)。

(5) 磁贴。

在 Power BI 中,磁贴是在报表或仪表板中找到的单个可视化效果。它是包含每个单个视觉对象的矩形框。如图 5-2-7 所示,可以看到一个磁贴(亮框突出显示),其周围环绕有其他磁贴。

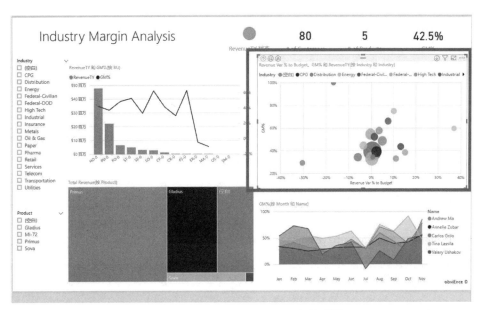

图 5-2-7　Power BI Desktop 中的磁贴

当在 Power BI 中创建报表或仪表板时,可以用任意方式移动或排列磁贴,也可以更改它们的宽度或者高度,或者将它们随意依附到其他磁贴。若只是查看别人共享的仪表板或报表,则只有使用权限,但不能更改磁贴的大小或更改其排列方式。

3. 连接数据源

使用 Power BI Desktop 可以连接到许多不同类型的数据。可以连接到诸如 Microsoft Excel 文件的基本数据源,也可以连接到包含各类数据的联机服务,例如 Salesforce、Microsoft Dynamics、Azure Blob 存储等。

若要连接到数据,在"主页"功能区中选择"获取数据","获取数据"窗口随即出现,可在其中从 Power BI Desktop 可以连接到的众多不同数据源中进行选择。

Power BI 可连接多种不同类型的数据源,包括:

* 文件：Excel、文本/CSV、XML、JSON 等类型的文件
* 数据库：SQLServer、Access、Oracle、MySql 等数据库
* 联机服务：Salesforce、Dynamic365、Microsoft Exchange 在线等联机服务
* Azure：Azure SQL 数据库、Azure SQL 数据仓库、Azure 分析服务数据库、Azure Blob 存储等
* 其他数据源：Web 页面、MicrosoftExchange、ODBC、OlEDB、Hadoop 文件等等

另外,使用自定义的连接器还可以连接特殊的数据源。

下面以 Excel 文件为例进行说明。我们从"获取数据"窗口中选择"Excel",选择"素材\第五章\Financial Sample.xlsx"打开,Power BI Desktop 会加载工作簿并读取其内容,然后在

"导航器"窗口显示文件中的可用数据,可以在其中选择要将哪些数据加载到 Power BI Desktop 当中。通过标记每个想要导入的表旁边的复选框来选择该表。在本例中,导入这两个可用的表,如图 5-2-8 所示。

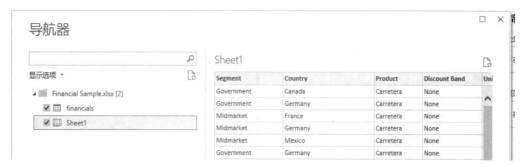

5-2-8　Power BI Desktop 连接数据导航器

表加载完成后,"字段"窗格将显示导入数据。可以通过选择其名称旁边的三角形展开每个表。

借助 Power BI Desktop,可连接到多个不同类型的数据源,并把来自不同源的数据进行合并,然后调整数据以满足需求。这些调整包括重命名列或者表格、改变字段类型(比如文本转换为数字)、删除行等等。

4. 数据视图

数据视图有助于检查、浏览和了解 Power BI Desktop 模型中的数据。在数据视图中可以查看或者编辑用以创建报表的数据,并可以添加度量值、创建新列和管理关系。进行数据建模时,有时想要查看表或列中的实际内容而不想在报表画布上创建视觉对象,通常需要查看到行级别;或者需要创建度量值和计算列的时候也需要识别数据类型,数据视图都非常有用。数据视图如图 5-2-9 所示。

图 5-2-9　数据视图

(1)数据视图图标:选择此图标进入数据视图。

(2)建模菜单:选择此进入建模功能区。在建模功能区可管理关系、创建计算、更改列的数据类型、格式、数据类别。

(3)公示栏:输入度量值和计算列的 DAX 公式。DAX 是公式或表达式中可用于计算并返回一个或多个值的函数、运算符或常量的集合。DAX(数据分析表达式)是一种公式表达式语言,可用于不同的 BI 和可视化工具。DAX 也称为函数语言,完整代码保存在函数内。

DAX 编程公式包含两种数据类型:"数字"和"其他"。"数字"包括整数、货币和小数,而"其他"包括:字符串和二进制对象。

(4) 搜索:搜索表或列。

在数据视图中还可以对数据进行排序和筛选。单击列名右侧的倒三角符号,在弹出的窗口中可以设置排序方式和筛选条件。

5. 报表视图

报表是数据集的多角度视图,即以可视化效果来展示数据和数据的各种统计分析结果。通过选择窗口左侧导航栏中的图标,可在报表视图、数据视图和关系视图之间任意切换。可以在报表视图中创建报表和视觉对象,并花费大部分时间执行创建操作。报表以单个数据集为基础,数据集可包含多个数据表,数据表包含来自多个不同数据源的数据。报表通常采用视觉对象(可视化效果)来展示数据,视觉对象是动态的,可以与之交互。可以为视觉对象添加和删除数据,更改视觉对象类型,应用筛选器和切片器等等。

报表和仪表板类似,它们都采用可视化的视觉对象展示信息,但是两者的不同之处是:仪表板是单个页面(通常称为画布),而报表可以是包含多个页面(或一个页面)的一个文件,在 Power BI Desktop 中,一个报表对应一个 pbix 文件。

报表的基本操作有:新建报表、添加报表页、修改报表页名称、删除报表页。

首次在 Power BI Desktop 中加载数据时,将显示具有空白画布的报表视图,如图 5-2-10 所示。完成数据连接后,可在画布中新建的可视化对象内添加字段。要更改可视化对象的类型,可在功能区的"可视化"组中将其选中,或者右键单击并从"更改可视化类型"图标中另选一种类型。可向页面添加各种类型的可视化效果,但要注意不要效果太多以免看起来杂乱,很难找出需要的信息。

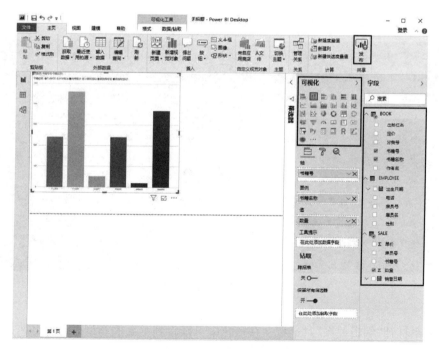

图 5-2-10　报表视图

创建报表时,还可以隐藏报表中的页面,如图5-2-11所示。如果需要在报表中创建基础数据或视觉对象,但不希望这些页面对其他人可见时,可以考虑使用此功能。当报表中的页面多于一页的情况下,可以在希望隐藏的报表页选项卡处右击,在弹出窗口中选择"隐藏页"。但是被隐藏的页面仍然可以被访问和修改,只是在查看Power BI服务中的报表时,无法查看隐藏的报表页。

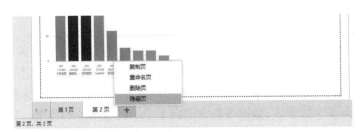

图5-2-11　报表视图中隐藏页

报表和可视化对象无法从Power BI Desktop直接固定到仪表板上,需要从Power BI Desktop发布到Power BI站点。

6. 模型视图

模型视图显示模型中的所有表、列和关系。这在模型包含许多表且其关系十分复杂时尤其有用。选择模型视图图标可以进入模型视图,显示所有表的关系。可以将光标悬停在关系上方以显示所用列,如图5-2-12所示。

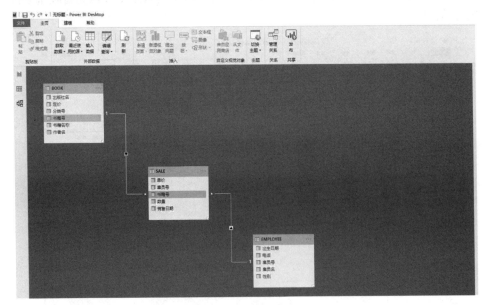

图5-2-12　模型视图

双击关系打开"编辑关系"对话框。在该图中可以看到关系的类型是一对多还是一对一还是多对多。图5-2-13中两表之间的关系是多对一(＊：1)关系。

有时导入的表格之间没有设定关系,可以借助Power BI Desktop的自动检测功能。单击

图 5-2-13　编辑关系

菜单栏的"管理关系"图标可以管理关系窗口,通过该窗口的"自动检测"按钮可以自行检测并创建关系。

5.2.3　利用 Tableau 进行数据可视化

Tableau 商业智能工具软件是美国软件公司 Tableau Software 的产品,该公司成立于2003 年,是由斯坦福大学的三位校友 Christian Chabot(首席执行官),Pat Hanrahan(首席科学家)和 Chris Stolte(开发总监)创办的。Tableau 是一款定位于数据可视化敏捷开发和实现的商务智能展现工具,可以用来实现交互的、可视化的分析和仪表板应用,从而帮助人们快速地认识和理解数据,更好地进行数据分析工作。

1. 产品访问方式多样

Tableau 是目前全球最易于上手的报表分析工具之一,并且具备强大的统计分析扩展功能。它能够根据用户的业务需求对报表进行迁移和开发,实现业务分析人员独立自助、简单快速、以界面拖拽式地操作方式对业务数据进行联机分析处理、即时查询等功能。

有多种方式可以访问 Tableau 产品,分别是 Tableau Desktop, Tableau Server, Tableau Online(可扩展以支持数千名用户), Tableau Mobile、Tableau Reader 和 Tableau Public。Tableau 支持现有主流的各种数据源类型,包括 Microsoft Office 文件、逗号分隔文本文件、Web 数据源、关系数据库和多维数据库。通过 Desktop 与 Server 配合实现报表从制作到发布共享、再到自动维护报表的过程。Tableau Public 可用于网上分享创建好的可视化仪表盘。

Tableau Desktop 可以连接到一个或多个数据源,支持单数据源的多表连接和多数据源的数据融合,可以轻松地对多源数据进行整合分析而无需任何编码基础。连接数据源后只需用拖放或单击的方式就可快速地创建出交互、精美、智能的视图和仪表板。Excel 用户能较快学会、很轻松地使用 Tableau Desktop 直接面对数据进行分析，从而摆脱对开发人员的依赖。

Tableau Server 是一款基于 Web 平台的商业智能应用程序，可以通过用户权限和数据权限管理 Tableau Desktop 制作的仪表盘，同时也可以发布和管理数据源。当业务人员用 Tableau Desktop 制作好仪表盘后，可以把交互式仪表盘发布到 Tableau Server。详情参见本书 6.2 节。

2. 使用简单灵活

（1）VizQL 数据库。

Tableau 不仅仅是普通数据分析类软件简单的调用和整合，里面含有许多革命性的进行了大尺度的创新。

（2）多种数据源。

安全连接到本地或云端的任何数据源。以实时连接或数据提取的形式发布和共享数据源，让每个人都可以使用共享的数据。兼容热门的企业数据源，如 Cloudera Hadoop、Oracle、AWS Redshift、多维数据集、Teradata、Microsoft SQL Server 等。借助 Web 数据连接器和 API，还可以访问数百个其他数据源。

（3）易用性。

Tableau 提供了一个非常易用的使用界面，使得处理规模巨大的、多维的数据时，也能即时地从不同角度和设置下看到数据所呈现出的规律，使得数据挖掘变得平民化。而其自动生成和展现出的图表，甚至可以和互联网美工编辑水平媲美。

（4）自助式开发。

在 Tableau 中，只需用拖拽的方式就可快速地创建出交互、美观、智能的视图和仪表板，快速创建出各种类型的图表。Tableau 拥有自动推荐图形的功能，即用户只要选择好字段，软件会自动推荐一种图形来展示这些字段；图表可以在仪表板中自由摆放，形成图文结合的视图。

（5）灵活的部署。

灵活的部署适用于各种企业环境，支持门户、iPad 和各种浏览器，用 Tableau Desktop 可以将分析结果发布到 Tableau Server 上与同事进行交流和分享。详情参见本书 6.2。

（6）大数据分析。

Tableau 支持海量数据，在普通硬件条件下，百万级数据响应时间为秒级。

3. 有效的控制

Tableau 是一个现代企业分析平台，可提供大规模自助式分析功能。安全性是数据和内容管控策略的重中之重。Tableau Server 提供全面的功能和深入的集成，帮助应对企业安全的方方面面。Tableau 可帮助组织为所有用户提供受信任的数据源，以便快速作出正确决策。

（1）身份验证。

Tableau Server 支持行业标准身份验证，包括 Active Directory、Kerberos、OpenId Connect、SAML、受信任票证和证书。Tableau Server 还具备自己的内置用户身份服务"本地身份验证"。Tableau Server 会为系统中的每位指定用户创建并维护一个账户，该账户在多个会话间保留，实现一致的个人化体验。此外，作者和发布者可在其发布的视图中使用服务器范围的身份信息，以控制其他用户可以查看和下载哪些数据。

（2）授权。

Tableau Server 角色和权限为管理员提供细化控制，以便控制用户可以访问哪些数据、内容和对象，以及用户或群组可对该内容执行什么操作。客户还可以控制谁能添加注释，谁能保存工作簿，谁能连接到特定数据源。凭借群组权限，客户可以一次性管理多名用户，也可在工作簿中处理用户和群组角色，以便筛选和控制仪表板中的数据。这意味着，客户只需为所有区域、客户或团队维护单个仪表板，而每个区域、客户或团队只会看到各自的数据。

（3）数据安全。

Tableau 提供了许多选项来帮助客户实现安全目标。客户可以选择仅基于数据库身份验证来实现安全性，或者仅在 Tableau 中实现安全性，还可以选择混合安全模型，其中 Tableau Server 内的用户信息对应于基础数据库中的数据元素。

（4）网络安全。

网络安全设备有助于防止不受信任的网络和 Internet 访问客户的 Tableau Server 本地部署。当对 Tableau Server 的访问不受限制时，传输安全性就变得更为重要。Tableau Server 使用 SSL/TLS 的强大安全功能，对从客户端到 Tableau Server，还有从 Tableau Server 到数据库的传输进行加密。

4. 连接数据源

使用 Tableau 可以连接到许多不同类型的数据。打开 Tableau，可以在左侧窗口看到连接选项，目前 Tableau 可以连接 70 多种数据源类型，这些数据源大体可以分为两类，分别是本地数据源和服务器数据源。

Tableau 支持的本地数据源包括 Excel、txt、csv、json、Access、PDF 等各类常见的源数据格式，如图 5-2-14 所示。还支持多种空间文件，这为使用地图分析提供了条件。

其他文件(*.twb *.twbx .tbm *.tds *.tdsx *.tde .hyper *.xls *.xlsx *.xlsm *.mdb *.accdb *.cub *.csv *.txt *.tab *.tsv .sas7bdat *.sav *.rda *.rdata *.json *.pdf *.kml *.mif *.shp .geojson *.gdb.zip gdb)
Tableau 工作簿(*.twb)
Tableau 打包工作簿(*.twbx)
Tableau 数据源(*.tds)
Tableau 打包数据源(*.tdsx)
Tableau 数据提取(*.hyper *.tde)
Excel 工作簿(*.xls *.xlsx *.xlsm)
Microsoft Access 数据库(*.mdb *.accdb)
本地多维数据集文件(*.cub)
字符分隔文件(*.csv)
文本文件(*.txt)
Adobe 可移植文档格式(*.pdf)
统计文件(*.sav .sas7bdat *.rda *.rdata)
制表符分隔文件(*.tab *.tsv)
空间文件(*.kml *.shp .tab *.mif .geojson *.gdb.zip gdb *.json *.topojson)
JSON 文件(*.json)
所有文件(*.*)

图 5-2-14　Tableau 可连接的本地数据源文件格式

Tableau 支持的服务器数据源包括各类数据库（如 Mysql、Oracle、MongoDB）、在线数据服务（如 google analtics）等，可以根据使用需要，与目标服务器数据源建立连接关系，实时或提取数据进行分析。

完成连接数据源后，即可进入数据源界面。

5. 数据可视化组件

Tableau 的可视化组件在各种不同的卡中，卡是功能区、图例和其他控件的容器。例如，"标记"卡用于控制标记属性的位置，包含标记类型选择器以及"颜色""大小""文本""详细信息""工具提示"，有时还会出现"形状"和"角度"等，这些属性是否可用取决于标记类型。

（1）数据角色。

Tableau 连接新数据源时会将该数据源中的每个字段分配给"数据"窗格的"维度"区域或"度量"区域，具体情况视字段的数据类型而定。

如果字段为分类数据（如名称、日期或地理数据），Tableau 就会将其分配给"维度"区域；如果字段为数字类型，Tableau 就会将其分配给"度量"区域，如图 5-2-15 所示。维度和度量是可以互相转换的。在本教材的姊妹篇《数据分析与可视化实践》中有详细介绍。

图 5-2-15　数据窗口

Tableau 支持的数据类型见表 5-2-1：

表 5-2-1　Tableau 支持的数据类型

显示的窗口	字段图标	字段类型	示例	说明
维度	Abc	文本	A，B，华北	
	📅	日期	1/31/2019	日期的图标像日历
	📅🕐	日期和时间	1/31/2019 09：30：12AM	日期和时间的图标是日历加一个小时钟
	⊕	地理值	上海，江苏	用于地图
	T|F	布尔值	True/False	只有这两类值，仅限关系型数据源

显示的窗口	字段图标	字段类型	示例	说明
度量	♯	数字	1, 13.2, 5%	
	♯ 经度(生成)	地理编码		当数据中有地理类型名称时自动出现在度量中
	⊕纬度(生成)			

（2）标记卡。

标记卡用来在创建视图时定义形状、颜色、大小、文本(标签)等图形属性，如图 5-2-16 所示。

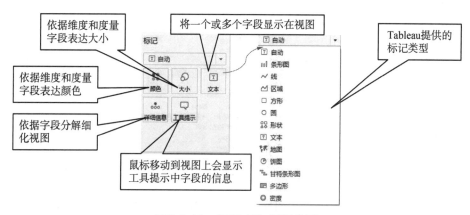

图 5-2-16　标记卡和标记类型

其上部为标记类型，用以定义图形的形状。Tableau 提供了多种类型的图以供选择，缺省状态下为条形图。标记类型下方有 5 个像按钮一样的图标，分别为"颜色""大小""文本""详细信息"和"工具提示"。这些按钮的使用非常简单，只需把相关的字段拖放到按钮中即可，同时单击按钮还可以对细节、方式、格式等进行调整。此外还有 3 个特殊按钮，特殊按钮只有在选择了对应的标记类型时，才会显示出来。这 3 个特殊按钮分别是线图对应的路径、饼图对应的角度、形状图形对应的形状，如图 5-2-17 所示。

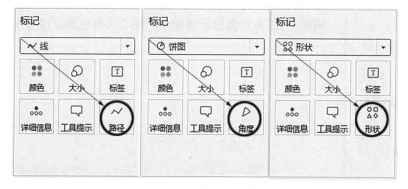

图 5-2-17　特殊标记按钮

（3）筛选器。

使用"筛选器"功能区可以指定要包含和排除的数据。例如，对每个客户分区的利润进行分析，但希望只限于某个城市。通过将字段放在"筛选器"功能区上，即可创建这样的视图。可以使用度量、维度或同时使用这两者来筛选数据。如图5-2-18所示。

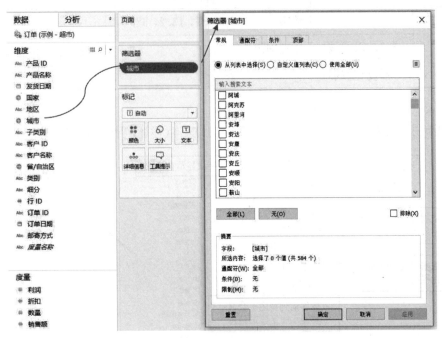

图 5-2-18　筛选器

图 5-2-19　智能显示

（4）度量名称和度量值。

度量名称和度量值都是成对使用的，目的是将处于不同列的数据用一个轴展示出来。

"度量名称"字段始终显示在"数据"窗格的"维度"区域的底部。

"度量值"字段始终显示在"数据"窗格的"度量"区域的底部。

（5）智能显示。

在 Tableau 的右端有一个智能显示的按钮，单击展开，如图5-2-19所示，显示了多种可以快速创建的基本图形。将鼠标移动到任意图形上，下方都会显示创建相应图表所对应的字段要求。

数据分析与大数据实践

5.3 数据可视化实战

数据可视化主要旨在借助图形化手段、利用数据分析和开发工具,清晰有效地传达与沟通信息。以下分别使用 Excel、Power BI 与 Tableau 可视化工具软件实现同一个案例的可视化分析,以此比较三者的不同与优劣。

5.3.1 背景介绍和问题提出

奥林匹克运动会(简称"奥运会"),是国际奥林匹克委员会主办的世界规模最大的综合性运动会,也是世界上影响力最大的体育盛会。奥林匹克运动是人类社会的一个罕见的杰作,它将体育运动的多种功能发挥得淋漓尽致,影响力远远超出了体育的范畴,在当代世界的政治、经济、哲学、文化、艺术和新闻媒介等诸多方面产生了一系列不容忽视的影响。

本案例将通过 120 年来奥运会所有参赛记录和比赛结果的数据,了解奥运会的发展演变趋势,挖掘有趣的信息,展望未来。具体地,借助数据分析和可视化工具从以下(但不限于)几个角度进行研究:

(1)历届奥运会参赛国家及地区数目、参赛人数如何变化?

(2)历届奥运会新老项目如何进行更迭?

(3)哪些国家及地区站在奥运之巅?

(4)得田泳者是否得奥运?

(5)谁是中国奥运梦之队?

5.3.2 数据准备

案例数据来自 Randi H Griffin 于 2018 年 5 月爬取,并分享到 Kaggle 上的奥运会数据集。数据源文件请参考"配套资料\第 5 章\奥运会数据集.xlsx"。该数据中包含了两个工作表,其中"运动员_项目信息表"工作表包含了历年来各个运动员的参赛记录,共有 27 万余行和 15 列,包括字段:ID、运动员姓名、性别、年龄、身高、体重、队伍、NOC(奥委会)、Games(年份+季节)、年份、季节、城市、运动大类、具体项目、奖牌情况。而另一个工作表"奖牌信息表"的创建则是为了解决"运动员_项目信息表"工作表中团队项目奖牌每个人都有一条记录,而实际情况计算总奖牌数时团队奖牌只算一块的问题,共有 18905 行,包括字段:具体项目、运动大类、奖牌情况、NOC(奥委会)、年份、季节。

5.3.3 分析及可视化

如上文所述,针对每一个问题将分别使用 Excel、Power BI 和 Tableau 软件来进行可视化。

1. 连接数据源

在开始具体的探索之旅前,先介绍如何连接数据源。

(1) Excel:打开"配套资料\第5章\奥运会数据集.xlsx"即可进行后续操作。

(2) Power BI:打开 Power BI 软件,单击"获取数据/Excel"后单击"连接"按钮,打开"配套资料\第5章\奥运会数据集.xlsx"。在导航器页面,勾选"奖牌信息表"和"运动员_项目信息表",单击"加载"按钮,如图5-3-1所示,数据源连接成功。

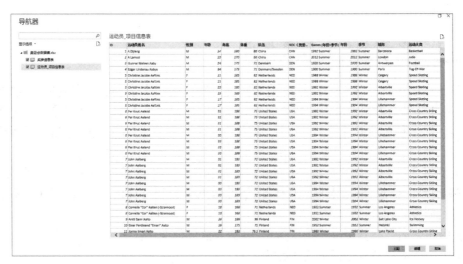

图 5-3-1　Power BI 连接数据源

(3) Tableau:首先打开 Tableau 软件,左侧出现"连接"面板。由于本案例用到的数据源文件是 Excel 文件,所以选择"连接/到文件",类型为"Microsoft Excel",打开"配套资料\第5章\奥运会数据集.xlsx",双击"运动员_项目信息表"工作表,同时选中窗口右上方的"实时"选项,如图5-3-2所示,数据源连接成功。

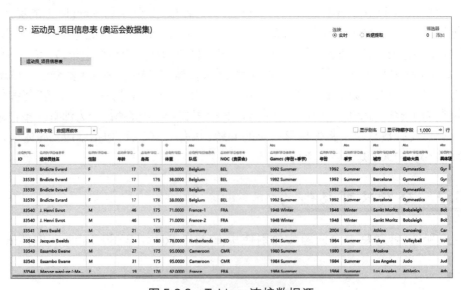

图 5-3-2　Tableau 连接数据源

由于本案例中还用到了奖牌信息文件,所以要添加数据源。点击"数据"菜单,执行"新建数据源"命令,选择"Microsoft Excel",打开"配套资料\第5章\奥运会数据集.xlsx",双击"奖牌信息"工作表,同时选中窗口右上方的"实时"选项,连接奖牌信息文件,然后选择下方"转到工作表1",可以看到左上角出现了"奖牌信息表"和"运动员_项目信息表"两个数据,当使用不同数据进行可视化的时候,可以单击它们进行自由切换。

2. 历年来奥运会参赛国家及地区数目、参赛人数变化

考虑章节 5.3.1 中提出的第一个问题,通过分析历届奥运会参赛国家及地区数目、参赛人数变化趋势,来了解百年奥运的规模演变。

(1) Excel 操作步骤。

① 进入"运动员_项目信息表",选择"插入"选项卡的"数据透视表"。在弹出的窗口中,表区域选择"运动员_项目信息表! $A$1: $O$271117",选择放置数据透视表的位置"新工作表",勾选"将此数据添加到数据模型",如图 5-3-3 所示。

② 在右侧的"数据透视表字段"选项卡中,将"季节"拖拽到"列"上,将"年份"拖拽到"行"上。将"NOC(奥委会)"拖拽到"值",并单击向下小箭头,然后单击"值字段设置",在弹出来的对话框中将计算类型改为"非重复计数",如图 5-3-4 所示。

图 5-3-3　创建数据透视表

图 5-3-4　值字段设置

③ 选中左侧数据,选择"插入"选项卡的"推荐的图表",单击"折线图"。在生成的图表中右击后单击"选择数据"。在"选择数据源"选项卡中"图例项(系列)(S)"下,单击"Summer",然后单击"隐藏的单元格和空单元格",将空单元格显示为"用直线连接数据点"。然后选择"Winter",重复以上操作。

④ 点击右侧"数据透视图字段"选项卡"图例/季节",选择"隐藏图表上的所有字段按钮"。

⑤ 选中折线图,选择最上层"设计"选项卡,添加图表元素"轴标题"和"图表标题",完成的效果如图 5-3-5 所示。

⑥ 同理,如果要分析历年来奥运会参赛人数的变化情况,只需要在第②步,将"运动员姓名"拖入"值",取代"NOC",并且选择"非重复计数"即可。最终结果如图 5-3-6 所示。

结果解析:

从图中可以看到夏奥会、冬奥会的参赛国家及地区、参赛人数大致随着时间增加而增加。而 1956 年墨尔本奥运会、1976 年蒙特利尔奥运会、1980 年莫斯科奥运会的参赛国家及地区、

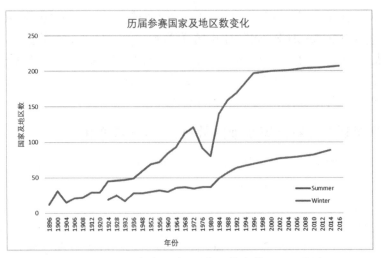

图 5-3-5　历届参赛国家及地区数变化-Excel 版本

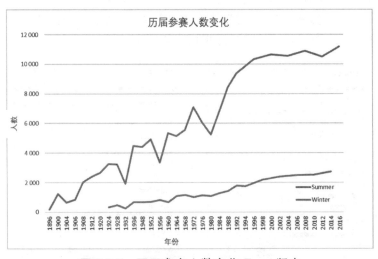

图 5-3-6　历届参赛人数变化-Excel 版本

参赛人数则出现了明显下滑。究其原因,1956 年是由于苏军出兵匈牙利、亚洲爆发了苏伊士运河战争,一些国家由于局势的原因而宣布弃赛;1976 年则是新西兰橄榄球队访问当时实行种族隔离政策的南非,非洲国家因此弃赛抵制;1980 年则是因为苏联于 1979 年圣诞节派遣 10 万苏军入侵阿富汗,64 个国家先后弃赛表示抗议。

接下来,一起来探究 Power BI 和 Tableau 软件能否实现相同的可视化结果。

(2) Power BI 操作步骤。

① 可视化对象里选择"折线图",单击"字段"图标(图 5-3-7)。

② 把"运动员_项目信息表"中的"年份"字段拖拽到"轴"。

③ 把"季节"字段拖拽到"图例"。

④ 把"NOC(奥委会)"字段拖拽到"值",并单击选择"计数(非重复)"。

⑤ 单击"格式"图标(图 5-3-8),依次设置数据颜色,图例、X 轴、Y 轴和标题。

完成的效果如图 5-3-9 所示,可以发现与 Excel 产生的可视化结果(图 5-3-5)一致。

图 5-3-7　折线图字段设置　　　　图 5-3-8　折线图格式设置

⑥ 同理,如果要分析历年来奥运会参赛人数的变化情况,只需要在第④步,将"运动员姓名"拖拽到"值",并单击选择"计数(非重复)"。可视化结果与图 5-3-6 一致,故不赘述。

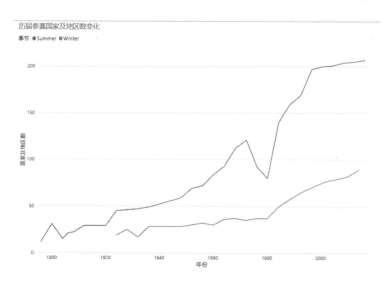

图 5-3-9　历届参赛国家及地区数变化-Power BI 版本

(3) Tableau 操作步骤。

① 单击"数据"中的"运动员_项目信息表",将维度中的"年份"拖拽到列功能区。

② 把维度中的"NOC(奥委会)"拖拽到行功能区,然后单击下拉箭头,选择"度量/计数不同"。

③ 把维度中的"季节"拖拽到"标记"卡的"颜色"上。

④ 将工作表名改为"历届国家及地区参赛数变化",双击纵坐标将标题改为"国家及地

区数"。

　　Tableau 可视化结果如图 5-3-10,可以发现与 Excel 和 Power BI 软件生成的结果一致。

图 5-3-10　历届参赛国家及地区数变化-Tableau 版本

　　⑤ 同理,如果要分析历年来奥运会参赛人数的变化情况,只需要在第②步,将"运动员姓名"拖拽到行功能区,然后单击下拉箭头,选择"度量/计数不同"。可视化结果与图 5-3-6 一致。

3. 历年来奥运项目数以及具体内容变化

　　第二个问题,通过分析历届奥运会比赛项目数和内容的变化,了解新老项目的更迭。

　　对于比赛项目数(大项)的变化,可以根据第一个问题的解决方法,分别用 Excel、Power BI 和 Tableau 软件,生成如图 5-3-11 的折线图。

图 5-3-11　历届比赛项目数变化

结果解析：夏奥会、冬奥会的运动大项数目除了初期有所波动外，基本随着时间增加而增加。接着，看看这 120 年间，运动项目内容具体变化了什么。

可以采用词云图来对历届奥运会比赛项目进行可视化。

(1) Excel 操作步骤。

Excel 自身无法直接制作词云图，但可以借助外部资源来完成。

在 Excel 中对字段"年份"进行筛选，然后将"运动大类"这列的内容复制到"词云图"制作网站，如 https://wordsift.org/。以 2016 年夏季奥运会比赛项目为例，效果如图 5-3-12：

图 5-3-12　2016 年夏季奥运会比赛大项词云图

(2) Power BI 操作步骤。

① 由于 Power BI 自带的视觉对象中没有词云图工具，因此需要从应用商店导入。具体步骤如图 5-3-13：单击"可视化"下的"…"，选择"从应用商店导入"。在弹出的"Power BI 视觉对象"中，选择"Word Cloud"，并单击"添加"按钮。

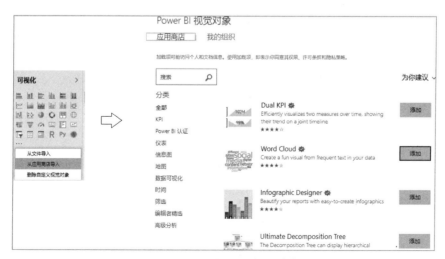

图 5-3-13　导入词云图对象

② 可视化对象里选择刚刚导入的"Word Cloud 1.7.1",单击"字段"图标。

③ 把"运动员_项目信息表"中的"运动大类"字段拖拽到"类别"。

④ 把"运动大类"字段拖拽到"值",并设置为"计数"。

⑤ 把"Games(年份＋季节)"拖拽到"此视觉对象上的筛选器",筛选类型选择"基本筛选",即可得到不同时期奥运会比赛项目的词云图。图 5-3-14 显示了 1896 年第一届夏季奥运会的比赛项目,可以发现只有 9 个大项。而图 5-3-12 显示的最近一次夏季奥运会比赛项目则大大增加。

图 5-3-14　1896 年夏季奥运会比赛大项词云图

(3) Tableau 操作步骤。

① 把"运动员_项目信息表"维度中的"运动大类"拖拽到标记"卡的"颜色"上。

② 把维度中的"运动大类"拖拽到标记"卡的"大小"上,单击下拉箭头,选择"度量/计数";把维度中的"运动大类"拖拽到"标记"卡的"文本"上;把"标记"由"自动"改为"文本"。

把维度中的"Games(年份＋季节)"拖拽到筛选器,选择"使用全部",如图 5-3-15 所示。

图 5-3-15　Tableau 词云图设置

右键筛选器"Games(年份＋季节)",单击显示筛选器,即可在右侧选择想要可视化的比赛年份。图 5-3-16 和 5-3-17 分别可视化了 1924 年第一届冬奥会和 2014 年最近一次冬奥会的比赛大项分布词云图。

图 5-3-16　1924 年冬季奥运会比赛大项词云图

图 5-3-17　2014 年冬季奥运会比赛大项词云图

结果解析：通过可视化结果可以看出,夏季奥运会从一开始创办到 120 年后的今天,比赛项目数有很大的飞跃,越来越多的项目进入了奥运。与之相对的是,冬季奥运会近 90 年来的项目变更确有存在,但幅度并不是特别大,这可能与冬季运动项目本身就不如夏季运动项目那么多有关。

4. 哪些国家及地区站在奥运之巅

考虑 5.3.1 节中提出的第三个问题,通过分析奥运会历史上各国家及地区获得的金牌数和奖牌数,来了解哪些国家及地区站在奥运的巅峰。因为国家及地区数过多,这里选择获得奖牌数最多的 Top 20 国家及地区进行展示。

(1) Excel 操作步骤。

① 进入"奖牌信息表",选择"插入"选项卡的"数据透视表"。在弹出的窗口中,表区域选择"奖牌信息表! $A: $F",选择放置数据透视表的位置"新工作表",勾选"将此数据添加到数据模型"。

② 在右侧的"数据透视表字段"选项卡中,将"年份"和"奖牌情况"拖拽到"筛选器"上,将"NOC(奥委会)"拖拽到"列"上。将"奖牌情况"拖拽到"值",并单击向下小箭头,然后单击"值字段设置",在弹出的选项卡中将计算类型改为"计数",如图 5-3-18 所示。

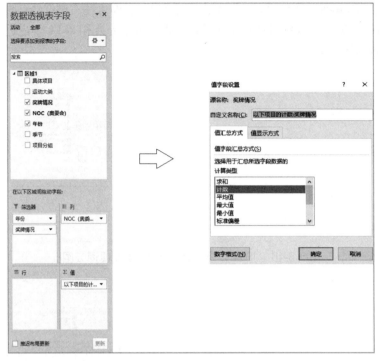

图 5-3-18　奥运之巅数据透视图字段设置

③ 选中左侧数据,选择"插入"选项卡的"推荐的图表",单击"条形图/簇状条形图"。

④ 单击图例"NOC(奥委会)",选择"其他排序选项"。再单击"升序排序(A 到 Z 依据)",下拉选择"以下项目的计数:奖牌情况"。重复操作,单击"值筛选",选择"前 10 项",在弹出的框中显示"最大 20 项",依据"以下项目的计数:奖牌情况"。如图 5-3-19 所示。

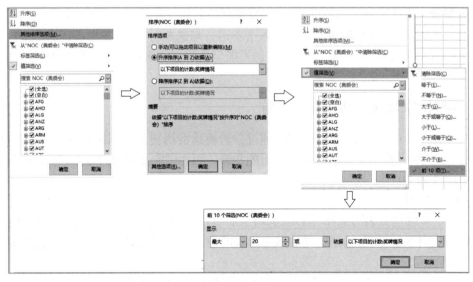

图 5-3-19　奥运之巅筛选器设置

⑤ 调整图例宽度,变成 2 列显示。右击条形图上"以下项目的计数:奖牌情况"按钮,选择

"隐藏图表上值字段按钮"。单击"年份"按钮,进行奥运比赛进行的年份筛选,如默认则为到目前为止历届比赛奖牌数的综合。单击"奖牌情况"按钮,进行金/银/铜牌的筛选,如默认则为奖牌数。图 5-3-20 显示了综合 120 年奥运会历史的夺奖牌最多的 20 个国家情况。

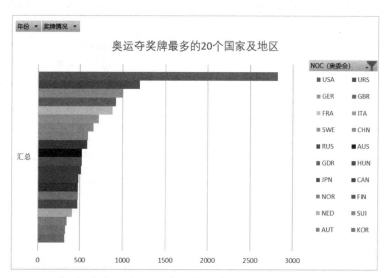

图 5-3-20　120 年来奥运会历史夺奖牌最多的 20 个国家及地区-Excel 版本

如要动态显示每一届奥运会夺牌最多的 20 个国家,则可以根据以下步骤:

⑥ 选择"插入"选项卡的"切片器",选择"活动/年份"。通过点击切片器中的不同年份,实现动态奖牌榜,如图 5-3-21 所示。

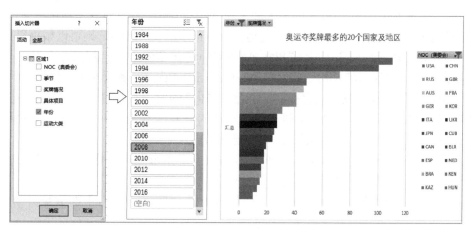

图 5-3-21　动态显示历届奥运会奖牌榜情况(图例为 2008 年奥运会夺牌最多的 20 个国家及地区)

结果解析:可以看到总体来说,美国是奥运史上夺牌大户,而动态的图表更清晰地了解到随着时间的推移,其他国家包括中国的崛起。

(2) **Power BI** 操作步骤。

① 可视化对象里选择"堆积条形图",单击"字段"图标;把"奖牌信息表"中的"NOC(奥委会)"字段拖拽到"轴";把"奖牌情况"字段拖拽到"图例";把"运动大类"字段拖拽到"值",并设

置为"计数"。

②把"NOC(奥委会)"拖拽到"此视觉对象上的筛选器",筛选类型选择"前N个",显示项目"上,20",将"运动大类"拖入"按值",并选择"计数",单击"应用筛选器"即可得到历年来奥运会Top20夺牌国家及地区。再对标题、坐标轴等进行一系列格式设置后,可得到图5-3-22。

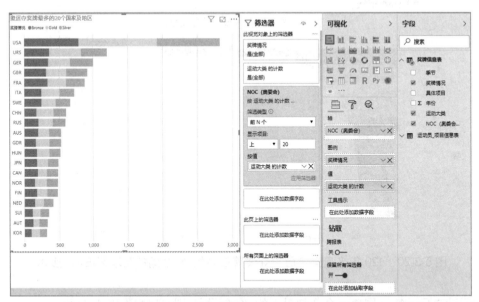

图5-3-22　120年来奥运会历史夺奖牌最多的20个国家及地区-Power BI版本

通过观察发现由Power BI软件得到的结果与图5-3-20 Excel得到的结果在条形图长度上一致,不同的是Power BI可以更好地区分金牌、银牌和铜牌,并且将其可视化出来。

如要通过Power BI动态显示每一届奥运会夺牌最多的20个国家,则可以根据以下步骤:

③在Power BI应用商店中导入"Play Axis(Dynamic Slicer)"视觉对象。

④单击该视觉对象,将"年份"拖拽到"Field",点击播放按钮"▶",即可看到随时间奖牌榜的变化。然而,大家有没有发现它存在联动问题?(即总的值一直都存在,而每年动态的值是在其中深色显示)。究其原因,是因为排行榜中默认的值显示方式是所有年份值的总和,而深色是对应时间轴单独年份的值,要解决这个问题可以进入下一步。

⑤选择菜单栏"格式",单击选中"编辑交互",会发现条形图可视化窗口的右上角出现了几个小图标,点击最左侧的漏斗型"筛选器"图标。

⑥再按一下"Play Axis"里的播放按钮"▶",则排行榜只显示当年的数据并且在动态变化。

(3)Tableau操作步骤。

①把"奖牌信息表"维度中的"奖牌情况"拖拽到列功能区,并单击选择"度量/计数"。

②把维度中的"NOC(奥委会)"拖拽到行功能区。

③单击行功能区"NOC(奥委会)",选择"排序"。排序依据设为"嵌套",排序顺序为"降序",字段名称为"奖牌情况",聚合为"计数",见图5-3-24。

④把维度中的"NOC(奥委会)"拖拽到"标记"卡的"颜色"上。

⑤把维度中的"奖牌情况"拖拽到"标记"卡的"标签"上,并依次单击选择"度量/计数","快速表计算/排序"(见图5-3-25)。

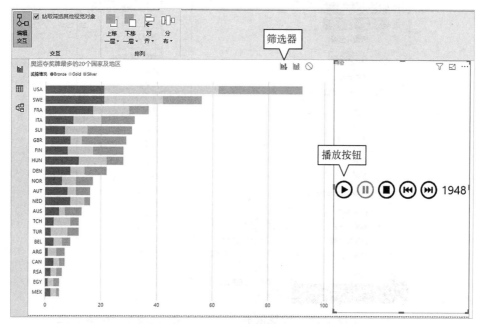

图 5-3-23　动态显示历届奥运会奖牌榜情况(图例为 1948 年奥运会夺牌最多的 20 个国家及地区)

图 5-3-24　对 NOC 排序

图 5-3-25　快速表排序

⑥ 右键"标记"卡的"计数(奖牌情况)",勾选"选择筛选器"。

⑦ 右键"筛选器"中的"计数(奖牌情况)",勾选"显示筛选器",在右侧即可看到"计数(奖牌情况的排序)",可以通过滑动来确定显示 TopN 国家(比如 Top 20,见图 5-3-27)。

如图 5-3-28,观察到由 Tableau 软件得到的可视化结果与 Excel 和 Power BI 一致。

如要通过 Tableau 显示每一届奥运会夺牌最多的 20 个国家,则可以根据以下步骤:

⑧ 把维度中的"年份"拖拽到行功能区,并置于"NOC(奥运会)"前面。

⑨ 右键"标记"卡的"计数(奖牌情况)",单击选择"计算依据/区(向下)"(见图 5-3-26)。

图 5-3-26　计算依据　　　　　图 5-3-27　Top N 选择

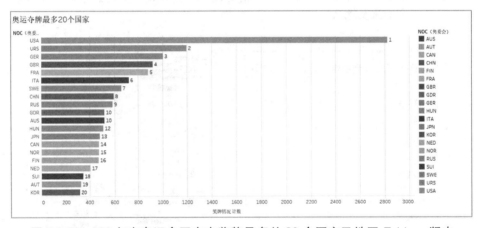

图 5-3-28　120 年来奥运会历史夺奖牌最多的 20 个国家及地区-Tableau 版本

同理,右键筛选器中"计数(奖牌情况)",单击选择"计算依据/区(向下)",筛选器范围选择最小"1",最大"20"。

⑩ 右键"年份",勾选"显示筛选器",即可在右侧选择任意比赛年份。如图 5-3-29,显示了 2008 年和 2012 年两届奥运会获牌最多的 20 个国家和地区。

5. 得田泳者是否得奥运

考虑 5.3.1 节中提出的第四个问题,可以取近五届夏季奥运会金牌榜霸主美、中、俄三国的数据,分析在每个国家夺得的奖牌数中,田泳项目占比有多高。

(1) Excel 操作步骤。

① 进入"奖牌信息表",添加一列"项目分组",在 G2 处键入公式,并下拉填充。

"=IF(B2＝"Athletics","田径",IF(OR(B2＝"swimming", B2＝"diving", B2＝"synchronized swimming", B2＝"water polo"),"游泳","其他"))"

　　　　　数据分析与大数据实践

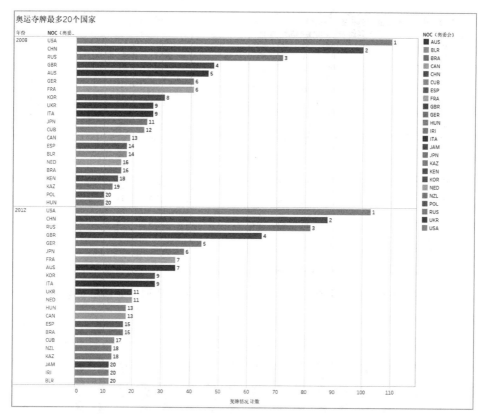

图 5-3-29　奥运会历届夺奖牌最多的 20 个国家及地区(以 2008 和 2012 为例)-Tableau 版本

② 选中数据,选择"插入"选项卡的"数据透视表"。在弹出的窗口中,表区域选择"奖牌信息表! $A: $G",选择放置数据透视表的位置"新工作表",勾选"将此数据添加到数据模型"。

③ 在右侧的"数据透视表字段"选项卡中,将"项目分组"拖拽到"列"上,将"年份"和"NOC(奥委会)"拖拽到"行"上。将"奖牌情况"拖拽到"值",并单击向下小箭头,然后单击"值字段设置",在弹出来的对话框中将计算类型改为"计数"。

④ 单击"行标签"旁的筛选箭头,选择字段"年份",去除"全选",勾选以下五个年份"2000","2004","2008","2012"和"2016"。同理,再次选择字段"NOC(奥委会)",去除"全选",勾选以下三个国家"CHN","RUS"和"USA",得到图 5-3-30。

⑤ 为了对数据进行可视化,可以将数据进行转置等操作后复制到 H4: L19,得到图 5-3-31。

⑥ 选中处理后的数据,插入图表,选择"柱形图/百分比堆积柱形图",并将标题改为"田泳重要性(占奖牌比)",见图 5-3-32。

结果解析:通过可视化发现美国队田泳项目占奖牌总数的一半以上。而俄罗斯,其田泳项目对奖牌的贡献也很大,并且基本呈现逐届增加,至于 2016 年的突然下降,那是因为禁药问题俄罗斯田径被禁赛了。而对于中国队,从往届来看,田泳向来不是强项。结果说明,田泳项目由于奖牌产量大,确实对总成绩有不小的贡献。

(2) **Power BI** 操作步骤。

① 右键"奖牌信息表"中的"运动大类",选择"新建组"。在打开的"组"选项卡中,名称设

以下项目的计数:Medal	列标签 ▾			
行标签 ▾	其他	田径	游泳	总计
⊟2000	154	30	54	238
CHN	47	1	10	58
RUS	65	13	11	89
USA	42	16	33	91
⊟2004	158	46	50	254
CHN	50	2	11	63
RUS	63	19	8	90
USA	45	25	31	101
⊟2008	178	42	62	282
CHN	80	2	18	100
RUS	44	17	11	72
USA	54	23	33	110
⊟2012	155	52	66	273
CHN	60	6	22	88
RUS	56	18	8	82
USA	39	28	36	103
⊟2016	147	38	62	247
CHN	46	6	18	70
RUS	49		7	56
USA	52	32	37	121
总计	792	208	294	1294

图 5-3-30 筛选后的数据

G	H	I	J	K
日期	国家	其他	田径	游泳
2000	CHN	47	1	10
2004	CHN	50	2	11
2008	CHN	80	2	18
2012	CHN	60	6	22
2016	CHN	46	6	18
2000	RUS	65	13	11
2004	RUS	63	19	8
2008	RUS	44	17	11
2012	RUS	56	18	8
2016	RUS	49	0	7
2000	USA	42	16	33
2004	USA	45	25	31
2008	USA	54	23	33
2012	USA	39	28	36
2016	USA	52	32	37

图 5-3-31 处理后的数据

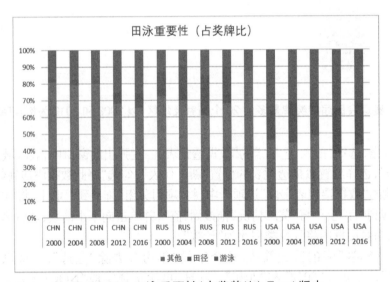

图 5-3-32 田泳重要性(占奖牌比)-Excel 版本

为"运动大类(组)",字段"运动大类",组类型"列表"。然后按住键盘"Ctrl"键,将"未分组值"中的跳水(diving)、游泳(swimming),公开水域游泳(synchronized swimming)和水球(Water Polo)一起选中,单击"组"按钮,在"组和成员中"重命名该组为"游泳"。同理,在"未分组值"中选中"Athletics",单击"组",生成"田径"组。最后,勾选"包括其他组",将除了田径和游泳项目外的其他项目归为"其他"。如图 5-3-33 所示。

② 可视化对象里选择"百分比堆积柱形图",单击"字段"图标;把"奖牌信息表"中的"年份"和"NOC(奥委会)"字段拖拽到"轴";把"运动大类(组)"字段拖拽到"图例"。

③ 把"奖牌情况"字段拖拽到"值",并设置为"计数"。此外,将值显示为"占总计的百分比"。

④ 把"年份"和"NOC(奥委会)"拖拽到"此视觉对象上的筛选器"。选择"年份",去除"全选",筛选类型选择"基本筛选",勾选以下五个年份"2000","2004","2008","2012"和"2016"。

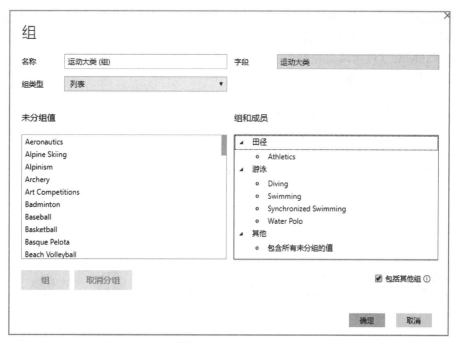

图 5-3-33　创建组

同理,选择"NOC(奥委会)",去除"全选",勾选以下三个国家"CHN","RUS"和"USA"。

⑤ 选中图表,在右上角点击⊓标记(展开层次结构中的所有下移级别),然后单击"…",排序方式选择"年份 NOC(奥委会)",并单击"以升序排序"。

⑥ 选中图表,单击"格式"图标,依次更改标题、数据颜色等格式。

最终结果如图 5-3-34 所示,可以达到 Excel 相同的可视化结果(只是 X 轴排序不同)。

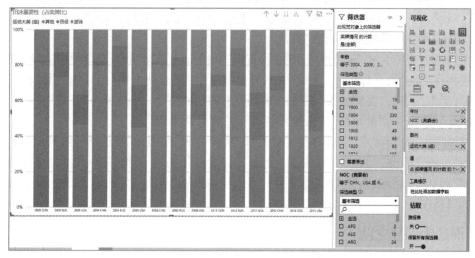

图 5-3-34　田泳重要性(占奖牌比)-Power BI 版本

(3) Tableau 操作步骤。

对于百分比占比等问题的可视化,大家一定第一时间想到用"饼图"解决,然而在 Excel 和

Power BI 软件中,只能一次制作一个饼图(比如 2016 年中国),如果要对比 3 个国家近 5 届奥运会的情况,则要依次制作 15 个饼图,工作量巨大。

然而,Tableau 软件可以轻松解决这个问题,最终结果如图 5-3-35,能够清晰对比 3 个国家 5 届比赛的成绩。具体步骤如下:

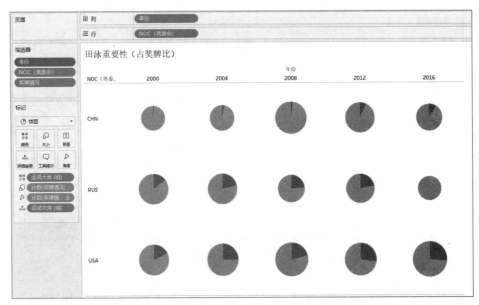

图 5-3-35　田泳重要性(占奖牌比)-Tableau 版本

① 右击"奖牌信息表"维度中的"运动大类",创建"组"。在打开的"组"选项卡中,名称设为"运动大类(组)"。按住"Ctrl",将"群组"中的跳水(diving)、游泳(swimming),公开水域游泳(synchronized swimming)和水球(water polo)一起选中,单击"分组"按钮,重命名该组为"游泳"。同理,选中"Athletics",单击"分组",生成"田径"组。最后,勾选"包括其他",将除了田径和游泳项目外的其他项目归为"其他"。

② 把维度中的"年份"拖拽到列功能区,右击"年份",选择"离散";把维度中的"NOC(奥委会)"拖拽到行功能区;在标记下,选择"饼图";把维度中的"运动大类(组)"拖拽到"标记"卡的"颜色"上;把维度中的"奖牌情况"拖拽到"标记"卡的"角度"上,并设置为"计数";单击下拉箭头,选择"计算依据"为"单元格","快速表计算"为"合计百分比"。

③ 把维度中的"年份","NOC(奥委会)"和"奖牌情况"拖拽到"筛选器"区,并依次右键"显示筛选器"。在"年份"筛选器中,去除"全选",勾选以下五个年份"2000","2004","2008","2012"和2016"。同理,在"NOC(奥委会)"筛选器中去除"全选",勾选以下三个国家"CHN","RUS"和"USA"。

6. 谁是中国梦之队

既然观察到田径和游泳并不是中国队主要的夺牌点,那么理所当然的下一个问题就是到底哪些项目是中国队的强项,谁是中国奥运代表团的梦之队。

(1) Excel 操作步骤。

① 进入"奖牌信息表",选择"插入/数据透视表"。在弹出的窗口中,表区域选择"奖牌信

息表! \$A \$1：\$G \$18906"，选择放置数据透视表的位置"新工作表"，勾选"将此数据添加到数据模型"。

② 在右侧的"数据透视表字段"选项卡中，将"NOC（奥委会）"和"季节"拖拽到"筛选器"上，将"年份"拖拽到"列"上，将"运动大类"拖拽到"行"上。将"奖牌情况"拖拽到"值"，并单击向下小箭头，然后单击"值字段设置"，在弹出来的对话框中将计算类型改为"计数"。

③ 左上方筛选器，选择 NOC（奥委会）为"CHN"，季节为"Summer"。

④ 为了在透视表中对奖牌数排序一目了然，单击"K6：K36"中的任意一个单元格，单击"数据"选项卡中"排序"左侧的"Z-A↓"按钮，即能得到按照奖牌数降序排列的列表，如图 5-3-36 所示。

图 5-3-36　中国夏季奥运梦之队-Excel 透视表

⑤ 如果仍然不满足于透视表，可以将排序后的运动大类和奖牌总计复制到空白单元格，然后选中后插入图表，选中"树状图"。在顶部"设计"选项卡中，选择合适的图表样式，如图 5-3-37 所示。同理，可以将季节设为"Winter"，分析中国冬奥会的梦之队，同学们自己尝试一下吧。

结果解析：

通过图 5-3-36 和图 5-3-37，发现跳水（diving），体操（gymnastics），举重（weightlifting），射击（shooting），乒乓球（table tannis），游泳（swimming），羽毛球（badmintion）等项目承担了大量的夺金夺牌任务，是当之无愧的梦之队。此外，还能观察这些梦之队历届的表现和起伏。

（2）Power BI 操作步骤。

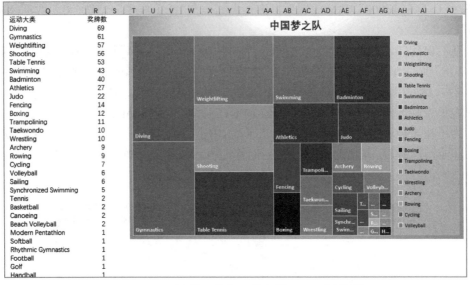

图 5-3-37　中国夏季奥运梦之队-Excel 树状图

① 可视化对象里选择"矩阵",单击"字段"图标。

② 把"奖牌信息表"中的"运动大类"字段拖拽到"行"。

③ 把"年份"字段拖拽到"列"。

④ 把"奖牌情况"字段拖拽到"值",并单击选择"计数"。

⑤ 把"NOC(奥委会)"和"季节"拖拽到"此视觉对象上的筛选器"上。"NOC(奥委会)"选择"CHN","季节选择"选择"Winter"。

⑥ 单击"格式"图标,调整"列标题"、"行标题"、"值"的字体大小和格式。

最终的结果图见图 5-3-38,展示了中国冬奥会梦之队,可以看到短道速滑项目 Short Track Speed Skating 在夺牌数上遥遥领先其他项目,是中国冬奥会的金牌之师。

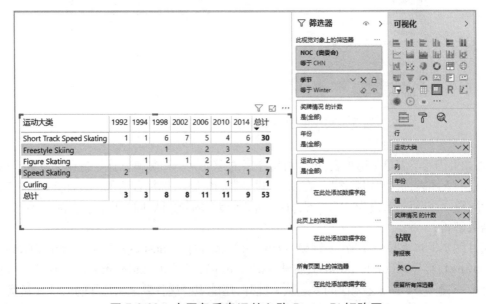

图 5-3-38　中国冬季奥运梦之队-Power BI 矩阵图

数据分析与大数据实践

（3）Tableau 操作步骤。

使用 Excel 和 Power BI 软件可以帮助可视化各大项的夺牌情况,不过如果还想更进一步知晓具体的夺牌项目(小项),则可以在 Tableau 中实现,具体步骤如下:

① 把"奖牌信息表"维度中的"运动大类"拖拽到列功能区。

② 把维度中的"年份"拖拽到行功能区。右击"年份",选择"离散"。

③ 把维度中的"奖牌情况"拖拽到"标记"卡的"颜色"上。

④ 把维度中的"具体项目"拖拽到"标记"卡的"详细信息"上。

⑤ 把维度中的"NOC(奥委会)"和"季节"依次拖拽到"筛选器"区,并右键"显示筛选器"。随后在右侧的"季节"筛选器中,选择"Summer","NOC(奥委会)"处选择"CHN"。

最后的可视化结果由图 5-3-39 可见,不仅可以一眼观察到哪些大项获得最多的奖牌,并且当鼠标移至图表上的方块上,可以看到"具体项目","奖牌情况","年份","运动大类"等具体信息。

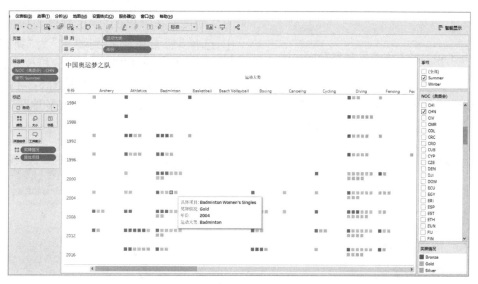

图 5-3-39　中国冬季奥运梦之队-Tableau 可视化图

5.3.4　分析图表整合

完成了对于 120 年奥运数据的探索之后,下一步希望能够把所有的结果整合起来。

1. Excel 操作步骤

在 Excel 中完成这项工作较为困难,一般会将几张图表复制到一页 PPT 上。不过 Power Point 附带 excel 数据源后,一方面会大量增加文件的大小,同时也会增加打开文件时占用的时间和内存。此外,由于可以对数据源文件进行操作,如何保持源文件的一致性也成为了问题。而在 Power BI 和 Tableau 软件中,可以通过仪表板解决这个问题。

2. Power BI 操作步骤

仪表板是 Power BI 服务的一个功能。Power BI Desktop 版本中无此功能,因此无法直

图 5-3-40　将工作表发布到 Power BI

接建立一个仪表板。如果要创建,步骤如下:

(1) 选择一个工作表如"历届参赛国家及地区数变化",单击顶部"主页"选项卡下的"发布"按钮,将此报表发布到 Power BI 网页版。如弹出"登录"对话框,输入 Power BI 注册时的用户名和密码。之后在"发布到 Power BI"对话框中,选择"我的工作区",按"选择"按钮(见图 5-3-40 上半部分)。在成功发布到 Power BI 后,会出现成功字样,然后单击"在 Power BI 中打开奥运会数据集分析_Power BI.phix"链接(图 5-3-40 下半部分),跳转到网页。

(2) 在打开的网页界面上,单击顶部"固定活动页",在弹出的"固定到仪表板"对话框中,选择"您希望固定到哪里"为"新建仪表板",仪表板名称为"奥运数据分析仪表板",然后单击"固定活动页",操作见图 5-3-41。重复操作,将后续几个工作表"历届比赛项目变化","奥运会夺牌最多的 20 个国家及地区","田泳重要性","中国奥运梦之队"固定到"现有仪表板"。

图 5-3-41　固定到仪表板

(3) 单击左侧"我的工作区",然后单击"仪表板",可以看到刚刚创建的"奥运数据分析仪表板",单击进入即能看到拥有 5 个工作表的仪表板。对每个工作表进行拖拉,可改变位置方向,最后生成如图 5-3-42 的 Power BI 仪表盘。

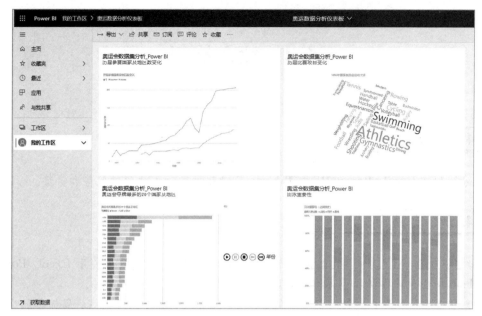

图 5-3-42　Power BI 仪表板

3. Tableau 操作步骤

新建仪表板,命名为"奥运数据分析"。在左侧仪表板窗格调整合适的大小,在本案例中设为"自动";将工作表"历届参赛国家及地区数变化","历届比赛项目变化","奥运会夺牌最多的20 个国家及地区","田泳重要性","中国奥运梦之队"依次拖拽至视图区,并移除右侧容器中不需要的图例,同时隐藏不需要的字段,调整布局。

整个仪表板完成后的效果如图 5-3-43 所示。

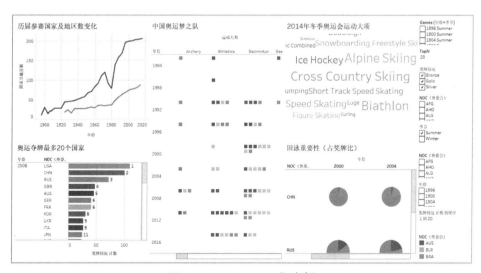

图 5-3-43　Tableau 仪表板

5.4　综合练习

5.4.1　简答题

请分别列举 Excel，Power BI 和 Tableau 三种软件进行可视化的优势和劣势。

5.4.2　实践题

仍然以"配套资料\第 5 章\奥运会数据集.xlsx"文件作为数据源,使用 Excel，Power BI 和 Tableau 中任意软件实现下列问题的可视化:

(1) 分析百年奥运史上最踊跃参赛的二十个国家,其中是否有国家每一届都参加?

(2) 分析谁是奥运夺牌数最多的运动员?

(3) 分析奥运会是否有主场优势?(提示:分析东道主当届成绩与前后几届比赛的比较,考虑分析 2000 年—2012 年间的夏季奥运会)

图 5-4-1 到图 5-4-3 展示了使用 Tableau 软件进行可视化的结果,供参考。

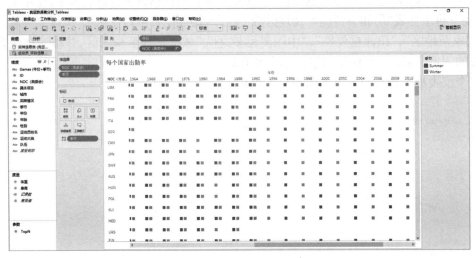

图 5-4-1　各国及地区出勤情况

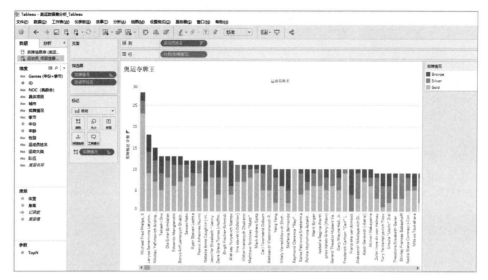

图 5-4-2　奥运夺牌王

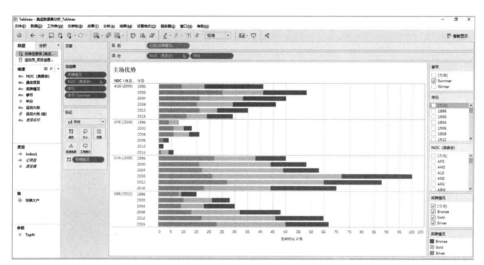

图 5-4-3　主场优势

第 6 章

数据安全与可视化数据共享

本 章 概 要

数据是事实或观察的结果,是对客观事物的逻辑归纳,是用于表示客观事物的未经加工的原始素材。随着大数据时代的到来,数据安全和敏感信息问题越来越被个人、企业乃至国家所重视。本章主要介绍保障数据安全的原理与常用方法,数据安全的相关基本概念,以及使用 Tableau 等各平台共享可视化数据的基本方法。

学 习 目 标

通过本章学习,要求达到以下目标:

1. 了解数据安全的相关基本概念。
2. 了解数据存储安全所面临问题和相关解决技术。
3. 了解数据传输安全所面临问题和相关解决技术。
4. 了解数据处理安全所面临问题和相关解决技术。
5. 比较熟练地掌握使用 Tableau 平台发布可视化数据。

6.1 数据安全

数据安全有两方面的含义：一是数据本身的安全，主要是指采用现代密码算法对数据进行主动保护，如数据保密、数据完整性、双向强身份认证等，二是数据防护的安全，主要是采用现代信息存储手段对数据进行主动防护，如通过磁盘阵列、数据备份、异地容灾等手段保证数据的安全。

确保数据安全性有三个主要问题：机密性（Confidentiality），完整性（Integrity）和可用性（Availability）。

（1）机密性。

机密性是指个人或团体的信息不能为其他不应获得者获得。在电脑中，许多软件包括邮件软件、网络浏览器等，都有保密性相关的设定，用以维护用户信息的保密性。

（2）完整性。

数据完整性是信息安全的三个基本要点之一，指在传输、存储信息或数据的过程中，确保信息或数据不被未授权地篡改或在篡改后能够被迅速发现。

（3）可用性。

数据可用性是一种以使用者为中心的设计概念，易用性设计的重点在于让产品的设计能够符合使用者的习惯与需求。

确保数据安全需要权衡这三个主要问题，使敏感数据不受未授权用户的影响，确保系统中的数据是可靠的，同时还要确保组织中需要访问数据的每个人都可以使用这些数据。

数据的整个生命周期包括：获取，存储，传输与使用。数据安全存在于整个数据生命周期中的各个环节。以数据为中心的安全保护方法应该涵盖其生命周期的所有环节。

6.1.1 数据存储安全

存储安全是应用物理技术和管理控制来保护存储系统和基础设施以及其中存储的数据。存储安全专注于保护数据（及其存储基础设施），防止未经授权的泄露、修改或破坏，同时确保授权用户的可用性。这些控制措施可能是预防性的、侦查性的、纠正性的、威慑性的、恢复性的或补偿性的。

在数据存储中可能会存在的安全漏洞有：

（1）数据存储缺乏加密机制。

尽管一些文件存储服务器设备包含自动加密功能，但更多的产品并不包含这些功能。这就需要安装单独的软件或加密设备，以确保其数据已加密。

（2）数据存储在云端带来的安全问题。

越来越多的个人或者企业选择将部分或全部数据存储在云端。尽管存储在云端的数据几乎都是以加密的形式进行存储，入侵者需要破解以后才能读取那些信息。但是各项云存储服务加密密钥的存放地方不尽相同。就像普通的钥匙一样，如果让其他人拿着，那么它们有可能会被盗用或者被滥用，而数据拥有者毫不知情。而且有些服务可能在安全实践中存在漏洞，导致用户数据容易失窃。

（3）不完整的数据销毁。

从硬盘或其他存储介质中删除数据时，会留下可能导致未经授权的人员恢复该信息的痕迹。存储管理人员和管理者需要确保从存储中删除的任何数据都被覆盖，使之无法恢复。

（4）缺乏物理安全性。

组织或者个人对其存储设备的物理安全性没有足够的重视。在某些情况下，他们没有考虑到内部人员(例如员工或清洁团队的成员)可能能够访问物理存储设备，并提取数据，从而绕过所有精心策划的基于网络的安全措施的情况。

为了应对这些技术趋势并处理其存储系统固有的安全漏洞，可以采取以下措施：

（1）数据存储安全策略。

制定书面策略，为其拥有的不同类型的数据指定适当的安全级别。显然，公共数据所需要的安全性远远低于限制或机密数据，组织机构需要有适当的安全模型、安全实施过程和安全工具来实施适当的保护措施。这些策略还包括应该在组织机构的存储设备上部署的安全措施的详细信息。

（2）访问控制。

访问控制是按用户身份及其所归属的某项定义组来限制用户对某些信息项的访问，或限制对某些控制功能的使用的一种技术。基于角色的访问控制是安全数据存储系统的必备条件，在某些情况下，多因素认证可能是合适的。访问控制的目的是为了限制访问主体对访问客体的访问权限。管理员还应确保更改其存储设备上的任何默认密码，并强制用户使用强密码。

（3）加密机制。

数据在传输过程中以及在存储系统中静止时都应该加密。存储管理员还需要有一个安全的密钥管理系统来跟踪他们的加密密钥。

（4）数据丢失预防。

许多专家认为仅靠加密不足以提供全面的数据安全。他们建议组织机构还应部署数据丢失防护(Data Loss Prevention，DLP)系统，以帮助查找和阻止正在进行的任何攻击。数据丢失防护系统一般可以从以下三个方面进行防护。

第一，文档保护(File Protection)：通过对文档本身进行安全管控避免资料外泄，例如文档加密等。

第二，I/O保护(I/O Protection)：控制输入/输出设备的使用情况，以防止机密文件通过USB等移动存储设备泄露。

第三，局域网保护(Lan Protection)：对局域网内运行的各种业务进行管控，通过限制、检测、记录网络内运行的Email、MSN、QQ、http、ftp等业务，防范机密文件透过互联网泄露。

（5）强大的网络安全性。

存储系统并不存在于真空中，它们应该被强大的网络安全系统所包围，例如防火墙、反恶意软件防护、安全网关、入侵检测系统，以及可能的高级分析和基于机器学习的安全解决方案。这些措施应该可以防止大多数网络攻击者获得对存储设备的访问权限。

（6）强大的端点安全性。

确保个人在个人电脑、智能手机和其他访问存储数据的设备上拥有适当的安全措施。这些端点(尤其是移动设备)可能会成为组织网络攻击的薄弱环节。

（7）冗余性。

包括RAID(Redundant Array of Independent Disks)独立冗余磁盘阵列技术在内的冗余存储不仅有助于提高可用性和性能，在某些情况下还可以缓解安全事件。RAID可以充分发挥出多块硬盘的优势，可以提升硬盘速度，增大容量，提供容错功能确保数据安全性，易于管理的优点,在任何一块硬盘出现问题的情况下都可以继续工作,不会受到损坏硬盘的影响。

(8)备份和恢复。

一些成功的恶意软件或勒索软件攻击可以完全地破坏企业网络,唯一的恢复方法是从备份恢复数据。存储管理人员需要确保他们的备份系统和流程适合这些类型的事件以及灾难恢复的目的。另外,也需要确保备份系统与主系统具有相同的数据安全级别。

表 6-1-1　8 个保障数据安全的措施

1	编写并执行包含数据安全模型的数据安全策略
2	在适当的情况下实施基于角色的访问控制并使用多因素身份验证
3	加密传输中和静止的数据
4	部署数据丢失预防解决方案
5	针对存储设备采用强大的网络安全措施
6	以适当的端点安全保护用户设备
7	通过 RAID 技术和其他技术提供存储冗余
8	使用安全的备份和恢复解决方案

6.1.2　数据传输安全

数据传输是数据从一个地方传送到另一个地方的通信过程。通过网络传输数据,需要保证数据的完整性、保密性,并能够对数据的发送者进行身份验证。在数据传输的过程中,可能会出现数据信息被泄露、篡改,数据流被攻击,数据在传播中出现逐步失真等安全漏洞。应对这些安全漏洞可以采取以下的解决方案。

1. 数据加密

数据加密被公认为是保护数据传输安全唯一实用的方法和保护存储数据安全的有效方法,它是实施数据保护最重要的相关技术防线。

数据加密技术是最基本的安全技术,是信息安全的核心,最初主要用于保证数据在存储和传输过程中的保密性。它通过变换和置换等各种方法将被保护信息置换成密文,然后再进行信息的存储或传输,即使加密信息在存储或者传输过程为非授权人员所获得,也可以保证这些信息不为其认知,从而达到保护信息的目的。该方法的保密性直接取决于所采用的密码算法和密钥长度。

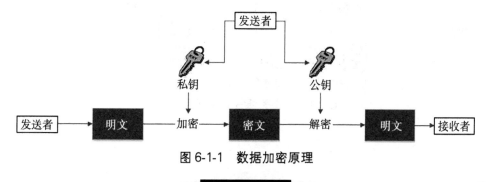

图 6-1-1　数据加密原理

对于数据传输加密,可以分为对称加密方式和非对称加密方式。对于对称加密方式,发送方和接收方都使用同一个密钥对信息进行加密、解密。所以对称加密的优点和不足都是很明显的:优点是对称加密方式速度很快,缺点是不同类型的通信端需要维护不同的密钥,同时由于客户端和服务端都需要保存密钥,所以密钥泄密的潜在可能性也更大。

非对称方式规定了密钥需成对使用,即一个公钥(Public Key)和一个相应的私钥(Private Key/Security Key)配对使用,非对称数据加密原理如图 6-1-1 所示。如果用公钥加密信息,就需要用相同配对的私钥才能解密,反之亦然。非对称方式的特点是数据可靠性相当强,很大程度上保证了身份认证。非对称加密方式对明文有长度限制,实际使用中,可以将长的明文用对称加密方式加密,对其密钥,使用非对称加密方式加密后进行传递。

2. 数字签名

数字签名(又称公钥数字签名)是一种类似写在纸上的普通的物理签名,但是使用了公钥加密领域的技术实现,是用于鉴别数字信息的方法。一套数字签名通常定义两种互补的运算,一个用于签名,另一个用于验证。

数字签名就是只有信息的发送者才能产生、别人无法伪造的一段数字串,这段数字串同时也是对信息的发送者发送信息真实性的一个有效证明。数字签名是非对称密钥加密技术与数字摘要技术的应用。基于数字签名的通信机制工作原理,如图 6-1-2 所示,发送报文时,发送方用一个哈希函数从报文文本中生成文件摘要,然后用自己的私钥对摘要进行加密,加密后的摘要将作为报文的数字签名和报文一起发送给接收方。接收方首先用与发送方一样的哈希函数从接收到的原始报文中计算出报文摘要,接着再用发送方的公钥来对报文附加的数字签名进行解密,如果得到的明文相同,那么接收方就能确认传输的文件并未受到篡改,是安全可信的。数字签名保证信息传输的完整性、发送者的身份认证、防止交易中的抵赖发生。

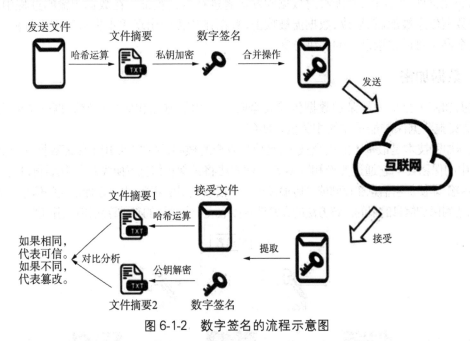

图 6-1-2　数字签名的流程示意图

3. 数字证书机制

数字证书是指证书授权中心(Certificate Authority)发行的一种电子文档,是一串能够表明网络用户身份信息的数字,提供了一种在计算机网络上验证网络用户身份的方式,因此数字证书又称为数字标识。数字证书对网络用户在计算机网络交流中的信息和数据等以加密或解密的形式保证了信息和数据的完整性和安全性。

6.1.3 数据处理安全

数据处理的安全是指如何有效地防止数据在录入、处理、统计或打印过程中,由于硬件故障、断电、死机、人为的误操作、程序缺陷、病毒或黑客等造成的数据库损坏或数据丢失现象,某些敏感或保密的数据可能被不具备资格的人员或操作员阅读,而造成数据泄密等后果。

数据使用环节安全防护的目标是保障数据在授权范围内被访问和处理,防止数据遭窃取、泄漏和损毁。为实现这一目标,除了防火墙、入侵检测、防病毒、漏洞检测等网络安全防护技术措施外,数据使用环节还可采取以下的安全技术:

1. 账号权限管理

建立统一账号权限管理系统,对各类业务系统、数据库等账号实现统一管理,是保障数据在授权范围内被使用的有效方式,也是落实账号权限管理及审批制度必需的技术支撑手段。账号权限管理系统具体实现功能与组织自身需求有关,除基本的创建或删除账号、权限管理和审批功能外,建议实现的功能还包括:一是权限控制的颗粒度尽可能小,最好做到对数据表列级的访问和操作权限控制。二是对权限的授予设置有效期,到期自动回收权限。三是记录账号管理操作日志、权限审批日志,并实现自动化审计;日志和审计功能也可以由独立的系统完成。

2. 数据安全域

数据安全域的概念是运用虚拟化技术搭建一个能够访问、操作数据的安全环境,组织内部的用户在不需要将原始数据提取或下载到本地的情况下,即可以完成必要的查看和数据分析。原始数据不离开数据安全域,能够有效防范内部人员盗取数据的风险。数据安全域由一个虚拟机集群组成,与数据库服务器通过网关连接,组织内部用户安装相应的终端软件,可以通过中转机实现对原始数据的访问和操作。

3. 数据脱敏

从保护敏感数据机密性的角度出发,在进行数据展示时,需要对敏感数据进行模糊化处理。特别是对手机号码、身份证件号码等个人敏感信息,模糊化展示也是保护个人信息安全所必须采取的措施。业务系统或后台管理系统在展示数据时需要具备数据脱敏功能,或嵌入专门的数据脱敏工具。数据脱敏工具可以实现对数值和文本类型的数据脱敏,支持多种脱敏方式,包括不可逆加密、区间随机、掩码替换等。

4. 日志管理和审计

日志管理和审计方面的技术能力要求主要包括对账号管理操作日志、权限审批日志、数据访问操作日志等进行记录和审计,以作为相关管理制度的落地执行的辅助。技术实现上,可以根据组织内容实际情况,建设统一的日志管理和审计系统,或由相关系统各自实现功能,如账号管理和权限审批系统,实现账号管理操作日志、权限审批日志记录和审计功能。

5. 异常行为实时监控与终端数据防泄漏

相对于日志记录和安全审计等"事后"追查性质的安全技术措施,异常行为实时监控是实现"事前"、"事中"环节监测预警和实时处置的必要技术措施。异常行为监控系统应当能够对数据的非授权访问、数据文件的敏感操作等危险行为进行实时监测。同时,终端数据防泄漏工具能够在本地监控办公终端设备操作行为,是组织内部异常行为监控体系的主要组成部分,可以有效防范内部人员窃取、泄漏数据的风险,同时有助于安全事件发生后的溯源取证。终端数据防泄漏工具通过监测终端设备的网络流量、运行的软件、USB 接口等,实时发现发送、上传、拷贝、转移数据文件等行为,扫描文件是否包含禁止提供或披露的数据,进而实时告警或阻断。

6.2 大数据安全与可视化数据共享

6.2.1 大数据安全与隐私保护

大数据以浅显易懂的概念、广泛潜在的应用需求和可展望的巨大经济效益,成为继移动互联网、云计算、物联网之后信息技术领域的又一热点,但大数据的发展仍然面临着许多问题,安全与隐私问题是人们公认的关键问题之一。

大数据安全是涉及技术、法律、监管、社会治理等领域的综合性问题,其影响范围涵盖国家安全、产业安全和个人合法权益。同时,大数据在数量规模、处理方式、应用理念等方面的革新,不仅会导致大数据平台自身安全需求发生变化,还将带动数据安全防护理念随之改变,同时引发对高水平隐私保护技术的需求和期待。大数据安全威胁渗透在数据生产、采集、处理和共享等方面,对于这样的威胁可以采取以下的安全策略:

(1)站在总体安全观的高度,构建大数据安全综合防御体系。

建立覆盖数据收集、传输、存储、处理、共享、销毁全生命周期的安全防护体系,综合利用数据源验证、大规模传输加密、非关系型数据库加密存储、隐私保护、数据交易安全、数据防泄露、追踪溯源、数据销毁等技术,与系统现有网络信息安全技术设施相结合,建立纵深的防御体系;同时提升大数据平台本身的安全防御能力,引入用户和组件的身份认证、细粒度的访问控制、数据操作安全审计、数据脱敏等隐私保护机制,从机制上防止数据的未授权访问和泄露,同时增加大数据平台组件配置和运行过程中隐含的安全问题的关注,加强对平台紧急安全事件的响应能力;还有实现从被动防御到主动检测的转变,借助大数据分析、人工智能等技术,实现自动化威胁识别、风险阻断和攻击溯源,从源头上提升大数据安全防御水平,提升对未知威胁的防御能力和防御效率。

(2)从攻防两方面入手,强化大数据平台安全保护。

平台安全是大数据系统安全的基石,针对大数据平台的网络攻击手段正在发生变化,企业面临愈加严峻的安全威胁和挑战,传统的安全监测手段难以应对上述的攻击变化,未来大数据平台安全技术的研究不仅要解决运行安全问题,还要进行理念创新,针对不断演进的网络攻击形态,设计大数据平台安全保护体系。在安全防护技术方面,从攻防两方面入手,密切关注大数据攻击和防御两方面的技术发展趋势,建立适应大数据平台环境的安全防护和系统安全管理机制,构筑更加安全可靠的大数据平台。

(3)加强隐私保护核心技术产业化投入,兼顾数据利用和隐私保护双重需求。

在大数据应用场景下,数据利用和隐私保护是天然矛盾的两端,同态加密、多方安全计算、匿名化等技术可以实现这两者良好的平衡,是解决大数据应用过程中隐私保护问题的理想技术,隐私保护核心技术方面的进展必然会极大地推动大数据应用的发展。

6.2.2 可视化数据共享

数据可视化都有一个共同的目的,那就是准确而高效、精简而全面地传递信息和知识。可视化能将不可见的数据现象转化为可见的图形符号,能将错综复杂、看起来没法解释和关联的数据,建立起联系和关联,发现规律和特征,获得更有商业价值的洞见和价值,并且利用合适的图表清晰而直观地表达出来,实现数据自我解释、让数据说话的目的。因此,可视化数据在各类平台共享,能够更广泛的传递信息,并加深和强化受众对于数据的理解和记忆。

提供可视化数据发布的平台有很多,下面以 Tableau 公司提供的 3 款平台为例,介绍可视化数据的发布和共享。

1. Tableau Server 平台

Tableau Server 是一款商业智能应用程序,用于发布和管理 Tableau Desktop 制作的报表,也可以发布和管理数据源,如自动刷新发布的数据提取。它是基于浏览器的分析技术,非常适用于企业范围内的部署,当工作簿做好并发布到 server 上后,用户可以通过浏览器或者移动终端设备,查看工作簿的内容并与之交互。

Tableau Server 可以控制对数据连接的访问权限,并允许针对工作簿、仪表板甚至用户设置来设置不同安全级别的访问权限。通过 Tableau Server 提供的访问接口,用户可以搜索工作簿,还可以在仪表板上添加批注,与同事分享数据见解,实现在线互动。利用 Server 提供的订阅功能,当允许访问的工作簿版本有更新时,用户会接到邮件通知。

2. Tableau Online 平台

Tableau Online 是基于云的数据可视化解决方案,用于共享、分发和协作处理 Tableau 视图及仪表板,兼具灵活性和简易性,使数据可视化无须服务器、服务器软件或 IT 支持就可以实现。

(1) 在云端共享和协作。

Tableau Online 是完全托管在云端的分析平台。发布仪表板并与任何人共享自己的发现。可以和团队成员共同使用交互式可视化和准确数据,探索隐藏的机会。所有内容均可通过浏览器轻松访问,还可借助 Tableau Moblie 移动应用随时随地进行查看。图 6-2-1 所示为在 PC 端,移动端查看。

图 6-2-1　在云端共享和协作

（2）在 Web 上进行交互、编辑和制作。

能够从任何地点访问交互式仪表板。快速对数据进行下钻查询、突出显示和筛选。使用强大的 Web 编辑功能自定义视图，并基于已发布的数据制作新工作簿。图 6-2-2 所示为在 Web 端显示、编辑视图。

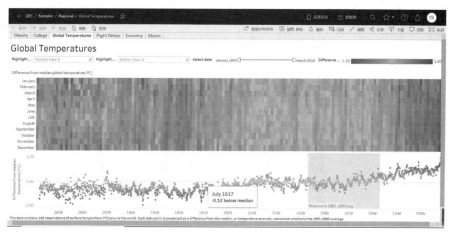

图 6-2-2　Web 上进行交互、编辑和制作

（3）能够随时随地连接到任意数据。

可以连接到 Amazon Redshift 和 Google BigQuery 之类的云端数据库。自动刷新来自 Google Analytics 和 Salesforce 等 Web 应用的数据。实时查询本地数据库，或数据提取刷新。图 6-2-3 所示为 Tableau Online 连接到任意数据的示意图。

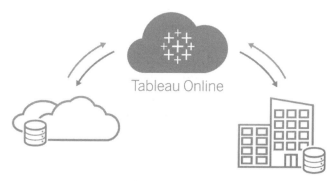

图 6-2-3　随时随地连接到任意数据

（4）Tableau Online 本身设计考虑安全保障措施，能够让站点管理员管理身份验证以及用户、内容和数据权限。

3. Tableau Public 平台

Tableau Public 是一个免费的云服务平台，可用于发布在 Tableau Desktop 上完成的工作簿。在 Tableau Public 上，任何人都可以与自己的视图交互，或者下载本人的工作簿或数据源。

（1）保存工作簿。

在 Tableau Desktop 中打开工作簿后，选择"服务器"＞"Tableau Public"＞"保存到

Tableau Public",可将 Tableau Desktop 中的工作簿保存到 Tableau Public 平台上,如图 6-2-4 所示。

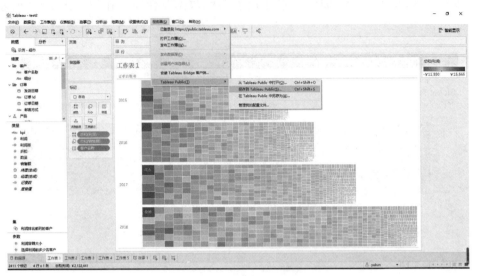

图 6-2-4 保存工作簿

(2)发布工作簿。

保存工作簿时,需使用 Tableau Public 账户登录,如图 6-2-5 所示。

图 6-2-5 登录 Tableau Public

键入工作簿名称,然后单击"保存"。将工作簿保存到 Tableau Public 时,发布过程将创建数据连接的数据提取。

发布工作簿后,系统会将重定向到 Tableau Public 网站上的账户,如图 6-2-6 所示。

在 Tableau Public 的配置文件页面上,单击"编辑",联机编辑所选的工作表,可以添加或者修改工作表标题或者说明,可以将指针悬停在一个可视化项上,执行选中、隐藏、下载或删除可视化项等操作。还可以添加永久链接,以及更改其他设置。如图 6-2-7 所示。

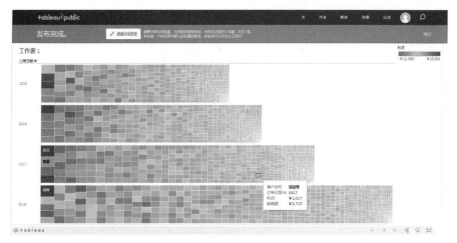

图 6-2-6　发布后的工作表

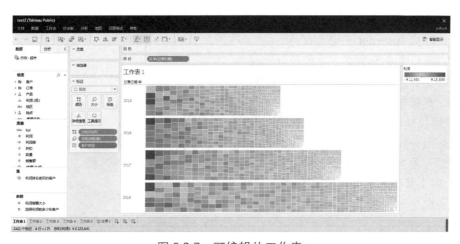

图 6-2-7　可编辑的工作表

在如图 6-2-7 所示的视图页面上单击视图底部的"共享"按钮,可以获取共享的链接或要嵌入在网页中的代码,如图 6-2-8 所示。

图 6-2-8　获取共享链接和嵌入代码

6.3 综合练习

6.3.1 选择题

1. 在数据传输过程中,为了防止数据被窃取可以通过_____来实现的。
   A. 用户标识与鉴别 B. 存取控制   C. 数据加密   D. 审计

2. 数据保密性安全服务的基础是_____。
   A. 数据完整性机制   B. 数字签名机制
   C. 访问控制机制   D. 加密机制

3. 防火墙是用于将 Internet 和内部网络隔离的_____设备。
   A. 防止 Internet 火灾的硬件
   B. 网络安全和信息安全的软件和硬件
   C. 保护线路不受破坏的软件和硬件
   D. 起抗电磁干扰作用的硬件

4. 访问控制是指确定_____以及实施访问权限的过程。
   A. 用户权限   B. 可给予哪些主体访问权限
   C. 可被用户访问的资源   D. 系统是否遭受入侵

5. 从安全属性对各种网络攻击进行分类,截获攻击是针对_____的攻击。
   A. 机密性   B. 可用性
   C. 完整性   D. 真实性

6. 用于实现身份鉴别的安全机制是_____。
   A. 加密机制和数字签名机制
   B. 加密机制和访问控制机制
   C. 数字签名机制和访问控制机制
   D. 访问控制机制和路由控制机制

7. 信息安全的基本属性是_____。
   A. 机密性   B. 可用性
   C. 完整性   D. 上面 3 项都是

8. 密码学的目的是_____。
   A. 研究数据加密   B. 研究数据解密
   C. 研究数据保密   D. 研究信息安全

9. 从安全属性对各种网络攻击进行分类,阻断攻击是针对_____的攻击。
   A. 机密性   B. 可用性
   C. 完整性   D. 真实性

10. 可以被数据完整性机制防止的攻击方式是_____。
    A. 假冒源地址或用户的地址欺骗攻击
    B. 抵赖做过的信息递交行为

C. 数据在途中被攻击者窃听获取

D. 数据在途中被攻击者篡改或破坏

6.3.2 填空题

1. 确保数据安全性有三个主要问题,分别为机密性、_____、完整性。

2. _____是笔迹签名的模拟,是一种包括防止源点或终点否认的认证技术。

3. _____的目的是为了限制访问主体对访问客体的访问权限。

4. 数据存储存在的常见安全漏洞有缺乏加密、_____、缺乏物理安全性等。

5. _____被公认为是保护数据传输安全唯一实用的方法和保护存储数据安全的有效方法。

第 7 章

数据分析与可视化综合实践

本 章 概 要

数据素养是读取,处理,分析和利用数据得出结论的能力。高德纳预测到 2020 年 80% 的企、事业机构和组织将有意识地开展数据素养能力的培养。正如 100 年以前,阅读和写作技能超越学者范畴成为普及技能。现在,数据素养将成为组织中任何员工最重要的业务技能之一。本章将介绍,如何利用 Tableau 中的计算功能,完成实例业务分析,以及如果利用可视化方法"讲故事"。

学 习 目 标

通过本章学习,要求达到以下目标:

1. 了解计算类型和常见函数

2. 掌握不同计算类型下的常见分析方法

3. 掌握一些利用计算创建的视图及其应用场景

4. 掌握一些仪表板的交互方法和故事的制作

5. 学习数据清洗和准备的常见技术

6. 能够建立数据思维解决数据分析中的一般综合问题,培养分析问题和解决问题的能力。

7.1　计算的类型与示例

可以在 Tableau 中通过创建计算字段实现深入的分析，Tableau 中有三种主要类型的计算字段：第一，基本计算——基本计算允许在数据源详细信息级别（行级别计算）或可视化项详细信息级别（聚合计算）计算值或成员；第二，表计算——表计算仅允许在可视化项详细信息级别计算值；第三，详细信息级别（LOD）表达式——就像基本计算一样，LOD 计算允许在数据源级别和可视化项级别计算值，利用 LOD 计算可以更好地控制要计算的粒度级别。就可视化项粒度而言，它们可以在较高粒度级别（包括）、较低粒度级别（排除）或完全独立级别（固定）执行。

7.1.1　基本计算

在实际应用中，确定了要使用的计算类型后，就可以开始创建计算字段了。以下先通过一些实际业务中的示例给大家讲解基本计算。示例所用数据源为 Tableau 安装文件自带的"示例-超市"数据源。

打开 Tableau 桌面版，连接到已保存数据源"示例-超市"并导航到工作表 1，如图 7-1-1 所示。连接到数据后，执行如下操作：

图 7-1-1　连接到数据源

1. 创建计算字段

在 Tableau 中,在维度或度量组的空白处再右击鼠标,选择"创建/计算字段"命令。在打开的计算编辑器中,执行以下操作:

(1) 输入计算字段的名称。在本示例中,该字段称为"利润率-非聚合"。

(2) 输入公式。此示例使用以下公式,如图 7-1-2 所示。完成后单击"确定"。

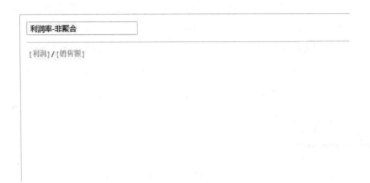

图 7-1-2　创建计算字段

要查看可用函数的列表,可以单击计算编辑器右侧的三角形图标,即可展开帮助对话框,如图 7-1-3 所示。每个函数均包括语法、说明和一个参考示例,双击列表中的函数可以将其添加到公式中。

图 7-1-3　查看函数帮助

新计算字段将添加到"数据"窗格内的"度量"中,因为它会返回一个数字。数据类型图标旁边会显示等号(＝)。在"数据"窗格中,所有计算字段的旁边都有等号(＝),如图 7-1-4 所示。

2. 在视图中使用计算字段-聚合与非聚合的概念

(1) 从"维度"中,将"子类别"拖曳到"列"功能区。

(2) 从"度量"中,将"利润率"和"利润率-非聚合"拖曳到"行"功能区。

(3) 工具栏上,单击 T 显示标记标签,以显示数字。

视图更新为如图 7-1-5 所示:

数据分析与大数据实践

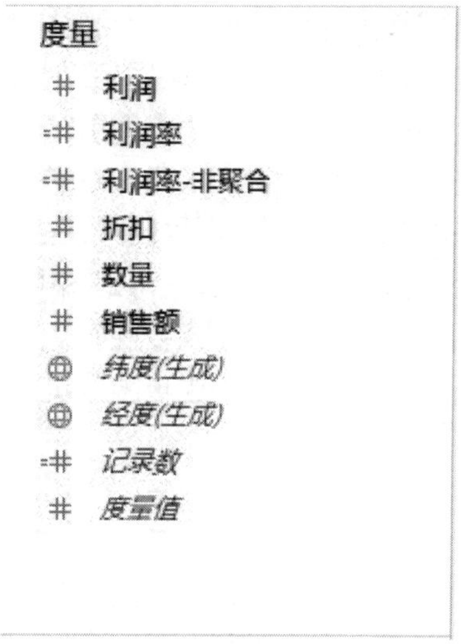

度量
  #   利润
⹂#   利润率
⹂#   利润率-非聚合
  #   折扣
  #   数量
  #   销售额
 ⊕   *纬度(生成)*
 ⊕   *经度(生成)*
⹂#   *记录数*
  #   *度量值*

图 7-1-4　计算字段标识

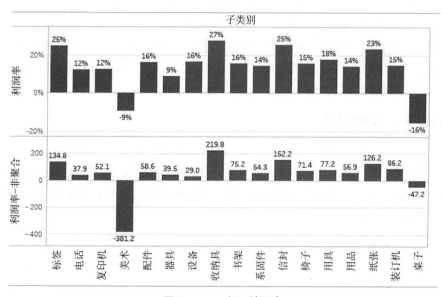

图 7-1-5　对比利润率

这里要思考两个利润率计算结果为什么不同？右击度量中的"利润率"，选择"编辑"，可以看到计算公式不同。我们将其重命名为"利润率–聚合"，如图 7-1-6 所示。

利润率-聚合

SUM([利润])/SUM([销售额])

图 7-1-6　查看聚合函数

第一个公式"利润率-非聚合"算出的结果是不正确的,因为利润率应该小于1。这是由于第一个公式没有用 sum()求和函数先进行聚合,导致计算时 Tableau 会对原数据每一行求出利润与销售额的比值,再进行视图的聚合,这里是"子类别"。也就是对每一个子类别将行级别算好的利润与销售额的比值进行求和,从而得到大于1的值。相反,第二个计算"利润率—聚合"由于公式中有聚合方式,这里是 sum()求和函数,会依据视图选取的维度直接聚合,这里对每个子类别求利润和销售额的汇总,再进行除法,就得到图中的利润率了。

这就是 Tableau 中的基本计算,在每次计算式要注意聚合函数的添加与否会影响计算结果,本书的姊妹篇《数据分析与可视化实践》中的逻辑函数也属于基本计算。

7.1.2 参数

参数是可在计算、筛选器和参考线中替换常量值的动态值。

例如,如果需要创建一个在销售额大于￥500,000时返回"true"否则返回"false"的计算字段,就可以在公式中使用参数来替换常量值"500000"。然后,可使用参数控件来动态更改计算中的阈值。或者,可以使用筛选器显示利润最高的10个客户。可以将筛选器中的固定值"10"替换为一个动态参数,以便快速查看前15、20和30的客户。

可通过参数动作中使用参数来使参数更加动态并更具交互性,参数动作可让用户通过直接与可视化项交互(例如单击或选择标记)来更改参数值。本文主要介绍参数的创建。以下通过实际场景来学习创建参数。

1. 利润率 KPI 的创建

在维度度量边条的空白处,右击鼠标,选择"创建/参数"命令。在弹出的窗口中进行参数创建。命名为"利润率 KPI",类型选择"浮点",显示格式选择"百分比",允许的值选择"范围",当前值"0"。勾选并设置值范围最小值、最大值、步长分别键入"0","1","0.05"。如图 7-1-7 所示,单击"确定"按钮。

图 7-1-7　创建参数

2. 创建计算字段实现和参数的联动

创建计算字段"利润率达标?",公式如图 7-1-8 所示。

图 7-1-8　函数创建

3. 利用创建好的参数构建"KPI 打分表"。

在新建工作表中,双击"维度"中的"子类别"和"地区",把"利润率达标?"拖入标记卡的"颜色"中,如图 7-1-9 所示。

| | 地区 | | | | | |
子类别	东北	华北	华东	西北	西南	中南
标签	■	■	■	■	■	■
电话	■	■	■	■	■	■
复印机	■	■	■	■	■	■
美术	■	■	■	■	■	■
配件	■	■	■	■	■	■
器具	■	■	■	■	■	■
设备	■	■	■	■	■	■
收纳具	■	■	■	■	■	■
书架	■	■	■	■	■	■
系固件	■	■	■	■	■	■
信封	■	■	■	■	■	■
椅子	■	■	■	■	■	■
用具	■	■	■	■	■	■
用品	■	■	■	■	■	■
纸张	■	■	■	■	■	■
装订机	■	■	■	■	■	■
桌子	■	■	■	■	■	■

图 7-1-9　利润率达标视图

然后将标记类型选为"形状",如图 7-1-10 所示。

图 7-1-10　设置形状标记类型

将计算字段"利润率达标?"放入"标记"卡"形状"中。单击"形状"匹配形状。在形状图形模板中使用"KPI"匹配"好"和"坏",如图 7-1-11 所示。

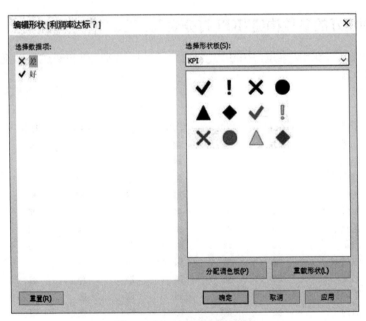

图 7-1-11　设置形状模板

再单击"标记"卡的颜色,选择"编辑颜色"匹配"好"和"坏"的颜色,如图 7-1-12 所示。

最后,右击参数"利润率 KPI",选择"显示参数控件"。当拖动参数时,视图会随之改变。如图 7-1-13 所示。

这样,就利用参数做成了动态表化的 KPI 打分表,当 KPI 随着设定改变时,可以看到达标产品类别和地区也随之改变。这种方法是实际业务中十分常见的,包括"what-if"分析也将用到参数。

　　数据分析与大数据实践

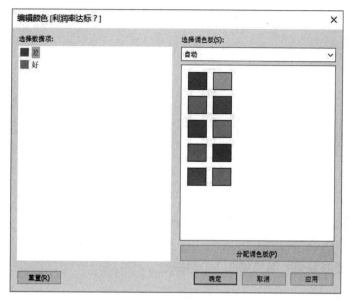

图 7-1-12　设置形状颜色

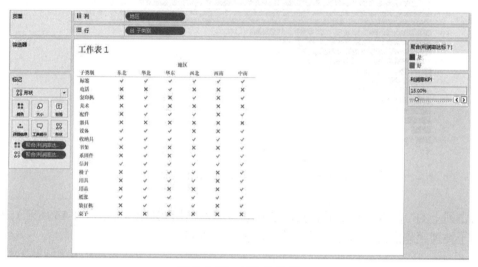

图 7-1-13　KPI 打分表

7.1.3　表计算

1. 创建表计算

表计算基于可视化中当前的内容进行计算,并且不考虑从可视化中滤除的任何度量或维度。快速表计算允许用户使用某个常用表计算的内置函数将该计算应用于可视化项,这样就不用自己写计算字段。

在 Tableau 中可以使用以下快速表计算:

* 汇总

- 差异
- 百分比差异
- 总额百分比
- 排名
- 百分位
- 移动平均
- 年初至今总额
- 复合增长率
- 年同比增长
- 年初至今增长

【例7-1-1】创建快速表计算计算产品销售占比

在新建工作表中,将"销售额"拖到列上,子类别拖到行上,单击工具栏上的降序排序按钮⬇和显示标记标签按钮⊤,结果如图7-1-14所示。

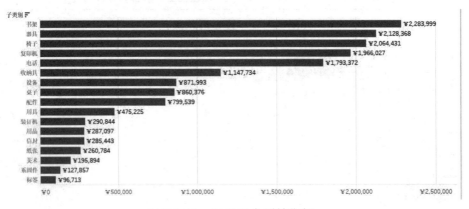

图 7-1-14　各产品类别销售额

右击列上的"总和(销售额)",选择"快速表计算/合计百分比"(如图7-1-15所示),即可得到每个子类别销售额占总体的比重。结果如图7-1-16所示。

图 7-1-15　创建快速表计算

数据分析与大数据实践

这里合计百分比就是内置的函数。

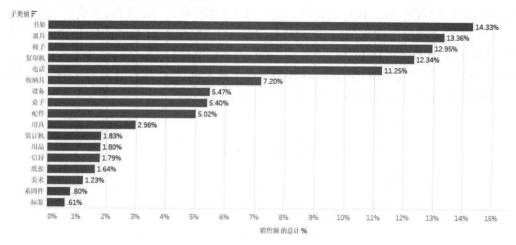

图 7-1-16 产品类别占比

2. 寻址和分区

对于任何 Tableau 可视化项,都有一个由视图中的维度确定的虚拟表。此表与数据源中的表不同。具体来说,虚拟表由"详细信息级别"内的维度来决定,这意味着由 Tableau 工作表中任何以下工作区或卡上的维度来决定,如图 7-1-17 所示。

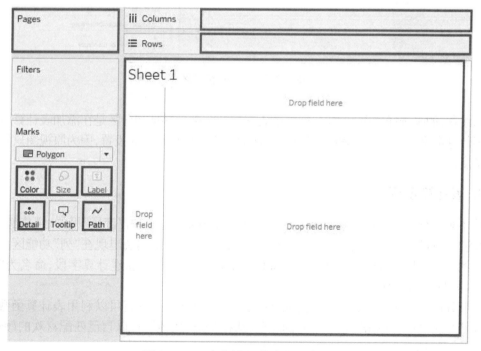

图 7-1-17 决定视图维度的工作区

添加表计算时,必须使用详细级别的所有维度进行分区(划定范围)或寻址(定向)。

用于定义计算分组方式(执行表计算所针对的数据范围)的维度称为分区字段。系统在每个分区内单独执行表计算。执行表计算所针对的其余维度称为寻址字段,可确定计算方向。

例如,在以下维度可视化项中(如图 7-1-18 所示),"**Month of Order Date**"(订单日期月份)和"**Quarter of Order Date**"(订单日期季度)为寻址字段(因为它们已选定),而"**Year of Order Date**"(订单日期年份)为分区字段(因为该字段未选定)。因此计算将跨一年内的所有季度转换每个月的差异。对于每一年,计算会重新开始。

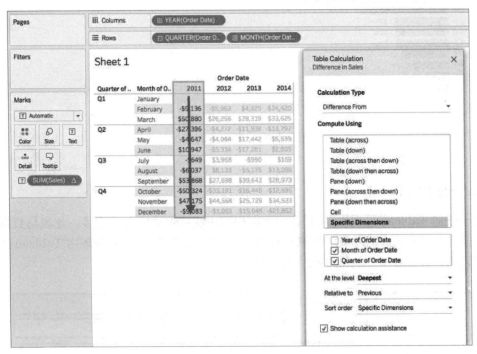

图 7-1-18　寻址和分区

请注意,如果选择了所有维度,则整个表都在范围中。寻址和分区是在添加表计算后通过右击表计算字段,选择"计算依据"设置的。前面的例子采用默认的设置,因为原视图只添加了一个维度。

3. 表计算示例

接下来介绍如何利用表计算找到销售额的历史新高点。双击"度量"里的"销售额","维度"里的"订单日期",这时销售额会出现在"行"功能区,订单日期会出现在"列"功能区。右击"列"上的"订单日期",选择第二个"月",如图 7-1-19 所示。然后新建计算字段,命名为"历史新高?",如图 7-1-20 所示。

将新建的计算字段"历史新高"拖入"标记"卡"颜色"中,这样就可以利用表计算函数找到销售额历史新高点。单击"标记"卡中的颜色,选择"编辑颜色",可以自己匹配喜欢的颜色,结果如图 7-1-21 所示。

这里手动创建了表计算函数,如果要查看表计算其他函数,可以右击"历史新高?"选择"编辑",展开计算窗格右侧的小三角,在下拉框选择"表计算"即可看到列出的表计算公式。如图 7-1-22 所示。

图 7-1-19　选择时间显示级别　　　　　　　　　　　图 7-1-20　历史新高的计算函数

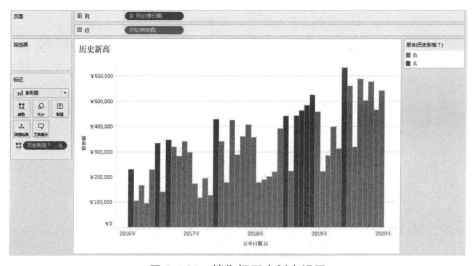

图 7-1-21　销售额历史新高视图

图 7-1-22　表计算公式查看

7.1.4　详细级别表达式

1. LOD 表达式的定义

详细级别表达式(也称为 LOD 表达式)允许在数据源级别和可视化项级别计算值。LOD 表达式可以更好地控制要计算的粒度级别。LOD 表达式可以在较高粒度级别(包括)、较低粒度级别(排除)或完全独立级别(固定)执行。

以下介绍可在 Tableau 中使用的 LOD 表达式的类型,以及何时使用这些表达式。

按照下面的步骤进行操作,了解如何在 Tableau 中创建和使用 LOD 表达式。

(1) 设置可视化项。

① 打开 Tableau Desktop 并连接到"示例-超市"已保存数据源。

② 导航到新工作表。

③ 从"数据"窗格中的"维度"下,将"地区"拖到"列"功能区;从"数据"窗格中的"度量"下,将"销售额"拖到"行"功能区。将出现一个显示各区域销售额总和的条形图。如图 7-1-23 所示。

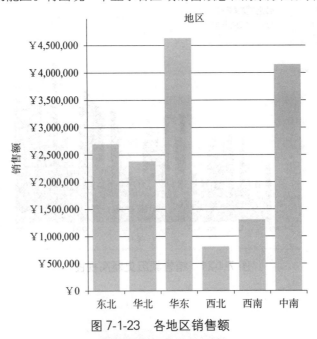

图 7-1-23　各地区销售额

（2）创建 LOD 表达式。

如果想查看各区域每个客户的平均销售额，而不是各区域所有销售额的平均。可以使用 LOD 表达式来达到此目的的。

① 右击维度度量区域的空白处，选择"创建计算字段"命令。

② 在打开的计算编辑器中，执行以下操作：

将计算命名为"每个客户的销售额"，输入以下 LOD 表达式：

$$\{INCLUDE[客户名称]:SUM([销售额])\}$$

③ 完成后，单击"确定"按钮。

（3）在可视化项中使用 LOD 表达式。

① 从"数据"窗格中的"度量"下，将"每个客户的销售额"拖到"行"功能区，将它放在"SUM（销售额）"左侧。

② 在"行"功能区上，右击单击"每个客户的销售额"，并选择"度量(求和)/平均值"。

现在，在同一视图里既可以看到所有销售额的总和，也可以看到各区域每个客户的平均销售额了。结果如图 7-1-24 所示。

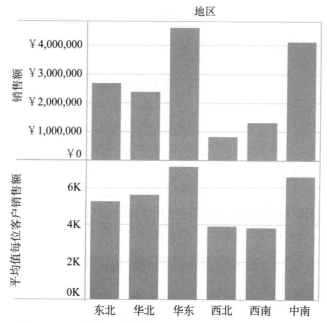

图 7-1-24　各地区销售额总和与平均每个客户销售额

2. LOD 表达式的类型

可以在 Tableau 中创建三种类型的 LOD 表达式：FIXED（固定型）、INCLUDE（包含型）、EXCLUDE（排除型）。

（1）FIXED 和 INCLUDE。

FIXED 详细级别表达式使用指定的维度计算值，而不引用视图中的维度。

以下 FIXED 详细级别表达式计算每个区域的销售额总和的公式：

$$\{FIXED[地区]: SUM([销售额])\}$$

将此详细级别表达式命名为"每个地区销售",随后将其放在"文本"上以显示各区域的总销售额,再将"地区"和"省/自治区"依次放在行上。得到如图 7-1-25 所示的结果。

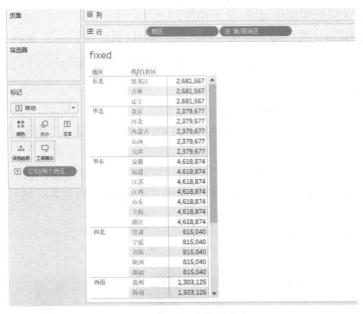

图 7-1-25　各地区销售额

视图详细级别为[地区]和[省/自治区],但由于 FIXED 详细级别表达式不考虑视图详细级别,因此计算只使用计算中引用的维度,在本例中为"地区"。出于此原因,会看到各区域中单个省/自治区的值是相同的。

如果详细级别表达式中使用了 INCLUDE 关键字(而不是 FIXED),则每个州/省/市/自治区的值将不同,原因是 Tableau 将随视图中的任何其他维度(这里是[省/自治区])一起添加到表达式中的维度(这里是[地区])来确定表达式的值。将计算公式改为:

$$\{include[地区]: SUM([销售额])\}$$

结果将如图 7-1-26 所示。

除了视图中的维度之外,INCLUDE 详细级别表达式还将使用计算中指定的维度计算值。

(2) EXCLUDE。

EXCLUDE 详细级别表达式声明要从视图详细级别中忽略的维度。EXCLUDE 详细级别表达式对于计算"占总计百分比"或"与总体平均值的差异"非常有用。它可与诸如"合计"和"参考线"等功能相比。EXCLUDE 详细级别表达式无法在行级别表达式(其中没有要忽略的维度)中使用,但可用于修改视图级别计算或中间的任何内容(也就是说,可以使用 EXCLUDE 计算从某些其他详细级别中移除维度)。

以下详细级别表达式从[销售额]的总和计算中排除[地区]:

$$\{EXCLUDE[地区]: SUM([销售额])\}$$

表达式保存为"Exclude 地区"。将"类别"和"地区"一次放在"行"上,"销售额"和"Exclude 地

图 7-1-26 各省份销售额

区"依次放在列上,在显示标记标签,可得结果如图 7-1-27 所示。Exclude 不考虑视图中的地区,所以得到的是各个子类别销售额的总和。

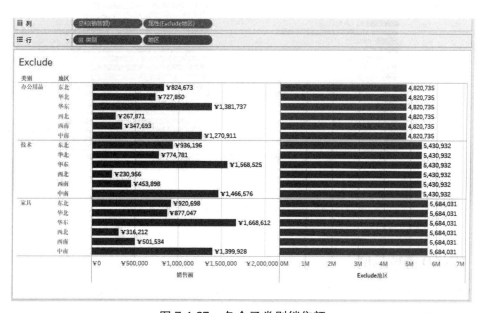

图 7-1-27 各个子类别销售额

可以单击工具栏上的"分析/合计/添加所有小计",如图 7-1-28 所示,来验证结果。结果如图 7-1-29 所示。

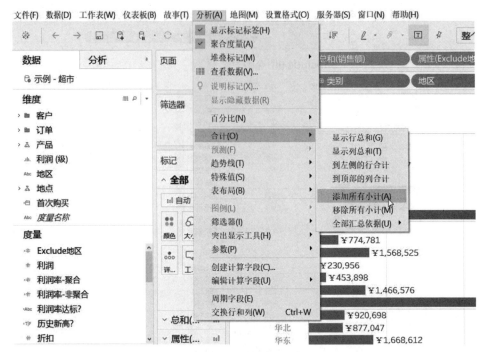

图 7-1-28　添加小计

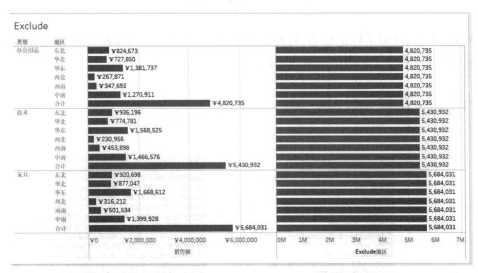

图 7-1-29　添加小计后的各个子类别销售额

3. FIXED 函数示例

FIXED 是在实际业务中使用较多的详细级别表达式,可以利用其来计算客户留存等一些高阶复杂业务场景。

创建一个新的公式,找到每个客户首次购买时间,命名为"首次购买",如图 7-1-30 所示。

双击"度量"中的"销售额",维度中的"订单日期",在把"首次购买"放到"标记"卡中的"颜色"里,即可得到客户流失分析。结果如图 7-1-31 所示。

图 7-1-30　客户首次购买时间

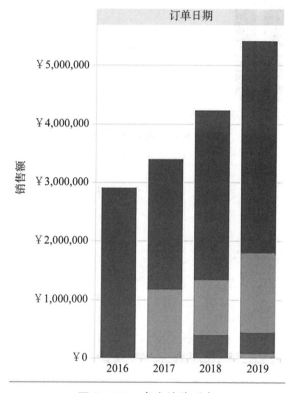

图 7-1-31　客户流失分析

右击"总和(销售额)",选择"快速表计算/合计百分比",再次右击"总和(销售额)/计算依据"选择"首次购买",再显示标记标签,结果如图 7-1-32 所示。

"计算依据"代表计算占比时的依据,这里是按照"首次购买"计算,未选中"订单日期",所以对于同一"年(订单日期)","首次购买"代表的维度内部值加总为 100%。

至此,我们发现 2019 年的销售额有 66.64% 由 2016 年老客户贡献,25.37% 由 2017 年客户贡献,6.51% 由 2018 年客户贡献,其余 1.48% 由 2019 新增客户贡献。说明该公司老客户维系比较好。(注: 此处数据由于版本不同,可能存在差异)

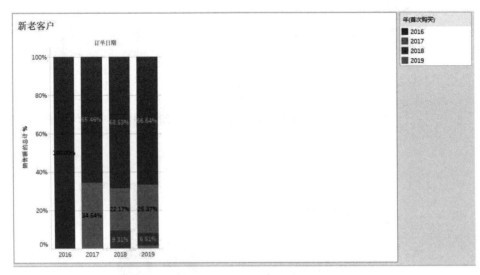

图 7-1-32　新老客户占比

7.2　数据分析与可视化综合实践

7.2.1　数据背景和来源

电影行业不仅可以带来经济效益,也是向世界展示国家文化、形象的手段。以下将用世界电影数据来研究一下各国电影的发展情况。

数据集中有 6820 部电影(1986—2016 年)。每部电影具有以下属性:

预算:电影的预算,(有些电影没有预算数据,因此显示为 0);公司:制片公司;国家:原籍;导演:导演;类型:电影的主要类型;毛收入:电影收入;名称:电影名称;等级:电影的等级(R, PG 等);发布:发布日期(YYYY-MM-DD);运行时间:电影的持续时间;得分:IMDb用户评分;票数:用户票数;明星:主要演员;作家:电影的作家;年:发行年份。

分析所用数据是从 IMDb 抓取的,可参见 https://www.kaggle.com/danielgrijalvas/movies。

7.2.2　数据分析与可视化

这些数据可以从多种角度进行探索,比如哪个国家的电影更受欢迎,历史趋势表现如何?哪个导演更高产?不同国家电影拍摄类型有什么差异?票房收入与预算有什么关系?如何快速推荐给不同群体符合他们诉求的电影?这些问题都是可以通过分析这份数据回答的。现在我们选取一些角度来呈现。

1. 各国电影受欢迎程度排名视图制作

打开 Tableau 可视化工具软件,在界面左侧的数据连接窗格中,单击"文本文件",打开"第 7 章\配套资源\movies.csv"。

转到"工作表 1",双击"score",双击"year",再右击"总和(score)",选择"度量(总和)/平均值"。

把"country"放入筛选器,如图 7-2-1 所示。在"筛选器"的"顶部"选项卡中,选择"按字段"选项。

选择"顶部","创建新参数",再弹出的对话框中按图 7-2-2 的方式建立新参数,并命名为"Top country",然后单击"确定"关闭两个对话框。

右击参数"Top Country",选择"显示参数控件",把"country"放入"标记"卡"颜色",右击"平均值(Score)",选择"快速表计算","排序";再次右击"平均值(Score)","计算依据"选择按"country"。按住键盘〈Ctrl〉键。拖动"行"上"平均值(Score)"到其右侧,则可以复制一个同样的"平均值(Score)"。结果如图 7-2-3 所示。

右击行上第二个"平均值(Score)",选择"双轴"(如图 7-2-4 所示),右击图形右侧数据轴,选择"同步轴"(如图 7-2-5 所示);调整"标记"卡第二个为"圆"(如图 7-2-6 所示)。单击"大小",调整圆的大小;单击"标签",选择"显示标记标签"(如图 7-2-7 所示)。对齐方式选择水平

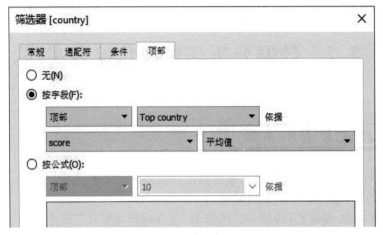

图 7-2-1　设置筛选器

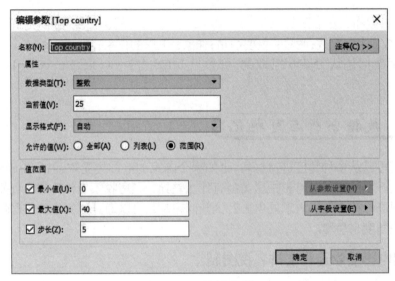

图 7-2-2　编辑参数

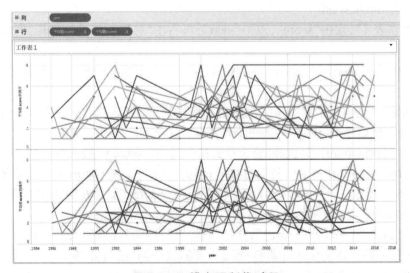

图 7-2-3　排序图制作过程

图 7-2-4　双轴　图 7-2-5　同步轴　　图 7-2-6　调整标记卡　　　　图 7-2-7　设置格式

和垂直居中(如图 7-2-8 所示)。

　　由于数字显示排序,所以数字越小越好,右击左侧数据轴,打卡"编辑轴"对话框,选择"倒序",即可把排名靠前的国家显示到图形上方(如图 7-2-9 所示)。同理,右击左侧数据轴,在比例选项里选择"倒序"。

图 7-2-8　设置对齐方式

图 7-2-9　设置轴

　　右击左侧数据轴,单击"显示标题"则可以不显示数据轴。单击工具栏上突出显示 ![工具图标] ,选择"country"。

　　接下来,可以单击任一国家查看在 IMDb 打分的历史排名走势,如图 7-2-10 所示,比如我们可以看到印度电影近几年排名虽有波折但是到 2016 年连续四年一直排名第一,1998 年由第七名跃居第三,虽然之后也有波折,但是总体在近几年一直保持在前四名。这种趋势性的变化原因可以后续分析。

　　另外,可以发现伊朗的电影在 IMDb 上面打分一直很高,这是原来没有想到的,如图 7-2-11 所示。

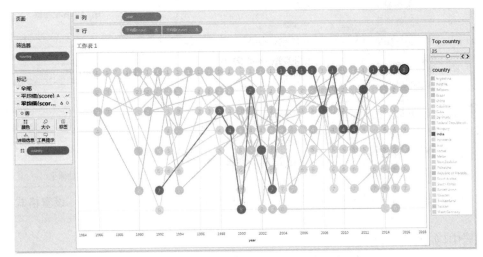

图 7-2-10　各国电影得分排序图

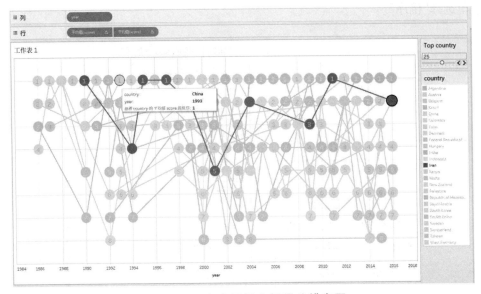

图 7-2-11　高亮伊朗电影得分排序图

当查看中国电影排名时,可以发现 2011 年是个转折点,2011 年后有个巨大下滑,之前成绩也很好。双击"工作表 1",可以重新命名为各个国家电影排名。

这种排序图的制作利用了表计算和双轴,很便于观察排名的历史变化趋势。

2. 电影预算与得分的关系

新建一张工作表,双击"度量"里的"budget"和"Score",并将度量方式都改为平均(如图 7-2-12 所示)。

再把"director"放入"标记"卡的"详细信息",在"分析模块"拖入"群集"模型进入视图(如图 7-2-13 所示)。

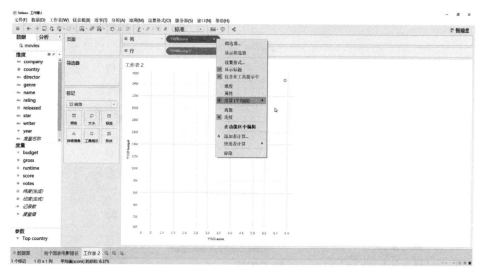

图 7-2-12　修改聚合方式

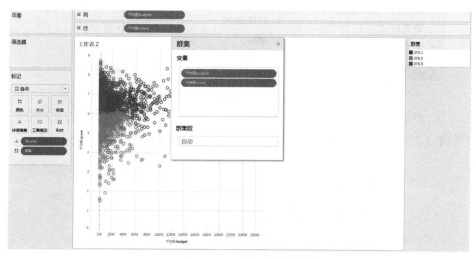

图 7-2-13　创建群集

Tableau 会根据所选度量(budget 和 score)将 director 分为三类,这里用的是 K-means 聚类回归模型,可以右击"群集"选择"描述群集"(如图 7-2-14 所示),查看模型参数。按住键盘〈Ctrl〉键,将群集拖到左侧维度度量的边条即可形成一个新的字段,"director(群集)",如图 7-2-15 所示。

右击该字段选择"编辑组"(如图 7-2-16 所示),进行重命名,按照视图分的群命名如下,"群集 3"命名为"得分高预算低","群集 1"命名为"预算高得分高","群集 2"命名为"预算低得分低",这样就将各个导演做了分类,如图 7-2-17 所示。

选择"确定",将"director(群集)"放入"颜色"替换原来的"群集",并编辑颜色选择一致的配色,将"标记"卡改为"圆",重命名工作簿为"导演分析"。结果如图 7-2-18 所示。

这样,就利用 Tableau 内置的群集模型完成了各个导演预算和打分的群组。在实际业务中,可以用类似的技术对客户、产品品类等进行分群。分群可以利用群集模型,也可以利用一些判断分析方法,比如结合 if 逻辑函数。

图 7-2-14　查看模型描述　图 7-2-15　形成新的字段　图 7-2-16　编辑群集

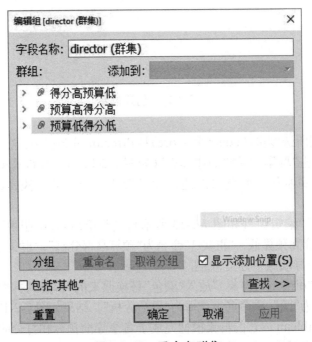

图 7-2-17　重命名群集

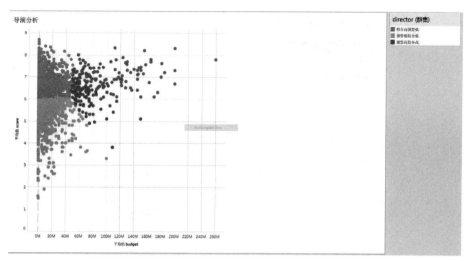

图 7-2-18　各国导演群集分析

3. 电影分数和预算的排名

新建一张工作表,双击"score",双击"name",把"budget"放到"颜色",再把两个度量的聚合方式都改为"平均值",单击工具栏"交换行和列" 🔄 ,单击"降序" ↓☰ ,再把"director"放到"行"上"name"后面,如果跳出对话框,选择"添加所有成员"。结果如图 7-2-19 所示。

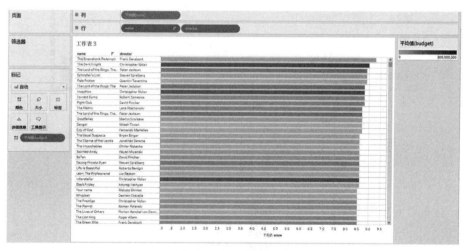

图 7-2-19　电影列表

创建参数"选择排序指标",如图 7-2-20 所示。

创建计算字段"排序依据",如图 7-2-21 所示。

右击新建的计算字段"排序依据",选择"转换为离散",将该字段放到"行""name"前面。再次右击"行"上的"排序依据/编辑表计算",做如图 7-2-22 的设置。

重命名工作表为"电影列表"。结果如图 7-2-23 所示。

这样,就完成了电影和导演的列表,通过参数切换,可以观察我们关心的电影预算和得分的排名。

图 7-2-20 创建参数："选择排序指标"

图 7-2-21 排序依据

图 7-2-22 设置计算依据

数据分析与大数据实践

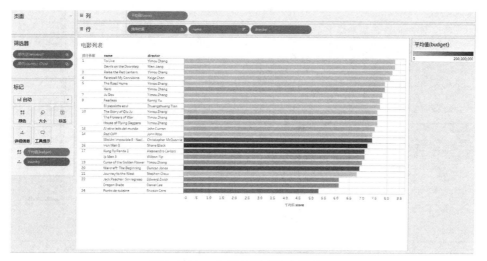

图 7-2-23　电影预算/得分排序图

4. 交互式仪表板的建立

新建一个仪表板,在左侧"大小"处选择"自动",排版布局如图 7-2-24 所示。

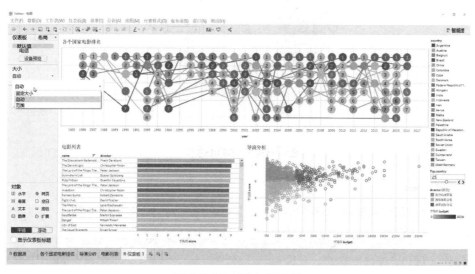

图 7-2-24　建立仪表板

将"各个国家电影排名"用作筛选器,此时单击任意国家即可看到该年的电影以及导演分析,比如单击 2016 年中国,名次降为六,这是中国电影名次较低的一年,我们发现有三部电影,两部在 7 分以下。如图 7-2-25 所示。

注意到三部电影前两部是中美合拍,最后一部电影是美国拍摄的,说明有脏数据。按键盘〈Esc〉或排名视图的空白处即可恢复最初视图。

接下来,选择工具栏"仪表板"选项,选择"操作",如图 7-2-26 所示。

在弹出对话框中选择已经生成的筛选器,这是刚才设置的筛选器,单击编辑,如图 7-2-27 所示。

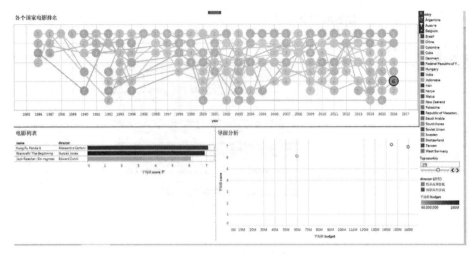

图 7-2-25　交互式查看

图 7-2-26　编辑操作

图 7-2-27　设置仪表板操作

在"目标工作表"模块勾选掉"导演分析",在"目标筛选器"模块选择"选定的字段",单击添加筛选器,如图 7-2-28 所示。

数据分析与大数据实践

在弹出的对话框里将字段设为"country",如图 7-2-29 所示。

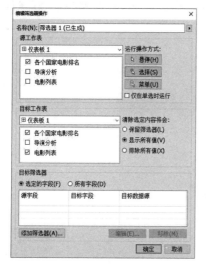

图 7-2-28　编辑操作动作筛选器

图 7-2-29　设置筛选字段

选择确定,此时选择"各个国家电影排名"工作表就会只筛选国家,不会筛选年份;单击"确定"关闭"编辑筛选器"对话框。

在"操作"对话框中继续选择"添加操作",单击"突出显示",如图 7-2-30 所示。

做如图 7-2-31 所示的设定。

图 7-2-30　设置突出显示

图 7-2-31　编辑突出显示

选择确定,关闭"添加突出显示动作"对话框,再单击"确定"关闭"操作"对话框。返回工作表"导演分析",添加"country"到详细信息。在工具栏单击"分析","参数","选择排序依据"将参数显示出来。如图 7-2-32 所示。

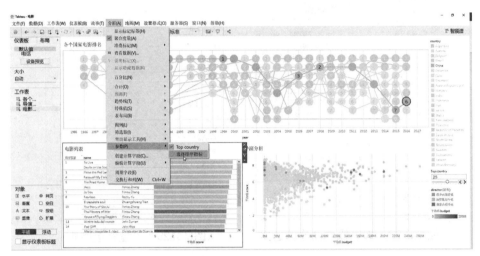

图 7-2-32　显示参数

此时可以按照国家进行筛选。当选中中国时,我们可以看到打分第一的电影是《To Live》和《Devils on the Doorstep》,是张艺谋拍摄的《活着》和姜文的《鬼子来了》。如图 7-2-33 所示。

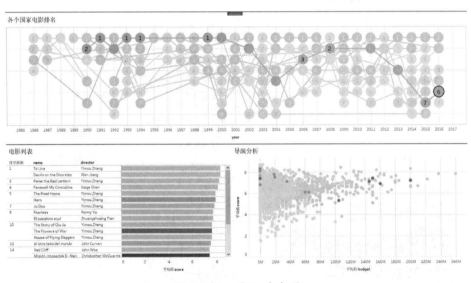

图 7-2-33　交互式查看

如果按照预算排序查看,发现除去脏数据以外,预算比较高的是中美合拍的《功夫熊猫 3》和张艺谋的《金陵十三钗》,但是这两部的打分都不高。对比右侧的导演分析,我们发现张艺谋导演的平均水平是属于得分高预算低的,平均可以达到 7.767 分。当然预算和电影的类型有很大关系。

最后将仪表板命名为"电影分析",并保存 twbx 打包工作簿。

1. 什么是故事

故事和仪表板是呈现分析作品的两种形式。不同于仪表板注重于单张的交互性,故事是一种纵向的思路,更像是引导阅读者进行的一段旅程。可以是一个严肃的总结汇报,也可以是一个生动有趣有逻辑的叙事。故事由一个个的故事点组成,这些故事点可以由仪表板或者工作表构成,仪表板又可以插入图片、网页、文本等多种有趣形式,使故事形象生动,也成为替代PPT的一种新型的交互式的汇报方式。

在开始构建故事之前,需要花一些时间思考故事的用途。这是一个行动号召,一个简单的叙事,还是要提出一个案例? 如果要提出案例,可以由原因出发一步步引导作者去故事的结论;或者从结论开始,然后用数据剖析原因,显示支持观点的数据点。本节用一份来自世界地铁库的数据来演示如何构建一个故事。数据来源 http://mic-ro.com/metro/table.html。

2. 分析世界地铁数据并制作故事

打开 Tableau,通过 Tableau 菜单命令"文件""打开",打开"配套资源"的 Tableau 提取文件"Subway.hyper"。在"工作表1"中对数据进行一些预处理,把"Fare-拆分1"数据类型改为"数字(十进制)",并放到"度量"。对"Network length-拆分1"做同样调整。隐藏"Network length "和"Network length-拆分2"。将"Network length-拆分1"重命名为"Network length"。将"Fare-拆分1"重命名为"Fare(EUR)"。

然后双击"Network length",双击"Country",再进行"交换行列"和"排序"。我们发现中国地铁世界最长,且远超过其他国家。接下来我们想对中国地铁的长度做一个更形象的描述,这里用到对比的方法。

右击工作表1,选择"复制"。在"工作表1"选择只保留中国地铁的条形图,并显示标记标签。将"行"上"Country"放到"标签"中,将度量里的"Network length"放到"标签"中。并设置标签对齐方式为水平和垂直都居中,将工作表设为"整个视图"。得到如图 7-2-38 所示的中国

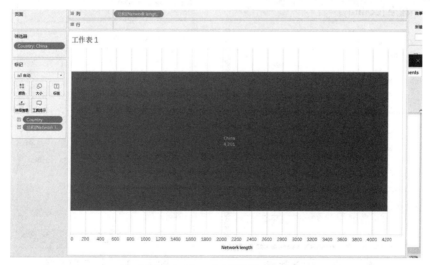

图 7-2-38　中国地铁长度

地铁长度。重命名"工作表 1"为"中国地铁长度"。

在工作表 1(2)中选择排除"China",如图 7-2-39 所示。

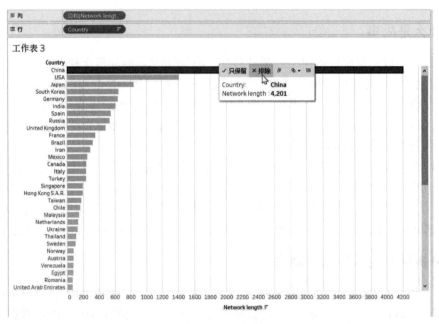

图 7-2-39　排查数据

再拖动一个"Network length"到列上。右击"列"上第一个"Network length"度量,选择"快速表计算/排序",再次右击该度量,选择"离散",将其拖入"行"上"Country"前面。再次右击"列"上的"Network length",选择"快速表计算/汇总",我们发现此时视图除中国以外的前 5 名达到 4154 千米,与中国地铁总长相差不多。将"行"上"Country"拖入"颜色"中,右击,选择排序,如图 7-2-40 所示。

进而右击行上排序的快速表计算"Network length",选择计算依据为"Country",再将其放到筛选器里,选择前五。如图 7-2-41 所示。

图 7-2-40　国家排序

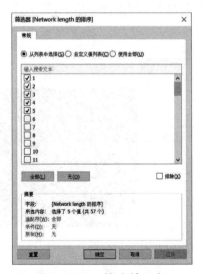

图 7-2-41　筛选前 5 名

将视图切换为"整个视图"，将维度中"Country"拖入"标记"选项卡中的"标签"，将列上表计算的计算依据调整为"Country"，按住〈Ctrl〉键将"列"上的度量拖入"标签"。在将视图重命名为"中国地铁长度对比"。如图 7-2-42 所示。

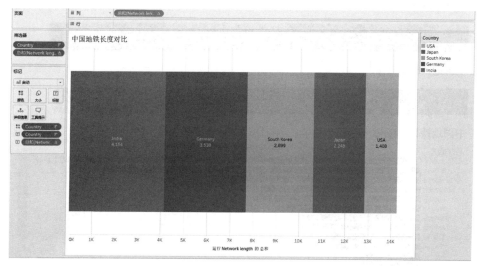

图 7-2-42　中国地铁长度对比

　　最后右击列上进行快速表计算的度量，选择"清除表计算"。让条形图显示为每个国家地铁的实际长度，标签显示为求和的数据。双击"Network length"，将"中国地铁长度对比"和"中国地铁长度"两张工作簿的轴长度都调整为 0—4500。

　　新建一张工作表，双击"City"，对条形图进行交换行列和排序。添加"Country"进入筛选器，选择"China"。单击"标签"，选择"显示标记标签"和"允许标签覆盖其他标记"，得到的视图重命名为"中国地铁长度排名"，如图 7-2-43 所示。

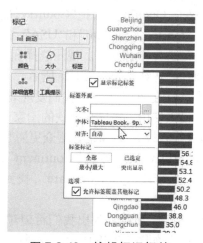

图 7-2-43　编辑标记标签

　　新建仪表板，将三张工作表拖入，进行排版布局。右击三张视图的轴勾选掉"显示标题"。如图 7-2-44 所示。重命名仪表板"中国地铁有多长"。这样就完成了构建中国地铁故事的第一张仪表板,先对比了中国地铁与世界地铁最长的国家的地铁长度,又进一步展现了中国各个省份地铁长度排名。

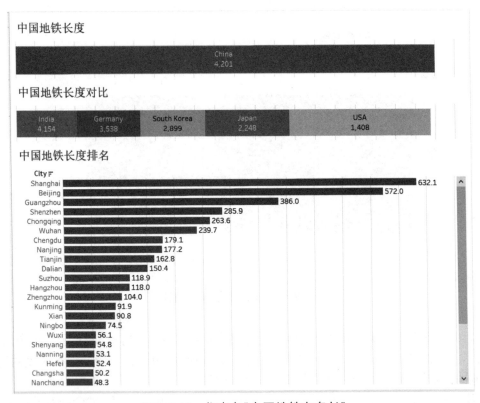

图 7-2-44　仪表盘"中国地铁有多长"

接下来,将分析呈现中国地铁的建成时间与乘坐价格,看看能得到什么结论。新建一张工作表,双击"Network length",双击"Opening-1",把"Country"拖入"行",再把"Country"放入筛选器,选择"China","Japan","United Kingdom"和"USA",把"City"加入"颜色",跳出的窗口选择"添加所有成员",标记类型选择"条形图"。视图选择显示"整个视图"。排除为"null"的年份,重命名工作簿为"建成时间"。结果如图 7-2-45 所示。

这样,就完成了第二个故事点,在这个故事点中我们发现北京是中国最早建设地铁的,大部分省份都是 1995 年后建设并投入使用。最早建地铁的国家是英国伦敦。这些结论会在形成故事时以批注和文本框的方式加入故事点,从而让观众更清楚知道我们的结论。

新建一张工作表,双击"Fare(EUR)",双击"Continent",把"City"放入"详细信息",标记类型调整成"圆"。新建计算字段"Shanghai fare",找到上海地铁价格,如图 7-2-46 所示。

新建参数"对比城市",如图 7-2-47 所示。列出我们希望对比价格的城市,并显示参数控件。新建计算字段"Compare fare",如图 7-2-48 所示。找到对比城市的地铁价格。

新建计算字段"highlight city",如图 7-2-49 所示。突显上海和对比城市数据。把"highlight city"拖入"颜色"中,对该字段进行排序,如图 7-2-50 所示。

建成时间

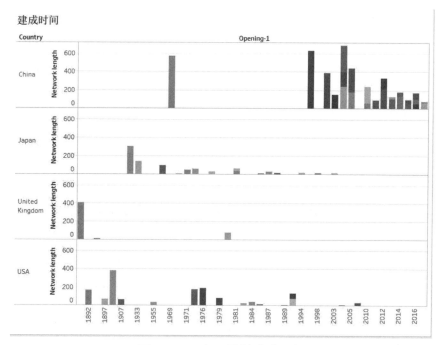

图 7-2-45　各国地铁建成时间

```
┌─────────────────────────────────────────────────────────┐
│ Shanghai fare                                          × │
├─────────────────────────────────────────────────────────┤
│ if CONTAINS([City],"Shanghai" )                          │
│                                                          │
│ then [Fare (EUR) ]                                       │
│                                                          │
│ end                                                      │
│                                                          │
│                                                        ▶ │
│                                                          │
│                                                          │
│                                                          │
│                                                          │
│ 计算有效。                    1 依赖项▾  应用    确定     │
└─────────────────────────────────────────────────────────┘
```

图 7-2-46　创建计算字段"Shanghai fare"

```
┌──────────────────────────────────────────┐
│ 编辑参数 [对比城市]                    × │
├──────────────────────────────────────────┤
│ 名称(N): 对比城市                注释(C) >> │
│ 属性                                      │
│ 数据类型(T): 字符串            ▾          │
│ 当前值(V): Beijing             ▾          │
│ 显示格式(F):                   ▾          │
│ 允许的值(W): ○ 全部(A) ◉ 列表(L) ○ 范围(R)│
│ 值列表                                    │
│ ┌──────────────┬──────────┐ ┌──────────┐ │
│ │ 值           │ 显示为   │ │从参数添加(M) ▸│
│ │ Tokyo        │ Tokyo    │ │从字段中添加(E) ▸│
│ │ London       │ London   │ │从剪贴板粘贴(P) ▸│
│ │ Los Angeles  │ Los Angeles│            │
│ │ New York     │ New York │ │全部清除(C) │ │
│ │ Beijing      │ Beijing  │ └──────────┘ │
│ │ Moscow       │ Moscow   │              │
│ └──────────────┴──────────┘              │
│                          确定    取消    │
└──────────────────────────────────────────┘
```

图 7-2-47　创建参数"对比城市"

图 7-2-48　创建计算字段"Compared fare"，计算价格对比城市

图 7-2-49　创建计算字段"highlight city"　　　　图 7-2-50　排序凸显高亮城市

将新建的三个计算字段放入"标签"，选择显示标记标签，如图 7-2-51 所示，编辑标记格式如图 7-2-52 所示。

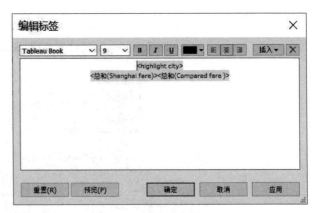

图 7-2-51　显示标记标签　　　　　　　图 7-2-52　编辑标签格式

重命名工作表为："上海与其他城市价格对比"，并设置显示为"整个视图"，点击筛选右下

角的 null 值,结果如图 7-2-53 所示。可以通过参数选择来直观得到不同城市价格对比。

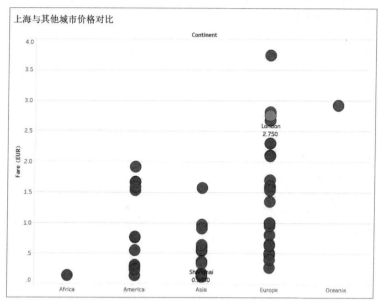

图 7-2-53　上海地铁价格对比

接下来,利用一些有趣的上海地铁的数据来完善我们的故事。新建一张工作表,单击左上角 ✳,连接到配套资源文件下的"上海地铁统计数据",把 excel 文件的 sheet1"客流量 TOP10"拖入界面,回到分析界面,在工具栏单击"地图/背景图像/客流量 TOP10(上海地铁统计数据)",跳出的窗口选择"添加图像"。在跳出的窗口选择浏览导航到配套资源文件夹的图形"subway"。我们查看过图片的属性,该图片分辨率为 2000 * 2000,在"X 字段"和"Y 字段"分别键入相应值。如图 7-2-54 所示。选择"确定"关闭窗口。

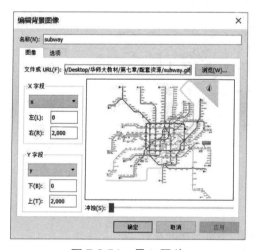

图 7-2-54　导入图片

图 7-2-55　调整轴范围

将度量中的"x"和"y"分别拖入"列"和"行","站点"拖入"详细信息",标记类型改为"圆"。调整标记大小和颜色,设置"x"和"y"轴的范围为"0—1900"和"400—1900",如图 7-2-55 所示。

然后隐藏行列标题,隐藏轴的标记。重命名为"Top10 客流量"。我们把客流量最大的十个站点显示到了视图中,如图 7-2-56 所示。用同样的方法再次打开"上海地铁统计数据",得到"Top10 居住站点"。如图 7-2-57 所示。

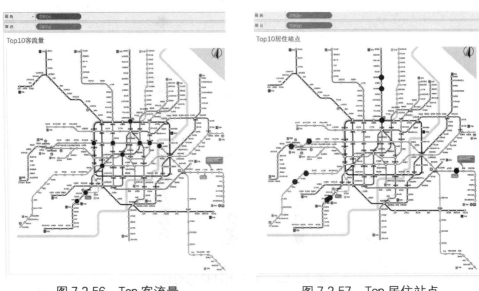

图 7-2-56 Top 客流量　　　　　　　　　　图 7-2-57 Top 居住站点

用同样的方法再次打开"上海地铁统计数据",得到"Top10 工作站点"。如图 7-2-58 所示。

图 7-2-58 Top 工作站点

这里要特别说明,插入图片后可以通过添加注释的方法得到每个地铁站的位置坐标,也就是源数据中的 x 和 y 值。举例而言,右击任意一张有地铁背景的视图中的任意站点,选择"添加注释/点",即可得到相应的对标数据,这里我们看到"上海马戏城"的坐标位置为 $x = 1078$,

$y = 1451$，我们就可以在数据源中键入相应值。如图 7-2-59 所示。类似方法在空间布局管理中利用平面图做位置分析十分有效。

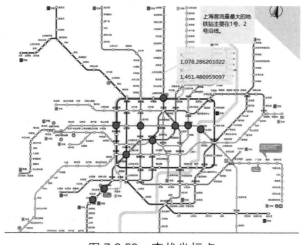

图 7-2-59　查找坐标点

创建一个新参数，选择"视图"，在仪表板中切换三张视图。如图 7-2-60 所示，在三张有背景地图的工作表里创建计算字段"视图切换"只需要将参数拖入计算窗口即可，可以通过"拷贝/粘贴"将计算字段复制到其余两个工作簿，如图 7-2-61 所示。

图 7-2-60　视图切换参数

图 7-2-61　视图切换计算字段

在"Top10 客流量"显示参数控件，"选择视图"此时为"Top 10 客流量"，将"视图切换"放入筛选器，勾选"Top 10 客流量"。如图 7-2-62 所示。

同样，在"Top10 居住站点"选择显示参数控件，切换"选择视图"为"Top 10 居住站点"，再将"视图切换"放入筛选器，勾选"Top 10 居住站点"。如图 7-2-63 所示。

图 7-2-62　参数联动筛选视图

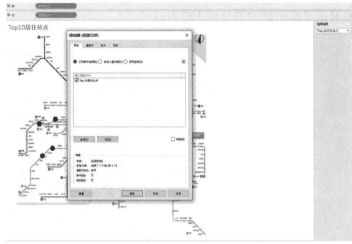

图 7-2-63　参数联动筛选视图设置

　　用同样的方法再设置"Top10 工作站点"。

　　新建一张仪表板,将"对象"中的"垂直"容器放入仪表板,将三张工作表"Top10 客流量"、"Top10 居住地"和"Top10 工作站点"移入垂直容器中并排排列,再隐藏三张工作表的标题,浮动参数,即得到可以切换显示的视图。重命名仪表板为"Top 站点"。如图 7-2-64 所示。

图 7-2-64　视图切换

　　可以对每张视图加入批注,回到"Top10 客流量",在视图中右击"添加注释/区域",键入"上海客流量最大的地铁站主要在 1 号、2 号沿线"对每张都键入注释,"Top10 居住站点"键入"上海主要的居住地集中在距离市中心较远的 1 号、2 号以及个别 9 号沿线";"Top10 工作站点"键入"上海主要工作地集中在市中心范围内的 1 号、2 号以及个别 9 号沿线"。

3. 完成讲述中国地铁发展对比的故事

现在,我们完成了所有工作表的制作,把"建成时间"和"上海地铁与其他城市价格对比"两张分别放入两张仪表板,并分别重命名为"建成时间对比"和"价格对比"。移除颜色图例,如果有参数,则浮动参数。再新建一张仪表板,添加"图像"对象,选择配套资源中的"SHsubway",并作以下设置,如图 7-2-65 所示。

添加"文本"对象,键入"截至 2019 年 9 月 28 日,中国已开通的城市地铁有 41 个。其中上海地铁(Shanghai Metro)是世界范围内线路总长度最长的城市轨道交通系统"。调整文本框浮动于图片上,重命名仪表盘,如图 7-2-66 所示。

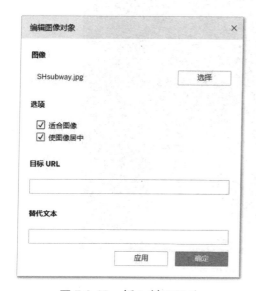

图 7-2-65　插入封面图片

图 7-2-66　故事封面

新建故事,将"封面"放入故事空白处,添加标题为"中国地铁"。

在"中国地铁有多长"这个仪表板中加入浮动的文本框"中国地铁总长世界第一,达 4201千米,排名第二到第六的城市加起来与中国地铁几乎相等。其中上海地铁总长中国第一"。再单击左侧边条"故事"处"新建故事点"的"空白"按钮,如图 7-2-67 所示。拖入仪表板"中国地铁有多长",故事点命名为"中国地铁有多长"。

图 7-2-67　新建故事点

在"建成时间对比"这个仪表板中编辑仪表板标题为"中国地铁于 1995 年后开始大规模建设,晚于工业化先开始的英国、美国、日本,但是长度规模名列前茅"。再将其拖入新建的故事点,命名该故事点为"中国地铁建成时间"。

在"价格对比"这个仪表板中编辑标题为"包括上海在内的中国各城市地铁定价都很低,可以选择右侧其他城市对比价格"。再将其拖入新建的故事点,命名该故事点为"中国地铁价格对比"。最后新建一个故事点,拖入仪表板"Top 站点",命名为"上海地铁有趣的数据"。最后调整故事颜色、字体、大小,以及工具提示的格式为自己喜欢的样式,重命名故事为"中国地铁的故事"即完成作品。最后调整的效果为图 7-2-68 到图 7-2-72。

图 7-2-68　故事封面

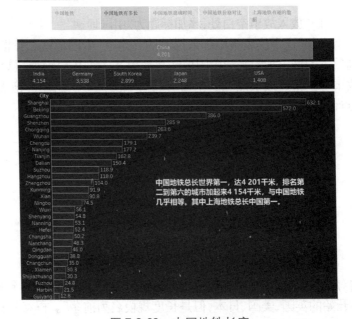

图 7-2-69　中国地铁长度

中国地铁的故事

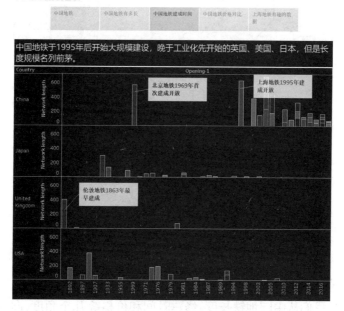

图 7-2-70　中国地铁建成时间

中国地铁的故事

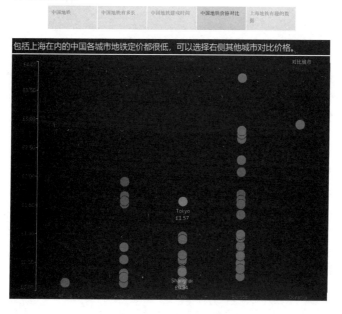

图 7-2-71　价格对比

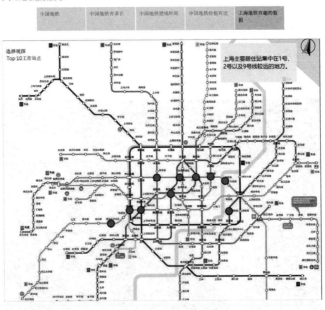

图 7-2-72　上海地铁 Top 站点

　　在这个故事中,我们从中国地铁长度、修建时间和价格等几个角度,向读者呈现了中国和上海地铁的有趣数据。

7.3　综合练习

　　请利用所学知识,完整地实现一次数据获取、数据清洗、数据分析和数据可视化的过程,完成一个有趣的故事,可以是阐明一些事实,也可以是探索现象得出结论,或是用数据支撑表达一个观点等等。